Günther J. Wirsching

Gewöhnliche Differentialgleichungen

Günther J. Wirsching

Gewöhnliche Differentialgleichungen

Eine Einführung mit Beispielen, Aufgaben und Musterlösungen

Teubner

Bibliografische Information der Deutschen Bibliothek
Die Deutsche Bibliothek verzeichnet diese Publikation in der Deutschen Nationalbibliografie;
detaillierte bibliografische Daten sind im Internet über <http://dnb.ddb.de> abrufbar.

Prof. Dr. Günther J. Wirsching
Studium Mathematik und Physik in München und Bonn, Diplom 1985. Promotion in Mathematik in
Eichstätt 1990. Habilitation in Mathematik 1996. Seit 2001 bei der TEMIC SDS GmbH im Bereich For-
schung/automatische Spracherkennung tätig, daneben Fortsetzung der Lehrtätigkeit an der Katholischen Universität Eichstätt-Ingolstadt.

1. Auflage Juli 2006

Umschlaggestaltung: Ulrike Weigel, www.CorporateDesignGroup.de
Druck und buchbinderische Verarbeitung: Strauss Offsetdruck, Mörlenbach
Gedruckt auf säurefreiem und chlorfrei gebleichtem Papier.

ISBN-10 3-519-00515-8
ISBN-13 978-3-519-00515-5

Vorwort

Die gewöhnlichen Differentialgleichungen standen am Anfang der Entwicklung der Differential- und Integralrechnung, als Isaac Newton 1687 in seinem Buch »*Philosophiae Naturalis Principia Mathematica*« sein Kraftgesetz formulierte:

> **Lex II.** Mutationem motus proportionalem esse vi motrici impressae et fieri secundum lineam rectam qua vis illa imprimitur.

Hierbei ist die *mutatio motus* die Änderung der Geschwindigkeit pro Zeiteinheit, die *Beschleunigung*, im Grenzwert also die Ableitung der Geschwindigkeit. Letztere ist dabei wieder als Funktion der Zeit aufzufassen, und ihrerseits als Ableitung der Raumkoordinaten nach der Zeit zu verstehen. Proportional zur Beschleunigung ist die *vis motrix*, die *bewegende Kraft*, die auch die Richtung der Änderung der Bewegung bestimmt; der Proportionalitätsfaktor ist die *(träge) Masse*. Das ergibt eine modernere Formulierung des zweiten Newtonschen Gesetzes:

$$\text{Kraft} = \text{Masse} \times \text{Beschleunigung} .$$

Das Newtonsche Kraftgesetz ist einerseits selbst eine wesentliche Grundlage für die mathematische Modellierung von Naturphänomenen wie zum Beispiel der Bewegung von Kreiseln oder Himmelskörpern sowie zur Konstruktion technischer Vorrichtungen wie etwa Pendel oder Maschinen zur Kraftübertragung. Andererseits folgen weitergehende mathematisch-physikalische Modelle, wie sie etwa in der Mechanik, der Meteorologie, der Elektrodynamik, der allgemeinen Relativitätstheorie oder der Quantenmechanik betrachtet werden, stets dem Vorbild Newtons, als Grundlage Gleichungen zwischen den betrachteten Variablen und deren Ableitungen anzunehmen.

Eine andere Art mathematischer Modellierung begann 1838 mit einer Arbeit des belgischen Mathematikers Pierre François Verhulst: die Beschreibung von Phänomenen der Populationsdynamik durch gewöhnliche Differentialgleichungen. Es mutet zunächst seltsam an, die Anzahl der Individuen einer Population, die ja notwendigerweise eine nichtnegative ganze Zahl ist, durch eine Differentialgleichung, deren Variablen ebenso notwendigerweise kontinuierliche Variablen sind, zu beschreiben. Aber Verhulst führt einen sorgfältigen Vergleich von Bevölkerungsstatistiken mit aus seiner Modellierung gewonnenen Daten durch: Sie stimmen bis auf drei Dezimalen überein.

Die Änderung der Größe einer Population ist abhängig von der absoluten Größe der Population und anderen Umweltfaktoren. Handelt es sich hier um sehr große Populationen, so kann man die *Änderung der Größe* wieder als Ableitung sehen, und, sozusagen näherungsweise, obige Abhängigkeit als Differentialgleichung auffassen. Vito Volterra und Alfred James Lotka gingen in den 1920er Jahren einen Schritt weiter als Verhulst. Sie formulierten — unabhängig voneinander und fast gleichzeitig — ein System aus zwei gekoppelten gewöhnlichen Differentialgleichungen zur Beschreibung der Dynamik zweier Populationen, bei denen sich die eine von der anderen ernährt. Volterra leitete daraus eine Aussage über das Größenverhältnis der beiden Populationen ab, die ein in drei Fischereihäfen an der Adria, nämlich Triest, Fiume (heute: Rijeka) und Venedig, beobachtetes Phänomen richtig beschrieb: Das Einstellen der Fischerei während des ersten Weltkriegs hatte zu einer Verschiebung der Anteile der verschiedenen Fischarten bei den Fängen geführt, was die Fänge weniger wertvoll machte. Nach einiger Zeit, in der wieder normal Fischerei betrieben worden war, verschoben sich die Anteile der Fischarten wieder in die andere Richtung. Die Volterra-Lotkasche Differentialgleichung, aus der sich dieser *Volterra-Effekt* herleiten lässt, beschreibt nicht nur Fischartenanteile in der Hochseefischerei, sondern auch andere biologische Phänomene wie die Populationsdynamik von Raubtieren und Jagdwild, oder das vermehrte Auftreten mancher Schadinsekten nach dem Einsatz unspezifischer Insektizide.

Gewöhnliche Differentialgleichungen dienen zur Modellierung der zeitlichen Entwicklung kontinuierlicher dynamischer Systeme. Beschreibt man ein solches dynamisches System durch eine (endliche) Menge reeller Systemvariablen $x_1, \ldots x_N$, und faßt man das N-Tupel der Systemvariablen als Punkt im euklidischen Raum $\mathbb{R}^N$ auf, so kann man die Abhängigkeit der zeitlichen Entwicklung des Systems vom Zustand des Systems in einer Gleichung

$$\dot{x} = f(x) \tag{1}$$

ausdrücken. Hierbei bedeutet $\dot{x} = \frac{dx}{dt}$ die Zeitableitung der Systemvariablen

$$x(t) = (x_1(t), \ldots, x_N(t)) \in \mathbb{R}^N,$$

und auf der rechten Seite steht ein *Vektorfeld* $f : U \to \mathbb{R}^N$, das auf der Menge der möglichen Systemzustände $U \subset \mathbb{R}^N$, dem sogenannten *Phasenraum*, definiert ist. Will man äußere Einflüsse, die von der Zeit abhängen, mit in die Modellbildung einbeziehen, so kann man dies in Form einer allgemeineren Gleichung

$$\dot{x} = f(t, x) \tag{2}$$

darstellen. Jetzt ist die rechte Seite ein *Richtungsfeld* $f : W \to \mathbb{R}^N$, das auf einem *erweiterten Phasenraum* (einem Phasenraum mit einer zusätzlichen Variablen für die Zeit) $W \subset \mathbb{R}^{1+N}$ definiert ist. Wegen diesem Hintergrund nennt man eine Gleichung der Form (2) *zeitabhängig*, während man eine Gleichung der Form (1) als *autonom* bezeichnet. Gewöhnliche Differentialgleichungen, die wie z. B. das Newtonsche Kraftgesetz höhere Ableitungen enthalten, lassen sich in der Regel durch Einführung weiterer Systemvariabler, und einer damit verbundenen Erhöhung der Dimension des Phasenraums, auf eine Gleichung des Typs (1) oder (2) zurückführen.

Das vorliegende Buch legt den Schwerpunkt auf die Mathematik gewöhnlicher Differentialgleichungen, ohne die Verbindung zu den Anwendungen außer Acht zu lassen. Es enthält etwa den Stoff, den jeder angehende Mathematiker beherrschen sollte: präzise mathematische Begriffsbildung, die grundlegende Theorie zur Existenz und Eindeutigkeit von Lösungen, Beschreibung einiger Eigenschaften von Lösungen durch erste Integrale, die Theorie linearer Systeme, sowie als Anfänge der qualitativen Theorie dynamischer Systeme Bedingungen für die Stabilität von Ruhelagen und die stetige Abhängigkeit der Lösungen von Anfangswerten.

Erstellt man eine Differentialgleichung als Modell eines wirklich vorkommenden Phänomens, so erscheint die Frage nach der Existenz einer Lösung zunächst etwas abwegig: die Wirklichkeit zeigt ja gerade, dass es eine Lösung gibt! Damit würde man aber den Paradigmen der Modellbildung nicht gerecht: im *mathematischen Modell* gibt es zunächst nur die Differentialgleichung, sowie eine mathematische Beschreibung der darin vorkommenden Größen. Bei einer Gleichung vom Typ (2) ist also nur ein Richtungsfeld f, zusammen mit einem erweiterten Phasenraum als Definitionsbereich, gegeben. Wegen des Grenzprozesses, der beim Differenzieren notwendig ist, ist die Existenz einer Lösung keineswegs offensichtlich; sie bedarf eines mathematischen Beweises.

Der hier vorgestellte Existenzbeweis gründet sich auf ein recht anschauliches Verfahren, das von Leonhard Euler (1707–1783) beschrieben wurde. Man beginnt mit einem Zeitpunkt t_0 und einem Anfangszustand x_0, und betrachtet das *Anfangswertproblem* bestehend aus der Differentialgleichung (2) und dem Anfangspunkt (t_0, x_0) im erweiterten Phasenraum. Zur Bezeichnung dieses Anfangswertproblems benutzt man die Schreibweise

$$\{\dot{x} = f(t, x), x(t_0) = x_0\} \tag{3}$$

Das Richtungsfeld bestimmt nun eine »Richtung« $f(t_0, x_0) \in \mathbb{R}^N$, in der sich System weiterentwickelt. Zur näherungsweisen Bestimmung des Zustands zu einem späteren Zeitpunkt $t_1 = t_0 + \Delta t_1$ zieht man einfach beginnend im Punkt (t_0, x_0) eine gerade Linie im erweiterten Phasenraum in Richtung $f(t_0, x_0)$, bis ein Punkt mit Abszisse t_1 erreicht ist. Dessen Ordinate

$$x_1 = x_0 + (t_1 - t_0) f(t_0, x_0)$$

sollte dann eine Näherung des Systemzustands zum Zeitpunkt t_1 sein. Wiederholt man diese Vorgehensweise, so erhält man zu einer Folge von Zeitpunkten

$$t_0 < t_1 < t_2 < t_3 < \ldots < t_n = t_0 + T$$

einen Polygonzug durch den erweiterten Phasenraum, der sich als Graph einer Funktion

$$\varphi : [t_0, t_0 + T] \to \mathbb{R}^N$$

deuten lässt. Hält man den Endzeitpunkt $t_0 + T$ fest, und macht man die Schrittweite immer kleiner, so sollten sich die Polygonzüge allmählich dem Graph einer *Lösung der Differentialgleichung* annähern. Und hier wird die Sache mathematisch interessant:

1. Man kann Richtungsfelder angeben (z. B. $f(t, x) = \sqrt{x}$), bei denen die Polygonzüge nicht unbedingt konvergieren.

2. Ist das gegebene Richtungsfeld jedoch stetig, dann lässt sich mit einem tiefliegenden Resultat von Ascoli beweisen, dass in jeder Familie von Polgyonzügen über

dem Intervall $[t_0, t_0 + T]$, die auch Polygonzüge mit beliebig kleinen Schrittweiten enthält, wenigstens eine Teilfolge existiert, die gleichmäßig gegen eine Lösung der Differentialgleichung konvergiert.

3. Falls man bei stetigem Richtungsfeld zeigen kann, dass die Differentialgleichung höchstens eine Lösung $\phi : [t_0, t_0 + T] \to \mathbb{R}^N$ mit $\phi(t_0) = x_0$ zuläßt, dann folgt daraus, dass die Polygonzüge gegen eine Lösung konvergieren, wenn die Schrittweite gegen Null geht.

Die Beweise dieser Aussagen ergeben insbesondere einen Beweis des *lokalen Integrationssatzes*, den Giuseppe Peano 1886 erstmalig bewiesen hat. Eine nähere Analyse der Topologie des Euklidischen Raums erlaubt es, aus dem lokalen Existenzsatz von Peano eine weitreichende Aussage über die Fortsetzbarkeit von Lösungen zu gewinnen.

Globaler Existenzsatz
Seien $W \subset \mathbb{R}^{1+N}$ eine offene Menge und $f : W \to \mathbb{R}^N$ ein stetiges Richtungsfeld. Dann gibt es zu jedem Anfangspunkt $(t_0, x_0) \in W$ eine Lösung der Differentialgleichung $\dot{x} = f(t, x)$, deren Graph in beiden Richtungen jedes Kompaktum in W verläßt.

Man nennt nun eine Lösung *maximal*, wenn sie nicht fortsetzbar ist — und das ist, wie gezeigt wird, genau dann der Fall, wenn ihr Graph in beiden Richtungen jedes Kompaktum in W verläßt. Neben der Untersuchung der Existenz von Lösungen ist auch die Untersuchung der Bedingungen für *Eindeutigkeit* der (maximalen) Lösung eines gegebenen Anfangswertproblems wichtig, und zwar insbesondere aus zwei Gründen:

- Nach (c) impliziert die Eindeutigkeit die Konvergenz des Eulerschen Polygonzugverfahrens.

- Bei vielen Richtungsfeldern, z. B. bei $f(t, x) = \sqrt{x}$, kann man durch eine einfache Rechnung zeigen, dass es zu jedem Anfangswertproblem zu diesem Richtungsfeld unendlich viele verschiedene maximale Lösungen gibt.

Die eindeutige Bestimmtheit einer Lösung durch einen Anfangspunkt ist leicht beweisbar, wenn das Richtungsfeld eine etwas technisch anmutende Bedingung erfüllt, die nach Rudolf Lipschitz (1832–1903) benannt ist.

Lokale Lipschitz-Bedingung
Jeder Punkt im erweiterten Phasenraum W besitzt eine Umgebung $U \subset W$ und eine positive reelle Konstante L derart, dass für alle Punkte $(t, x), (t, y) \in U$ folgende Ungleichung gilt:

$$|f(t, x) - f(t, y)| \leqslant L \cdot |x - y|$$

Ist das Richtungsfeld bzgl. der Zustandsvariablen x stetig differenzierbar, so ist diese Bedingung automatisch erfüllt — in den Punkten, wo das Richtungsfeld nicht differenzierbar ist (also z. B. seine »Ableitung« unendlich großen Betrag hätte, wie etwa beim Richtungsfeld $f(t, x) = \sqrt{x}$ an Punkten mit $x = 0$), kann es unter Umständen mehr als eine Lösung geben.

Sind Existenz und Eindeutigkeit geklärt, so möchte man als nächstes Genaueres über den Verlauf der Lösungen erfahren. Manchmal (z. B. beim autonomen Volterraschen Räuber-Beute-Modell) kann man aus dem Vektorfeld, das die Differentialgleichung vom Typ (1) definiert, ein sogenanntes *erstes Integral* gewinnen. Dabei handelt es sich um eine Funktion auf dem Phasenraum einer autonomen Differentialgleichung, die auf jeder beliebigen Lösungskurve konstant ist. Kennt man die Funktion, so kennt man auch deren Niveauflächen, was in der Regel einiges über den möglichen Verlauf von Lösungskurven aussagt. Besonders interessant sind Informationen über die Stabilität von *Ruhelagen*, wie konstante Lösungen auch genannt werden. Man nennt eine Ruhelage p im Phasenraum *stabil*, wenn jede Lösungskurve, die zu einem Zeitpunkt t_0 genügend nahe bei p startet, für alle Zeiten $t > t_0$ existiert und in der Nähe von p bleibt. Konvergiert jede Lösungskurve, die genügend nahe bei p startet, für $t \to \infty$ gegen p, so nennt man die Ruhelage *asymptotisch stabil*. Es wird gezeigt, dass jedes strikte lokale Extremum eines ersten Integrals einer autonomen Differentialgleichung eine stabile Ruhelage dieser Differntialgleichung ist. Eine nützliche Verallgemeinerung des Begriffs »erstes Integral« ist die *Ljapunow-Funktion*, aus der sich ein Kriterium für asymptotische Stabilität gewinnen lässt.

Weitere Informationen über den genauen Verlauf der Lösungskurven erhält man in vielen Fällen durch Vergleich der zu untersuchenden Differentialgleichung mit einer anderen Differentialgleichung, bei der mehr über die Lösungen bekannt ist. Für die Anwendung solcher Methoden ist es wichtig, eine geeignete Klasse von Differentialgleichungen zu haben, deren Lösungen möglichst explizit konstruierbar sind. Ein natürlicher Kandidat für eine geeignete Klasse sind die *linearen* Differentialgleichungen; definitionsgemäß sind das genau diejenigen Differentialgleichungen, deren Lösungen ein Superpositionsprinzip erfüllen (d. h. eine Linearkombination von Lösungen ist wieder eine Lösung). Bei diesen stellt sich heraus, dass man sämtliche Lösungen aus einem sogenannten *Fundamentalsytem von Lösungen* bestimmen könnte. Nun ist es im Allgemeinen ziemlich schwierig, ein Fundamentalsystem zu konstruieren. Im Spezialfall der linearen Differentialgleichungen mit zeitlich konstanten Koeffizienten gelingt dies jedoch: Man muss nur die Exponentialfunktion auf die Koeffizientenmatrix anwenden, wobei sich die Verwendung der Jordanschen Normalform von Matrizen als hilfreich erweist. Als Ergebnis erhält man eine präzise Beschreibung der algebraischen Struktur des Lösungsraums einer autonomen linearen Differentialgleichungen. Daraus lassen sich wiederum Kriterien für die Stabilität bzw. Instabilität von Ruhelagen herleiten, die sich zum Teil auch auf nichtlineare (und zeitabhängige) Differentialgleichungen übertragen lassen. Will man beispielsweise eine Ruhelage x_0 einer autonomen Differentialgleichung $\dot{x} = f(x)$ untersuchen, so *linearisiere* man diese zunächst durch Berechnung der Jacobi-Matrix $Df(x_0)$ und bestimme sodann deren Eigenwerte. Sind alle Realteile dieser Eigenwerte < 0, so ist die Ruhelage asymptotisch stabil. Ist ein Realteil > 0, so gibt es eine Lösung, die in der Nähe der

Ruhelage beginnt und sich von dieser beliebig weit fortbewegt. Hat man Eigenwerte mit verschwindendem Realteil, so kann man aus der Linearisierung allein nicht auf Stabilität oder Instabilität schließen.

Eine andere Frage an die Lösungen einer Differentialgleichung betrifft nicht nur die Stabilität von Ruhelagen, sondern eine Art »Stabilität« des mathematischen Modells, das durch die Differentialgleichung gegeben ist: Wenn man an den Anfangswerten nur wenig wackelt, ändert sich dann die Lösung auch nur wenig? — Um technische Schwierigkeit zu vermeiden, setzen wir hier voraus, dass das betrachtete Richtungsfeld einer lokalen Lipschitz-Bedingung genügt. Dann kann man zu einem solchen Richtungsfeld f eine *allgemeine Lösung* Λ definieren, die von drei Variablen abhängt. Diese ist so definiert, dass für ein festes Paar $(t_0, x_0) \in W$ die Abbildung

$$t \longmapsto \Lambda(t, t_0, x_0)$$

die maximale Lösung des Anfangswertproblems (3) ist. Man kann beweisen, dass diese allgemeine Lösung stetig ist. Damit ist obige Frage teilweise beantwortet: Man kann folgern, dass eine »kleine« Änderung der Anfangsbedingung (t_0, x_0) zumindest zu einem festen Zeitpunkt t auch nur eine »kleine« Änderung des Systemzustands hervorruft — wobei es durchaus noch zu klären wäre, um welche Quantitäten es sich bei »klein« hier handelt.

Der Beweis der stetigen Abhängigkeit der Lösungen von Anfangswerten und Laufzeit ist technisch und mathematisch anspruchsvoll. Bei der hier eingeschlagenen Vorgehensweise wird der technische Teil geometrisch motiviert und anschließend mit einem funktionalanalytischen Trick die Stetigkeit der allgemeinen Lösung bewiesen: Man verwandelt eine Differentialgleichung (2) zunächst in eine Fixpunktgleichung für einen Operator. Der *Picard-Operator* ist ein Integraloperator, der eine Funktion Φ von drei Variablen (t, t_0, x_0) auf eine ebensolche Funktion $\mathcal{P}\Phi$ abbildet, und zwar nach der Vorschrift

$$\mathcal{P}\Phi(t, t_0, x_0) = x_0 + \int_{t_0}^{t} f\Big(s, \Phi(s, t_0, x_0)\Big)\, ds \, .$$

Damit ist die allgemeine Lösung Λ einer Differentialgleichung nichts anderes als ein Fixpunkt des zum Richtungsfeld assoziierten Picard-Operators. In Kapitel 7 dieses Buchs wird gezeigt, dass Iteration des Picard-Operators zu einer Folge von Funktionen

$$t \longmapsto \mathcal{P}^n \Phi(t, t_0, x_0)$$

führt, die auf kompakten Intervallen gleichmäßig gegen die Lösung des Anfangswertproblems $\{\dot{x} = f(t, x), x(t_0) = x_0\}$ konvergiert. Die Beweistechnik beruht auf einer Verallgemeinerung des *Banachschen Fixpunktsatzes* und beweist die Existenz eines Fixpunkts von $\mathcal{P}$ im gewählten Funktionenraum, sofern dieser metrisch vollständig ist. Die Stetigkeit von Λ ergibt sich dann einfach daraus, dass man sich bei Wahl des Funktionraums von vorne herein auf stetige Funktionen beschränken kann.

Die Stetigkeit der allgemeinen Lösung wirft ein interessantes Schlaglicht auf den in der Chaostheorie oft beschriebenen *Schmetterlingseffekt*: »Does the Flap of a Butterfly's

Wings in Brazil Set off a Tornado in Texas?« (Das ist der Titel eines 1972 gehaltenen Vortrags des Meteorologen Edward Norton Lorenz.) Wie eingangs erwähnt, werden in der Meteorologie zur mathematischen Modellierung des Wettergeschehens Differentialgleichungen benutzt; obwohl die grundlegenden Modelle durch partielle Differentialgleichungen gegeben sind, lassen sich aussagekräftige Teilmodelle mit gewöhnlichen Differentialgleichungen beschreiben. Trotzdem widerspricht der Schmetterlingseffekt nicht der stetigen Abhängigkeit: Eine Änderung der Anfangsbedingung kann sich in ihrer Auswirkung um einen Faktor steigern, der exponentiell vom Produkt aus der Laufzeit $(t - t_0)$ und einer Lipschitz-Konstanten des Richtungsfelds abhängt. Die Konsequenz ist, dass ein Wirbelsturm prinzipiell schon von einem Schmetterling ausgelöst werden kann, aber nicht von einem beliebig kleinen Schmetterling.

Nach dem schwierigen Stetigkeitssatz und dessen Erweiterung in Richtung Differenzierbarkeit wenden wir uns noch mehr den qualitativen Begriffsbildungen zu. Die ziemlich abstrakte Idee »eine Gruppe operiert auf einer Menge« lässt sich mittels des Begriffs *lokaler Fluss* mit der allgemeinen Lösung einer Differentialgleichung in Verbindung bringen. Das höhere Abstraktionsniveau bringt einerseits mehr Klarheit im grundsätzlichen Vorgehen bei mathematischer Modellbildung, und versetzt uns andererseits in die Lage, ausgefeilte Begriffe wie ω-*Limesmenge* und *Attraktor* zur Beschreibung des Langzeitverhaltens von Lösungen zu entwickeln. Erwähnenswert ist noch die subtile *Subtangentialbedingung*, die im Falle einer autonomen Differentialgleichung $\dot{x} = f(x)$ mit lokal Lipschitz-stetigem Vektorfeld f die positive Invarianz einer Teilmenge des Phasenraums mit Hilfe der unteren Dini-Ableitung des Vektorfelds am Rand der Teilmenge charakterisiert.

Das letzte Kapitel enthält einen Beweis eines Satzes, den Henri Poincaré bei Studien zur Mechanik des Sonnensystems entdeckte, und den man als ersten Lehrsatz der Chaosforschung oder als Existenzbeweis für den Maxwellschen Dämon bezeichnen könnte:

Poincaréscher Wiederkehrsatz
Sei $f : M \to \mathbb{R}^N$ ein stetig differenzierbares und divergenzfreies Vektorfeld auf einem Phasenraum $M \subset \mathbb{R}^N$ mit endlichem Volumen. Dann gibt es in jeder offenen Menge $U \subset M$ einen Punkt, dessen Trajektorie zu beliebig großen Zeiten immer wieder in die Menge U zurückkehrt.

Dieses Buch ist aus Skripten zu Vorlesungen hervorgegangen, die ich seit 1996 mehrfach an der Katholischen Universität Eichstätt gehalten habe. Bei der Darstellung des Stoffs sind zahlreiche Anregungen von Studentinnen und Studenten sowie von Fachkollegen mit eingeflossen. Besonderer Dank gebührt Christoph Richard, Universität Bielefeld, der einen großen Teil des Manuskripts Korrektur gelesen und dabei einige Verbesserungen angeregt hat, sowie Hans Fischer, Universität Eichstätt, für Diskussionen und Material zu den historischen Anmerkungen. Bedanken möchte ich mich auch bei Michael Baake, der mir als letzten Anstoß zur Fertigstellung dieses Buchs im Herbst 2005 einen Gastaufenthalt an der Universität Bielefeld im Rahmen des SFB 701 »Spektrale Strukturen und topologische Methoden in der Mathematik« ermöglicht hat.

Eichstätt, im Mai 2006

Inhaltsverzeichnis

Anhang   183

1 Einführung

Dieses Kapitel enthält Definitionen grundlegender Bezeichnungen und Konzepte rund um gewöhnliche Differentialgleichungen, die an den Beispielen des *mathematischen Pendels* und der *logistischen Gleichung* illustriert werden. Anschließend wird als elementare Lösungsmethode die *Trennung der Veränderlichen* vorgestellt. Die Übungsaufgaben am Schluß des Kapitels zeigen, wie sich durch Kombination dieser Methode mit Substitutionen, Koordinatentransformationen und anderen Tricks bei mehreren Typen gewöhnlicher Differentialgleichungen explizite Formeln zur Lösung von Anfangswertproblemen gewinnen lassen.

1.1 Allgemeine Grundbegriffe

Zunächst ist zu klären, was wir unter einer Differentialgleichung und unter einer Lösung einer Differentialgleichung verstehen. Wir beginnen mit einer sehr allgemeinen Definition:

Definition 1.1
Gegeben seien $n, N \in \mathbb{N}$, ein Definitionsbereich $\widetilde{M} \subset \mathbb{R}^{1+(n+1)N}$ und eine Funktion $F : \widetilde{M} \to \mathbb{R}^N$. Eine *($N$-dimensionale gewöhnliche implizite) Differentialgleichung (n-ter Ordnung)* ist eine Gleichung der Form

$$F\left(t, x, \dot{x}, \ldots, x^{(n-1)}, x^{(n)}\right) = 0. \tag{1.1}$$

Ist die Dimension N einer Differentialgleichung > 1, so spricht man häufig auch von einem *System* von Differentialgleichungen. Eine auf einem Intervall $I \subset \mathbb{R}$ n-mal differenzierbare Funktion $\phi : I \to \mathbb{R}^N$ heißt *Lösung* von (1.1), wenn für alle $t \in I$ die Gleichung

$$F\left(t, \phi(t), \frac{d\phi}{dt}(t), \ldots, \frac{d^{n-1}\phi}{dt^{n-1}}(t), \frac{d^n\phi}{dt^n}(t)\right) = 0 \tag{1.2}$$

erklärt und erfüllt ist. Man nennt I das *Existenzintervall* der Lösung ϕ.

Als Sprechweise hat sich eingebürgert, die Variable t als *unabhängige Variable* oder, weil sie in auf Differentialgleichungen basierenden mathematischen Modellen meist die Zeit repräsentiert, als *Zeitvariable* zu benennen. Demgegenüber heißt die Variable x häufig *abhängige Variable*, weil eine an die Stelle von x eingesetzte Lösung $\phi(t)$ eine von der Zeit t abhängige Funktion ist.

In diesem Buch beschäftigen wir uns vorwiegend mit *expliziten Differentialgleichungen* — das sind solche, die *explizit* nach der höchsten Ableitung aufgelöst sind:

$$x^{(n)} = f\left(t, x, \dot{x}, \ldots, x^{(n-1)}\right), \tag{1.3}$$

wobei f eine Funktion auf einem Definitionsbereich $M \subset \mathbb{R}^{1+nN}$ ist; in diesem Fall nennt man f auch einfach die *rechte Seite* der Differentialgleichung (1.3). Eine explizite Differentialgleichung n-ter Ordnung (1.3) läßt sich wie folgt auf eine entsprechend höherdimensionale (und ebenfalls explizite) Differentialgleichung 1. Ordnung reduzieren:

$$\left\{ \begin{array}{rcl} \dot{y}_1 &=& y_2, \\ &\vdots& \\ \dot{y}_{n-1} &=& y_n \\ \dot{y}_n &=& f(t, y_1, \ldots, y_n) \end{array} \right. \tag{1.4}$$

Die Gleichwertigkeit von (1.3) mit (1.4) ergibt sich aus folgenden beiden Aussagen:

1. Ist $\phi : I \to \mathbb{R}^N$ eine Lösung von (1.3), so ist durch

$$I \to \mathbb{R}^{nN}, \quad t \mapsto \left(\phi(t), \dot{\phi}(t), \ldots, \phi^{(n-1)}(t)\right)$$

   eine Lösung von (1.4) gegeben.

2. Ist $(\phi_1(t), \ldots, \phi_n(t))$ mit $\phi_k : I \to \mathbb{R}^N$ für $k = 1, \ldots, n$ eine Lösung von (1.4), so ist ϕ_1 eine Lösung von (1.3).

Aus diesem Grund können wir uns bei manchen Konzepten und bei den theoretischen Sätzen auf Differentialgleichungen 1. Ordnung der Form

$$\dot{x} = f(t, x)$$

konzentrieren; in Beispielen oder Übungsaufgaben kommen auch Differentialgleichungen höherer Ordnung vor.

1.2 Autonome Differentialgleichungen und Vektorfelder

Eine sowohl aus theoretischen Gründen wie auch in den Anwendungen wichtige Klasse von Differentialgleichungen besteht aus denjenigen Gleichungen, bei denen die rechte Seite nicht von der Zeitvariablen abhängt.

Definition 1.2
Eine Differentialgleichung der Form (1.3) heißt *autonom* oder auch, im Fall Dimension > 1, *autonomes System*, wenn die Funktion f auf der rechten Seite von t unabhängig ist.

Der Grund für die Bezeichnung *autonom* liegt darin, dass solche Differentialgleichungen in der Mechanik das Verhalten von Systemen beschreiben, auf die keine äußere, zeitabhängige Kraft wirkt.

Beispiel 1.1 (Das mathematische Pendel)

Ein Pendel ist ein in einem homogenen Kraftfeld beweglicher starrer Körper, der Schwingungen um eine Ruhelage ausführt. Das *mathematische Pendel* ist ein idealisiertes Pendel, bei dem eine punktförmige Masse durch eine starre und masselose Pendelstange mit einem festen Punkt verbunden ist. Diese Situation kann annähernd durch ein *Fadenpendel* realisiert werden. Demgegenüber ist beim *physikalischen Pendel* eine beliebige Massenverteilung erlaubt. Die Bewegung des *mathematischen Pendels* unter dem Einfluß von Schwerkraft und Reibung wird durch die Gleichung

$$\ddot{x} = -k\,\dot{x} - \gamma \sin x \tag{1.5}$$

beschrieben, wobei die reelle Variable x den Auslenkungswinkel des Pendels beschreibt und die positiven Konstanten k und γ durch Reibung und Schwerkraft gegeben sind (vgl. Figur 1.1).

In der Biologie modelliert man mit autonomen Differentialgleichungen Systeme, bei denen man jeden äußeren, zeitabhängigen Einfluß vernachlässigen will.

Beispiel 1.2

Der belgische Mathematiker Verhulst[1] modellierte 1838 das Bevölkerungswachstum in verschiedenen Ländern mittels einer Differentialgleichung:[2]

> Soit p la population: représentons par dp l'accroissement infiniment petit qu'elle reçoit pendant un temps infiniment court dt. Si la population croissait en progression géométrique, nous aurions l'équation $\frac{dp}{t} = mp$. Mais comme la vitesse d'accroissement de la population est retardée par l'augmentation même du nombre des habitans, nous devrons retrancher de mp une fonction inconnue de p; de manière que la formule à intégrer deviendra
>
> $$\frac{dp}{t} = mp - \phi(p)\,.$$
>
> L'hypothèse la plus simple que l'on puisse faire sur la forme de la fonction ϕ, est de supposer $\phi(p) = np^2$. On trouve alors pour intégrale de l'equation ci-dessus
>
> $$t = \frac{1}{m}[\log.p - \log.(m - np)] + \text{constante},$$
>
> et il suffira de trois observations pour déterminer les deux coefficiens constans m et n et la constante arbitraire.

---

[1] Pierre-François Verhulst, * 28.10.1804 Brüssel, † 15.2.1849 Brüssel. Ab 1835 Professor für Mathematik in Brüssel, arbeitete zunächst in der Zahlentheorie und leistete dann wichtige Beiträge zur Populationsdynamik.

[2] Im Anhang B finden sich deutsche Übersetzungen der fremdsprachlichen Zitate.

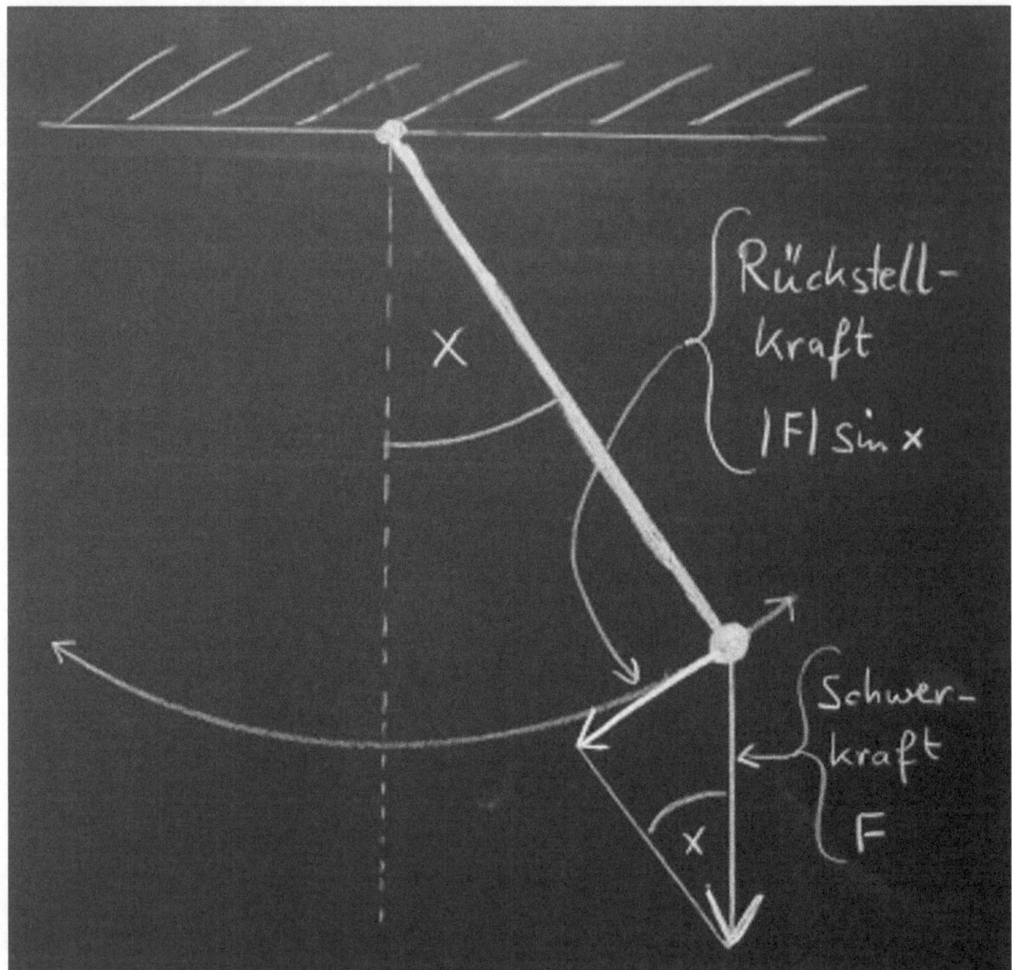

Bild 1.1: Beim mathematischen Pendel zerlegt man die *Schwerkraft* in eine *Zwangskraft* und eine *Rückstellkraft*. Hierbei wirkt die Schwerkraft senkrecht nach unten, die Zwangskraft steht senkrecht auf der Linie der möglichen Bewegung, und die Rückstellkraft wirkt parallel zur Bewegungsrichtung, steht also senkrecht auf der Fadenlinie. Daraus ergibt sich, dass die Rückstellkraft proportional zum Sinus des Auslenkungswinkel ist. Nimmt man den Auslenkungswinkel x als abhängige Variable, legt man das zweite Newtonsche Gesetz zugrunde, und vernachlässigt man die Reibung, so führt die Zerlegung der Schwerkraft zur Differentialgleichung $\ddot{x} = -\gamma \sin x$ mit einer geeigneten reellen Konstanten $\gamma > 0$.

En résolvant la dernière équation par rapport à p, il vient

$$p = \frac{mp'\, e^{mt}}{np'\, e^{mt} + m - np'}$$

> en désignant par p' la population qui répond à $t = 0$, et par e la base
> des logarithmes népériens[3]. Si l'on fait $t = \infty$, on voit que la valeur de
> p correspondante est $P = \frac{m}{n}$. Telle et donc *la limite supérieure de la
> population.* [8] (p. 115 f.)

Außerdem sind in der Arbeit Tabellen mit Bevölkerungszahlen aus Frankreich, aus Belgien, aus der Grafschaft Essex in Südengland und aus Russland abgedruckt. Die Übereinstimmung der empirischen Daten aus den Tabellen mit den errechneten Zahlen bis auf drei Dezimalen ist frappierend.

Verhulst bemerkt, dass anstelle von p^2 auch andere Exponenten α denkbar wären, die aber zu anderen Wachstumsverläufen und anderer oberer Grenze führten. Die schließliche Entscheidung für die Form np^2 geschah offenbar aufgrund der Datenlage:

> Je ferai remarquer en passant que le tableau qui concerne la France semble annoncer que la formule est d'autant plus exacte, que les observations portent sur de plus grands nombres et ont été faites avec plus de soin. Au reste l'avenir seul pourra nous dévoiler le véritable mode d'action de la force retardatrice que nous avons représentée par ϕp. [8] (p. 116)

Da in Verhulst's Notation, $\frac{dp}{t} = mp - np^2$, die Benennungen der Variablen m, n im Kontext dieses Buchs verwirrend sein können, verwenden an deren Statt die entsprechenden griechischen Buchstaben und schreiben seine Differentialgleichung so:

$$\dot{p} = \mu p - \nu p^2 \,, \tag{1.6}$$

wobei μ, ν zwei positive reelle Konstanten sind. Gleichung (1.6) wird heute meist als *logistische Differentialgleichung* oder als *Verhulst-Gleichung* bezeichnet.

Natürlich kann man die Verhulst-Gleichung nicht nur zur Modellierung der Größe einer menschlichen Population verwenden — die Gleichung ist ganz generell eine sinnvolle Ausgangsbasis zur Modellierung beliebiger Populationsgrößen. Die Konstante μ spielt dann die Rolle eines *Reproduktionsparameters*, während die Konstante ν mit der Modellierung *intraspezifischer Konkurrenz* (um beliebige Ressourcen wie z. B. Nahrung oder Geschlechtspartner zur Fortpflanzung) zu tun hat. Will man mehr als eine Populationsgröße beschreiben, so kann man das Modell durch Hinzufügen weiterer Interaktionsterme ganz zwanglos erweitern; ein Beispiel hierfür ist das Raubtier-Beute-Modell von Volterra und Lotka, siehe Beispiel 4.14.

---

[3] nach John Napier, $\star$ 1550 Merchiston Castle in Edinburgh, $\dagger$ 4.4.1617 Edinburgh. Bzgl. der Schreibweise seines Nachnamens gibt es mindestens sieben weitere Varianten, der Vorname wurde damals meist »Jhone« geschrieben; sehr gebräuchlich zur damaligen Zeit war insbesondere »Jhone Neper«, daher das französische *népérien*. Er publizierte 1614 eine Arbeit mit dem Titel *»Mirifici logarithmorum canonis descriptio«*, worin er Logarithmen mit Hilfe einer geometrischen Konstruktion definierte und auf Multiplikation, Division, Quadratur und Wurzelziehen mit großen Zahlen anwandte. Man kann seine Konstruktion so interpretieren, dass Logarithmen im heutigen Sinn zur Basis $1/e$ vorkamen, wobei e die Eulersche Zahl bezeichnet.

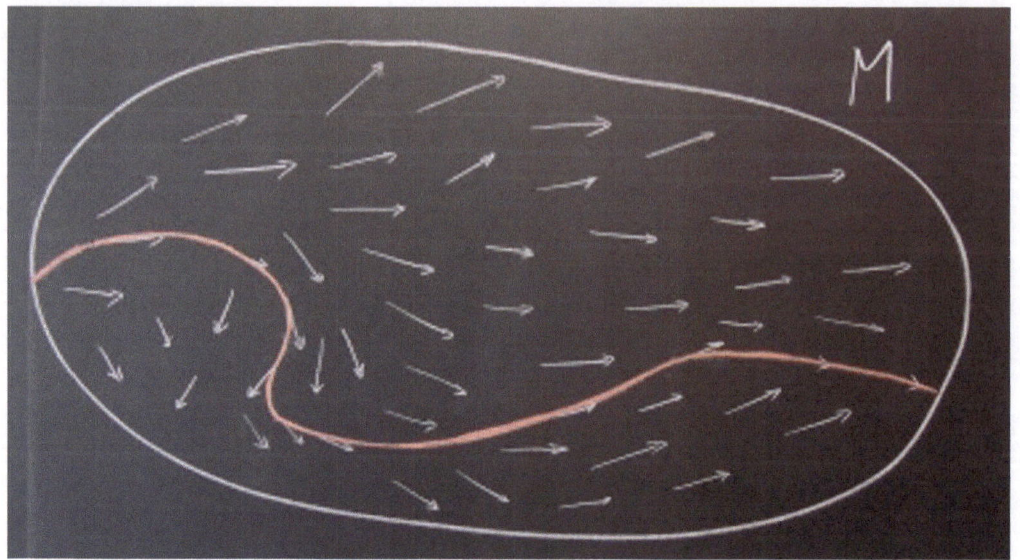

Bild 1.2: Vektorfeld auf M und beispielhafte Integralkurve.

Definition 1.3

Gegeben seien eine Menge $M \subset \mathbb{R}^N$ und eine Abbildung $f : M \to \mathbb{R}^N$. Dann nennt man f auch ein *Vektorfeld* auf M und bezeichnet ihren Definitionsbereich M als *Phasenraum* der autonomen Differentialgleichung 1. Ordnung

$$\dot{x} = f(x) \,. \tag{1.7}$$

Eine Lösung ϕ von (1.7) nennt man auch *Integralkurve* des Vektorfelds f.

Beispiel 1.3

Die Differentialgleichung 2. Ordnung $\ddot{x} = -k\,\dot{x} - \gamma \sin x$ des mathematischen Pendels muss zunächst auf eine 2-dimensionale Gleichung 1. Ordnung transformiert werden, damit der Begriff Phasenraum sinnvoll wird:

$$\begin{cases} \dot{x} &= v \\ \dot{v} &= -kv - \gamma \sin x \end{cases}$$

Damit kann als Phasenraum der $\mathbb{R}^2$ (mit x als Ortskoordinate und v als Geschwindigkeitskoordinate) gewählt werden.

Beispiel 1.4

Als Phasenraum der Verhulstschen Differentialgleichung nimmt man in der Regel die Halbgerade der nicht-negativen reellen Zahlen $[0, \infty)$, da negative Populationsgrößen keinen Sinn machen.

1.3 Zeitabhängige Differentialgleichungen und Richtungsfelder

Definition 1.4

Gegeben seien eine Menge $W \subset \mathbb{R}^{1+N}$ und eine Abbildung $f : W \to \mathbb{R}^N$. Dann nennt man f auch ein *Richtungsfeld*[4] auf W, gibt der Differentialgleichung 1. Ordnung

$$\dot{x} = f(t, x) \tag{1.8}$$

das Prädikat *zeitabhängig*, und bezeichnet den $((N+1)$-dimensionalen$)$ Definitionsbereich W als *erweiterten Phasenraum*.

Beispiel 1.5

Man benutzt zeitabhängige Terme in Differentialgleichungen z. B. zur Modellierung externer Kräfte. Ein Beispiel ist ein (reibungsfreies) *Federpendel* auf einem stampfenden Dampfer, dessen Bewegung man durch folgende eindimensionale Differentialgleichung zweiter Ordnung beschreiben könnte:

$$m\ddot{x} = -Dx + A\sin\omega t\,. \tag{1.9}$$

Hier hat man vier positive reelle Konstanten: die Masse m, die Federkonstante D, sowie Frequenz ω und Amplitude A der Stampfbewegung, die der Einfachheit halber als periodisch angenommen wird.

Die zeitabhängige Differentialgleichung (1.8) der Dimension N ist zur $(N+1)$-dimensionalen autonomen Differentialgleichung

$$\begin{cases} \dot{x} &=& f(t, x) \\ \dot{t} &=& 1 \end{cases}$$

---

[4]Dieser Begriff wurde 1694 von Johann Bernoulli, * 6.8.1667 Basel, † 1.1.1748 Basel, im Zusammenhang mit Differentialgleichungen eingeführt. Johann sollte eigentlich Geschäftsmann werden, um den Gewürzhandel seiner Eltern übernehmen zu können, erwies sich aber dafür als ungeeignet. Daraufhin begann Johann an der Universität Basel ein Studium der Medizin, studierte aber tatsächlich Mathematik bei seinem Bruder Jacob. Johann arbeitete zunächst in Paris mit dem Marquis de l'Hôpital, der ihn dafür mit der Hälfte eines Professorengehalts entlohnte. 1695 wurde er Professor in Groningen; 1705 beerbte er in Basel seinen Bruder als Lehrstuhlinhaber für Mathematik. Sein Hauptarbeitsgebiet in der Mathematik war die Differential- und Integralrechnung mit deren Anwendungen, insbesondere in Mechanik und Hydrodynamik.

mit dem Paar (t, x) als abhängige Variable, äquivalent. Aus dem Richtungsfeld $f : W \to \mathbb{R}^N$ wird hierbei durch Hinzunahme einer konstanten Komponente 1 ein Vektorfeld $(f, 1) : W \to \mathbb{R}^{N+1}$.

Umgekehrt läßt sich jede autonome Differentialgleichung $\dot{x} = f_1(x)$ auf einem Phasenraum $M \subset \mathbb{R}^d$ auch als zeitabhängige Differentialgleichung auf dem erweiterten Phasenraum $W = \mathbb{R} \times M$ auffassen, indem man

$$f(t, x) := f_1(x) \qquad \text{für alle } t \in \mathbb{R}$$

setzt. Damit gelten alle Sätze über zeitabhängige gewöhnliche Differentialgleichungen automatisch auch für autonome Differentialgleichungen.

1.4 Anfangswertprobleme

Als nächstes betrachten wir Lösungen von Differentialgleichungen. Im Fall der eindimensionalen zeitabhängigen Gleichung, bei der f nur von t abhängt,

$$\dot{x} = f(t), \tag{1.10}$$

ist eine Funktion φ offenbar genau dann eine Lösung, wenn sie eine Stammfunktion von f ist. Nach dem *Satz von Barrow*[5] erhält man eine Stammfunktion von f durch Integration von f.[6] Bei festem Existenzintervall ist eine Lösung von (1.10) also bis auf eine additive Konstante festgelegt. Um die Lösung zu fixieren, müßten wir ihren Wert in einem Punkt vorschreiben.

In Dimension $N = 1$ besitzt die autonome Differentialgleichung

$$\dot{x} = x$$

offenbar Lösungen

$$\phi_c : \mathbb{R} \to \mathbb{R}, \quad \phi_c(t) = ce^t,$$

wobei $c \in \mathbb{R}$ eine beliebige Konstante ist. Auch hier ist es so, dass die Lösung fixiert ist, wenn man ihren Wert in einem Punkt vorschreibt (siehe Übungsaufgabe 1.7 für einen Beweis der Eindeutigkeitsaussage).

---

[5] Isaac Barrow, * Oktober 1630 London, † 4.5.1677 London, wurde 1652 Lehrer am Trinity College in Cambridge und 1663 der erste Lucasian Professor für Mathematik in Cambridge. 1669 überließ er seinen Lehrstuhl seinem genialen Schüler Isaac Newton. Später wurde er Vizekanzler des Trinity Colleges, wo er den Grundstein für die Bibliothek legte.

[6] Der Satz von Barrow lautet: *Die Ableitung einer Integralfunktion ist der zugehörige Integrand.* Isaac Barrow bewies diesen Satz auf geometrische Weise. Der Satz beinhaltet einen wesentlichen Teil des heutigen *Hauptsatzes der Differential- und Integralrechnung*; der andere Teil des Hauptsatzes, nämlich dass sich zwei auf dem gleichen Intervall definierte Stammfunktionen der gleichen Funktion höchstens um eine additive Konstante unterscheiden, war für Barrow völlig unproblematisch, da er noch nicht den modernen Funktionsbegriff hatte.

Definition 1.5
Seien $W \subset \mathbb{R}^{1+N}$, $f : W \to \mathbb{R}^N$ und ein Punkt $(t_0, x_0) \in W$ (mit $t_0 \in \mathbb{R}$, $x_0 \in \mathbb{R}^N$) gegeben. Ein *Anfangswertproblem (AWP)* besteht aus zwei Gleichungen

$$\dot{x} = f(t, x), \qquad x(t_0) = x_0. \tag{1.11}$$

Eine *Lösung* dieses AWP ist eine Lösung $\phi : I \to \mathbb{R}^N$ der Differentialgleichung $\dot{x} = f(t, x)$ mit $t_0 \in I$ und $\phi(t_0) = x_0$.

Beispiel 1.6
Betrachten wir als Beispiel die Bewegung des Federpendel auf dem periodisch stampfenden Dampfer, also die Differentialgleichung

$$m\ddot{x} = -Dx + A \sin \omega t \tag{1.12}$$

mit positiven reellen Konstanten m, D, A, ω. Um hierfür ein Anfangswertproblem zu formulieren, müssen wir die Differentialgleichung zweiter Ordnung zunächst in ein System erster Ordnung umformen:

$$\begin{cases} \dot{x} = v\,, \\ \dot{v} = -\dfrac{D}{m}x + A \sin \omega t\,. \end{cases}$$

Der erweiterte Phasenraum dieses Systems ist dreidimensional, jeder Punkt darin ist ein Tripel $(t, x, v) \in \mathbb{R}^3$. Ein Anfangswertproblem für die Differentialgleichung (1.12) ist daher durch drei reelle Zahlen t_0, v_0, x_0 spezifiert. In der üblichen Schreibweise unterdrückt man die Hilfsvariable $v = \dot{x}$ und schreibt einfach

$$m\ddot{x} = -Dx + A \sin \omega t\,, \quad x(t_0) = x_0\,, \quad \dot{x}(t_0) = v_0\,.$$

Wie in diesem Beispiel sind ganz allgemein zur Spezifikation eines Anfangswertproblems zu einer Differentialgleichung n-ter Ordnung zu einem Zeitpunkt t_0 die n Anfangswerte $x(t_0), \dot{x}(t_0), \ldots, x^{(n-1)}(t_0)$ festzulegen.

Wir werden im nächsten Kapitel beweisen, dass jedes Anfangswertproblem eine Lösung besitzt, wenn nur das Richtungsfeld f stetig ist.

1.5 Differentialgleichungen mit getrennten Veränderlichen

Zum Abschluß dieses Kapitels beschreiben wir eine Lösungsmethode für zeitabhängige Anfangswertprobleme der Form

$$\dot{x} = g(t)h(x),$$

die man *Trennung der Veränderlichen*, mit lateinischen Fremdwörtern also *Separation der Variablen*, oder einfach *Separationsansatz* nennt. Das Vorgehen besteht aus fünf Schritten und wird am Beispiel der Differentialgleichung $\dot{x} = t(1 + x^2)$ illustriert:

1. Man schreibe die Differentialgleichung in der Form

$$\frac{dx}{dt} = g(t)h(x)\,, \qquad \text{also im Beispiel} \qquad \frac{dx}{dt} = t(1 + x^2)\,.$$

2. Man tue so, als stünde auf der linken Seite ein einfacher Bruch dx/dt und *separiere* die unabhängige von der abhängigen Variablen:

$$\frac{dx}{h(x)} = g(t)\,dt\,, \qquad \text{also im Beispiel} \qquad \frac{dx}{1 + x^2} = t\,dt\,.$$

3. Man schreibe auf beiden Seiten Integralzeichen mit geeigneten Integrationsgrenzen hinzu, wobei man die Variablen in den Integranden umbenennen muss:

$$\int_{x_0}^{x} \frac{d\xi}{h(\xi)} = \int_{t_0}^{t} g(\tau)\,d\tau\,, \qquad \text{also im Beispiel} \qquad \int_{x_0}^{x} \frac{d\xi}{1 + \xi^2} = \int_{t_0}^{t} \tau\,d\tau\,.$$

4. Man berechne die beiden Integrale, im Beispiel also

$$\int_{x_0}^{x} \frac{d\xi}{1 + \xi^2} = \arctan x - \arctan x_0 \qquad \text{und} \qquad \int_{t_0}^{t} \tau\,d\tau = \frac{t^2 - t_0^2}{2}$$

5. Man löse die Gleichung nach x auf schreibe $x(t)$ anstelle von x: im Beispiel also

$$x(t) = \tan\left(\frac{t^2 - t_0^2}{2} + \arctan(x_0)\right)\,.$$

6. Man verifiziere die Gleichungen $x(t_0) = x_0$ und $\dot{x}(t) = g(t)h(x)$.

Der Separationsansatz ist insbesondere bei autonomen Differentialgleichung in Dimension $N = 1$ anwendbar, vgl. Übungsaufgaben 1.3 und 1.4; in diesem Fall setzt man $g(t) \equiv 1$. Ein Beweis, dass der Separationsansatz zum Ziel führt, ergibt sich im wesentlichen durch Nachrechnen (siehe Übungsaufgabe 2).

1.6 Übungsaufgaben

Die Übungsaufgaben zu diesem Kapitel sollen illustrieren, wie weit man bei den gewöhnlichen Differentialgleichungen allein mit ein paar Grundbegriffen und Grundkenntnissen aus der Differential- und Integralrechnung, aber ohne abstrakte Existenz- und Eindeutigkeitstheorie, bereits kommt. Mit dem Separationsansatz und diversen anderen Kniffen können wir zahlreiche Differentialgleichungen und Anfangswertprobleme direkt lösen und in gewissen Fällen auch zeigen, dass eine Lösung durch die Anfangsbedingungen eindeutig festgelegt ist, während wir in anderen Fällen Mehrdeutigkeitsaussagen beispielhaft belegen können.

Der Reigen wird von einer genaueren Untersuchung des Separationsansatzes eröffnet und geht dann über zu linearen Problemen. Hierbei definieren wir *Linearität* zunächst einfach durch Formeln; eine abstrakte Definition über das *Superpositionsprinzip* folgt in Kapitel 5. Trotzdem können wir jetzt schon grundlegende Elemente wie z. B. das *charakteristische Polynom* und die Lösung des *homogenen Teils*, die Methode der *Variation der Konstanten* und den *Ansatz vom Typ der rechten Seite* studieren. Nach der Einführung in die Welt der linearen Differentialgleichungen werden einige spezielle Typen wie die *Bernoullischen* oder *Riccatischen* Differentialgleichungen vorgestellt, die sich durch trickreiche Variablentransformationen auf schon behandelte Fälle zurückführen lassen. Daran schließen sich einige weitere Methoden zur Transformation der abhängigen Variablen und zu Koordinatentransformationen im Bereich der unabhängigen Variablen an. Zum Abschluß der Serie gibt es noch eine Aufgabe zur Newtonschen Methode, dem *Potenzreihenansatz*, zur Lösung gewöhnlicher Differentialgleichungen.

Aufgabe 1.1

Gegeben seien eine stetige Funktion $f : \mathbb{R} \to \mathbb{R}$ und ein Punkt $(t_0, x_0, x_1) \in \mathbb{R}^3$. Zeigen Sie, dass das Anfangswertproblem 2. Ordnung

$$\ddot{x} = f(t), \quad x(t_0) = x_0, \quad \dot{x}(t_0) = x_1$$

genau eine globale Lösung $\phi : \mathbb{R} \to \mathbb{R}$ besitzt. Wie errechnet man diese aus f ?

Aufgabe 1.2 (Beweis zum Separationsansatz)

Gegeben seien (nicht nur aus einem Punkt bestehende) Intervalle $I, J \subset \mathbb{R}$, stetige Funktionen $g : I \to \mathbb{R}$ und $h : J \to \mathbb{R}$ und die Differentialgleichung

$$\dot{x} = g(t)h(x) \tag{S}$$

a) Zeigen Sie, dass jede Nullstelle x_0 von h eine konstante Lösung $\phi(t) = x_0$ von (**S**) liefert.

Sei jetzt $J_0 \subset J$ ein Teilintervall mit $h(x) \neq 0$ für $x \in J_0$, bezeichne $H : J_0 \to \mathbb{R}$ eine Stammfunktion von $x \mapsto 1/h(x)$, $H^{-1} : H(J_0) \to \mathbb{R}$ die Umkehrfunktion von H, und $G : I \to \mathbb{R}$ eine Stammfunktion von g.

b) Zeigen Sie, dass für jedes $\alpha \in \mathbb{R}$ die Funktion $\phi_\alpha(t) := H^{-1}\big(G(t) + \alpha\big)$ auf jedem Intervall $I_0 \subset I$, wo sie definiert ist, eine Lösung der Differentialgleichung (**S**) ist.

Man kann mit dieser Methode auch eine Eindeutigkeitsaussage gewinnen. Seien hierzu ein Teilintervall $I_1 \subset I$ und Punkte $t_1 \in I_1$ und $x_1 \in J_0$ gegeben, und seien die Stammfunktionen G und H so gewählt, dass $G(t_1) = 0$ und $H(x_1) = 0$ gilt. Beweisen Sie:

c) Jede Lösung $\phi : I_1 \to J_0$ von (**S**) mit $\phi(t_1) = x_1$ hat die Form $\phi(t) = H^{-1}(G(t))$.

Aufgabe 1.3

Man bestimme mit Hilfe eines Separationsansatzes jeweils eine Lösung (mit Angabe eines Existenzintervalls) folgender autonomer Anfangswertproblem:

a) $\dot{x} = x^2$, $x(0) = x_0 > 0$.

b) $\dot{x} = x^3 \sin t$, $x(0) = x_0 \in \left(0, \sqrt{2}\right)$.

Aufgabe 1.4

In dem zitierten Teil seiner Arbeit löst Verhulst seine Differentialgleichung

$$\frac{dp}{t} = mp - np^2$$

mit nur einem Zwischenschritt, nämlich der Gleichung

$$t = \frac{1}{m}\left(\log p - \log(m - np)\right) + \text{const.}$$

Zeigen Sie, dass sich sein Lösungsweg mit dem Separationsansatz nachvollziehen lässt.

Aufgabe 1.5

Zeigen Sie: Sind $M \subset \mathbb{R}^N$ und ein Vektorfeld $f : M \to \mathbb{R}^N$ gegeben, und ist $\phi : I \to \mathbb{R}^N$ eine Lösung einer autonomen Differentialgleichung $\dot{x} = f(x)$, so ist zu jedem $r \in \mathbb{R}$ die *verschobene* Funktion $\phi_r : I + r \to \mathbb{R}^N$, $\phi_r(t) = \phi(t - r)$ ebenfalls eine Lösung von $\dot{x} = f(x)$.

Aufgabe 1.6 (Mehrdeutigkeit von Lösungen)

Beweisen Sie: Das Anfangswertproblem $\dot{x} = x^{2/3}$, $x(0) = 0$, besitzt unendlich viele verschiedene auf ganz $\mathbb{R}$ definierte Lösungen.

Wieso steht diese Aussage nicht im Widerspruch zu Teil d) von Aufgabe 1.2, obwohl es sich hier um eine Differentialgleichung mit getrennten Veränderlichen handelt?

Aufgabe 1.7 (Eindimensionale lineare Anfangswertprobleme)

Seien $I \subset \mathbb{R}$ ein Intervall, $a : I \to \mathbb{R}$ stetig, $t_0 \in I$ und $x_0 \in \mathbb{R}$.

a) Man gebe eine Formel für eine Lösung des *linearen Anfangswertproblems*

$$\dot{x} = a(t)x, \quad x(t_0) = x_0. \tag{ℓ}$$

b) Man zeige, dass diese Lösung eindeutig bestimmt ist.

   Hinweis: man zeige zunächst durch Differenzieren, dass für jede Lösung $\phi : J \to \mathbb{R}$ von (ℓ) die Funktion

$$\mu : J \to \mathbb{R}, \qquad \mu(t) = \phi(t) \exp\left(-\int_{t_0}^{t} a(s)\,ds\right)$$

   konstant gleich x_0 ist.

Aufgabe 1.8 (Variation der Konstanten)

Seien $I \subset \mathbb{R}$ ein Intervall und $a, b : I \to \mathbb{R}$ stetige Funktionen. Die eindimensionale *inhomogene lineare Differentialgleichung* mit *Inhomogenität* b hat die Gestalt

$$\dot{x} = a(t)x + b(t). \tag{$i\ell$}$$

a) Man löse $(i\ell)$ durch den *Variation der Konstanten*-Ansatz $\psi(t) = c(t)\phi(t)$, wobei $\phi : I \to \mathbb{R}$ eine Lösung des *homogenen Teils* $\dot{x} = a(t)x$ ist.

  Hinweis: Setzt man $\psi(t)$ in die zu lösende Differentialgleichung ein, so erhält man eine (leicht lösbare) Differentialgleichung für $c(t)$.

b) Analog zu Aufgabe 1.7(b) beweise man eine Eindeutigkeitsaussage für Anfangswertprobleme mit der Differentialgleichung $(i\ell)$.

Aufgabe 1.9

Seien $a, f : \mathbb{R} \to \mathbb{R}$ stetige Funktionen mit

$$\lim_{t \to \infty} f(t) = 0 \quad \text{und} \quad \sup_{t \in \mathbb{R}} a(t) < 0.$$

Man beweise: Jede Lösung $\phi : [0, \infty) \to \mathbb{R}$ der Differentialgleichung $\dot{x} = a(t)x + f(t)$ hat die Eigenschaft $\lim_{t \to \infty} \phi(t) = 0$.

Aufgabe 1.10 (Resonanz beim Federpendel)

Gegeben seien vier positive reelle Konstanten m, D, A, ω sowie zwei reelle Anfangswerte $x_0, v_0 \in \mathbb{R}$. Lösen Sie das AWP zum Federpendel auf dem periodisch stampfenden Dampfer

$$m\ddot{x} + Dx = A \sin \omega t, \quad x(0) = x_0, \quad \dot{x}(0) = v_0,$$

durch einen *Ansatz vom Typ der rechten Seite*

a) Im Fall $\omega \neq \sqrt{D/m}$ setze man $\phi(t) = c_0 \cos \omega t + c_1 \sin \omega t$ und bestimme die Konstanten c_0, c_1 durch Einsetzen.

b) Im *Resonanzfall* $\omega = \sqrt{D/m}$ probiere man $\phi(t) = t(c_0 \cos \omega t + c_1 \sin \omega t)$.

Aufgabe 1.11 (Charakteristisches Polynom)

Gegeben sei die *homogene lineare Differentialgleichung* n-ter Ordnung

$$x^{(n)} + a_1 x^{(n-1)} + \ldots + a_{n-2}\ddot{x} + a_{n-1}\dot{x} + a_n x = 0 \qquad (\star)$$

mit komplexen Koeffizienten $a_0 = 1, a_1, \ldots, a_n \in \mathbb{C}$ Beweisen Sie:

a) Ist $\omega \in \mathbb{C}$ eine Nullstelle des *charakteristischen Polynoms*

$$P(\lambda) = \lambda^n + a_1 \lambda^{n-1} + \ldots + a_{n-1}\lambda + a_n = \sum_{k=0}^{n} a_k \lambda^{n-k},$$

  so ist die auf ganz $\mathbb{R}$ definierte Funktion $\phi(t) = e^{\omega t}$ eine Lösung von $(\star)$.

b) Ist $\omega \in \mathbb{C}$ eine Nullstelle von P mit der Multiplizität ℓ, so ist für jede nichtnegative ganze Zahl $k < \ell$ die Funktion $\phi_k(t) = t^k e^{\omega t}$ eine Lösung des homogenen Teils von $(\star)$.

c) Seien die verschiedenen Nullstellen von P mit $\omega_1, \ldots, \omega_m \in \mathbb{C}$ bezeichnet, and seien $\ell_1, \ldots, \ell_m \in \mathbb{N}$ die zugehörigen Vielfachheiten. Dann ist jede Linearkombination

$$\phi(t) := \sum_{j=1}^{m} \sum_{k=0}^{\ell_j - 1} c_{j,k}\, t^k e^{\omega_j t},$$

  mit beliebigen Koeffizienten $c_{j,k} \in \mathbb{C}$, eine Lösung von $(\star)$. Dieses ϕ nennt man auch die *allgemeine Lösung* von $(\star)$.

d) Sind $x_0, \ldots, x_{n-1} \in \mathbb{C}$ beliebige komplexe Zahlen, so gibt es eine Lösung ϕ :
$\mathbb{R} \to \mathbb{C}$ von $(\star)$ mit den Anfangsbedingungen

$$\phi(0) = x_0, \quad \dot{\phi}(0) = x_1 \quad \ldots, \quad \phi^{(n-1)}(0) = x_{n-1}.$$

Aufgabe 1.12 (Ansatz vom Typ der rechten Seite)

Gegeben sei jetzt eine *inhomogene lineare Differentialgleichung* n-ter Ordnung

$$x^{(n)} + a_1 x^{(n-1)} + \ldots + a_{n-2}\ddot{x} + a_{n-1}\dot{x} + a_n x = b\,e^{\beta t} \qquad (\star\star)$$

mit komplexen Koeffizienten $a_1, \ldots, a_n, b, \beta \in \mathbb{C}$. Beweisen Sie:

a) Sei $a_0 := 1$ und bezeichne $P(\lambda) = \sum_{k=0}^{n} a_k \lambda^{n-k}$ das in Aufgabe 1.11 definierte
   charakteristische Polynom des *homogenen Teils* $x^{(n)} + a_1 x^{(n-1)} + \ldots + a_1 \dot{x} +$
   $a_0 x = 0$ von $(\star\star)$. Durch den *Ansatz vom Typ der rechten Seite*

$$\phi_{\mathrm{part}}(t) := \begin{cases} c\,e^{\beta t} & \text{falls } P(\beta) \neq 0, \\ c\,t^\ell e^{\beta t} & \text{falls } \beta \text{ eine Nullstelle } \ell\text{-ter Ordnung von } P \text{ ist,} \end{cases}$$

   erhält man eine (spezielle oder *partikuläre*, d.h., nicht *allgemeine*) Lösung von
   $(\star\star)$, indem man ϕ_{part} in $(\star\star)$ einsetzt und dadurch die Konstante $c \in \mathbb{C}$ bestimmt.

b) Sind $x_0, \ldots, x_{n-1} \in \mathbb{C}$ beliebige komplexe Zahlen, so gibt es eine Lösung

$$\phi : \mathbb{R} \to \mathbb{C}$$

   der inhomogenen linearen Differentialgleichung $(\star\star)$ mit den Anfangsbedingungen
$$\phi(0) = x_0, \quad \dot{\phi}(0) = x_1 \quad \ldots, \quad \phi^{(n-1)}(0) = x_{n-1}.$$

   Man erhält diese als Summe aus der *partikulären Lösung* ϕ_{rmpart} und einer
   geeigneten Lösung ϕ_{hom} des homogenen Teils aus Aufgabe 1.11.

Aufgabe 1.13 (Bernoullische Differentialgleichungen)

Seien $I \subset \mathbb{R}$ ein Intervall, $\alpha, \beta : I \to \mathbb{R}$ stetige Funktionen, und $\varrho \in \mathbb{R} \setminus \{0, 1\}$. Man
zeige, dass die *Bernoullische*[7] *Differentialgleichung*

$$\dot{y} = \alpha(t)y + \beta(t)y^\varrho \qquad (B)$$

zu jedem Anfangspunkt (t_0, y_0) mit $t_0 \in I$ und $y_0 > 0$ eine auf einer Umgebung von
t_0 definierte Lösung besitzt.

Hinweis: Durch die Substitution $z := y^{1-\varrho}$ wird (B) auf eine inhomogene lineare
Differentialgleichung zurückgeführt.

---

[7] Jacob Bernoulli, * 27.12.1654 Basel, † 16.8.1705 Basel, studierte auf Druck seiner wohlhabenden Eltern
in Basel Philosophie (1671 Magister) und Theologie (1676 Lizentiat). Gegen den Willen seiner Eltern
studierte er nebenbei Astronomie und Mathematik. Nach mehreren Jahren in Italien, Frankreich und
Holland lehrte er ab 1683 Mechanik an der Universität Basel, wo er 1687 Professor wurde. Zu dieser
Zeit bat ihn sein jüngerer Bruder Johann, * 27.7.1667 Basel, † 1.1.1748 Basel, ihn in Mathematik zu
unterrichten. Johann war ein gelehriger Schüler, und aus den Brüdern wurden bald erbitterte Rivalen
um die Ehre, der bessere Mathematiker zu sein; von außen betrachtet, müssen beide gleichermassen
als exzellent gelten. Jacob studierte und löste 1696 die nach ihm benannte Differentialgleichung.

Aufgabe 1.14 (Riccatische Differentialgleichungen)

Eine Differentialgleichung vom *Riccatischen*[8] *Typ* hat die Form

$$\dot{x} = a(t) + b(t)x + c(t)x^2, \tag{R}$$

wobei a, b, c auf einem Intervall definierte stetige Funktionen sind. Zeigen Sie: Kennt man eine Lösung $\mu(t)$ dieser Differentialgleichung, so kann man (R) mit der Transformation $y = x - \mu(t)$ in eine Bernoullische Differentialgleichung verwandeln.

Aufgabe 1.15 (Homogene Koordination)

a) Welche Differentialgleichung erfüllt die Funktion $u = y/x$, wenn die Funktion y der Differentialgleichung

$$y' = f\left(\frac{y}{x}\right)$$

genügt?

b) Lösen Sie das Anfangswertproblem

$$y' = \frac{y}{x}\left(1 + \log\frac{y}{x}\right), \quad y(1) = 2.$$

Aufgabe 1.16 (Affine Transformation im erweiterten Phasenraum)

a) Zeigen Sie, dass sich eine Differentialgleichung der Form

$$\dot{x} = g(\alpha t + \beta x + \gamma) \quad \text{mit reellen Konstanten } \alpha, \beta, \gamma$$

durch die affine Transformation $y = \alpha t + \beta x + \gamma$ in eine autonome Differentialgleichung verwandeln läßt.

b) Lösen Sie das Anfangswertproblem

$$\dot{x} = (t + x - 1)^2, \quad x(1) = 0.$$

Aufgabe 1.17 (Transformation in Polarkoordinaten)

a) Gegeben seien der Phasenraum $M := \mathbb{R}^2 \setminus \{(0,0)\}$, zwei Funktionen $f, g : M \to \mathbb{R}$ sowie ein ebenes autonomes Anfangswertproblem

$$\left.\begin{cases} \dot{x} = f(x,y) \\ \dot{y} = g(x,y) \end{cases}\right\}, \qquad \left.\begin{cases} x(0) = x_0 \\ y(0) = y_0 \end{cases}\right\} \tag{$\square$}$$

Man ermittle die Gestalt dieses AWP's in Polarkoordinaten, also Funktionen $p(r,\varphi)$, $q(r,\varphi)$ und Anfangswerte r_0, φ_0 derart, dass eine Lösung $(\mu_1, \mu_2) : I \to \mathbb{R}^2$ des Anfangswertproblems

$$\left.\begin{cases} \dot{r} = p(r,\varphi) \\ \dot{\varphi} = q(r,\varphi) \end{cases}\right\}, \qquad \left.\begin{cases} r(0) = r_0 \\ \varphi(0) = \varphi_0 \end{cases}\right\} \tag{$\circ$}$$

durch die Transformation

$$\lambda_1(t) := \mu_1(t)\cos\mu_2(t), \quad \lambda_2(t) := \mu_1(t)\sin\mu_2(t)$$

zu einer Lösung $(\lambda_1, \lambda_2) : I \to \mathbb{R}^2$ des Anfangswertproblems ($\square$) führt.

---

[8]Benannt nach dem venezianischen Grafen und Privatgelehrten Jacopo Francesco Riccati, * 28.5.1676 Venedig, † 15.4.1754 Treviso, beschäftigte sich mit Hydraulik und Wasserbau, was der Stadt Venedig sehr zugute kam. Über diese Arbeit kam er auf Differentialgleichungen, zu deren Lösung er unter anderem die Methode der Separation der Variablen entwickelte. Die nach ihm benannte Gleichung publizierte er 1722/23 in Acta Eruditorium.

b) Man transformiere das System

$$\dot{x} = -y + xh(r),$$
$$\dot{y} = x + yh(r),$$

wobei $r = \sqrt{x^2 + y^2}$ zu setzen ist und $h : (0, \infty) \to \mathbb{R}$ eine beliebige Funktion bezeichnet, in Polarkoordinaten.

Aufgabe 1.18 (Lösung mit Potenzreihenansatz)

Bei Newton[9] findet man den *Potenzreihenansatz* zur Lösung von Differentialgleichungen und Anfangswertproblemen. Zur Demonstration der Vorgehensweise betrachten wir die Differentialgleichung des *Federpendels*, die die Bewegung eines Massepunkts mit Masse $m > 0$, der an einer Feder mit Federkonstante $D > 0$ hängt, beschreibt:

$$m\ddot{x} + Dx = 0. \qquad (\star)$$

Bei Newton spielten Konvergenzbetrachtungen keine Rolle; ebenso wollen wir es bei dieser Aufgabe halten.

a) Ermitteln Sie mit dem Ansatz $\phi(t) = \sum_{n=0}^{\infty} a_n t^n$ durch gliedweises Differenzieren, Einsetzen in $(\star)$ und Koeffizientenvergleich eine Rekursionsgleichung für die Koeffizienten a_n.

b) Begründen Sie, wie man aus dieser Rekursionsgleichung auf die Formel

$$\phi(t) = a_0 \sum_{k=0}^{\infty} \frac{(-1)^k}{(2k)!} \left(\frac{D}{m}\right)^k t^{2k} + a_1 \sum_{k=0}^{\infty} \frac{(-1)^k}{(2k+1)!} \left(\frac{D}{m}\right)^k t^{2k+1}$$

kommt.

c) Zeigen Sie, dass diese Potenzreihenentwicklung auf die folgende Darstellung führt:

$$\phi(t) = a_0 \cos \omega t + \frac{a_1}{\omega} \sin \omega t, \quad \text{mit } \omega := \sqrt{\frac{D}{m}}.$$

d) Welches Anfangswertproblem mit der Differentialgleichung $(\star)$ wird durch die Funktion $\phi : \mathbb{R} \to \mathbb{R}$ gelöst?

e) Verwenden Sie den Potenzreihenansatz, um die Koeffizienten $a_0, \ldots, a_5$ einer möglichen Potenzreihenentwicklung einer Lösung der Differentialgleichung des mathematischen Pendels, $\ddot{x} + \sin x = 0$, zu bestimmen.

---

[9]Isaac Newton, * 4.1.1643 Woolsthorpe (bei Grantham), † 31.3.1727 Kensington (heute Stadtteil von London), ab 1669 Lucasian Professor für Mathematik in Cambridge, verfaßte bedeutende Werke zur Grundlegung der Differential- und Integralrechnung und der Physik, z. B. *Methodus fluxionum et seriarum infinitarum* (1671), *Philosophia naturalis principia mathematica* (1687). Insbesondere wegen dieser Werke gilt Newton manchen als *Jahrtausendgenie*, während er von sich selbst einmal schrieb, dass er nur zu solchen Leistungen fähig sei, weil er *auf den Schultern von Riesen* stünde. Von Newton sind außer den mathematisch-physikalischen Arbeiten auch Schriften zur Alchemie und zur Theologie überliefert.

2 Der Existenzsatz von Peano

Die Existenz von Lösungen ziemlich allgemeiner Anfangswertprobleme ist ein wesentlicher Schritt einer allgemeinen Theorie der Differentialgleichungen. In diesem Kapitel wird gezeigt, wie man aus einem intuitiv einleuchtenden geometrischen Ansatz mit Hilfe eines tiefliegenden topologischen Resultats einen *lokalen Existenzsatz* (oder *lokalen Integrationssatz*) für Anfangswertprobleme mit stetiger rechter Seite gewinnen kann. Der Beweis dieses Satzes geht auf Peano[1] zurück, der 1886 zunächst eine noch lückenhafte Version publizierte, die er 1890 präzisierte und vervollständigte. Bei dieser Gelegenheit entdeckte und vermied er ein logisches Problem, das Anfang des 20. Jahrhundert von Zermelo als *Auswahlaxiom* in seine Axiomatisierung der Mengenlehre aufgenommen worden ist und in der Untersuchung der Grundlagen der Mathematik eine wichtige Rolle spielt.

2.1 Das Polygonzugverfahren

Ein ziemlich natürlicher Ansatz, eine Lösung zu einem allgemeinen Anfangswertproblem

$$\dot{x} = f(t,x), \qquad x(t_0) = x_0 \in \mathbb{R}^N, \tag{$\star$}$$

mit einer gegebenen rechten Seite $f : W \to \mathbb{R}^N$ auf einem Intervall $I = [t_0, t]$ zu konstruieren, ist das folgende geometrisch motivierte Verfahren:

Definition 2.1
Unter dem *Eulerschen Polygonzugverfahren* zur näherungsweisen Lösung eines Anfangswertproblems $(\star)$ versteht man folgende Vorgehensweise:

1. Man wähle zunächst eine Menge $S = \{t_0, t_1, \ldots, t_k\}$ von *Stützstellen* mit der Eigenschaft

$$t_0 < t_1 < \ldots < t_{k-1} < t_k = t \,;$$

   die Zahl $\mu(S) := \max\{t_j - t_{j-1} : j = 1, \ldots, k\}$ heißt *Maschenweite* der Unterteilung S.

---

[1] Giuseppe Peano, * 27.8.1858 Spinetta (bei Cuneo, Italien), † 20.4.1932 Turin. 1886–1901 Professor an der Militärakademie in Turin, ab 1890 außerordentliche Professur für Analysis an der Universität Turin, ab 1895 ordentlicher Professor dort.

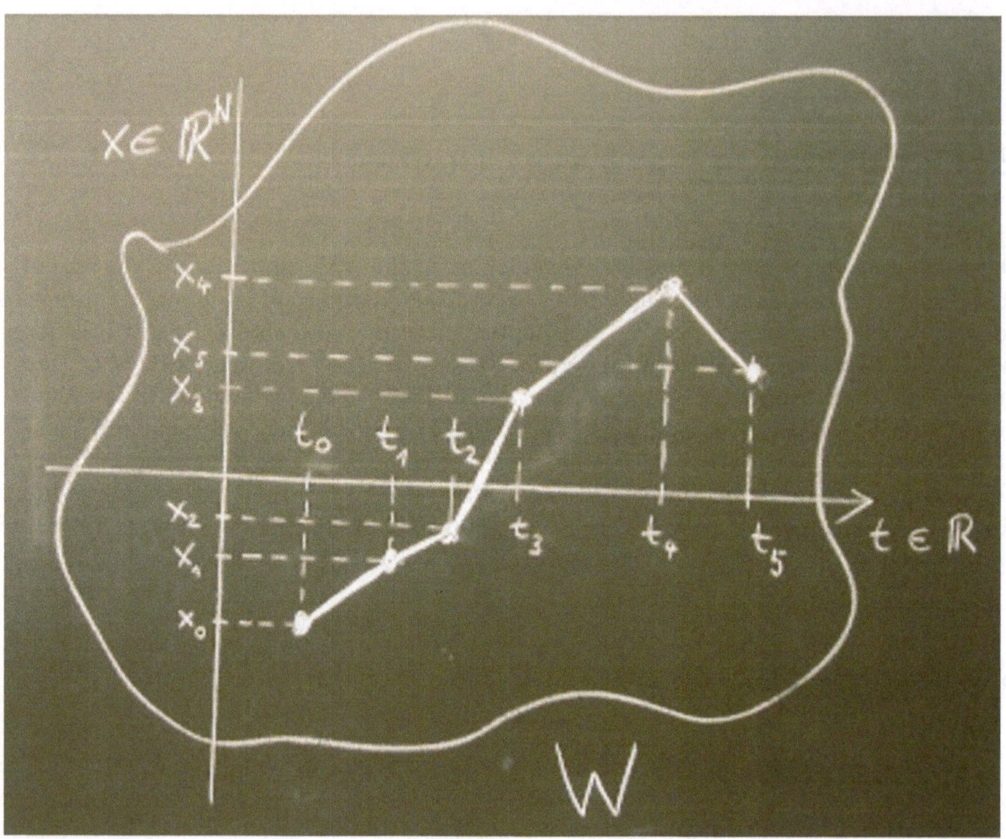

Bild 2.1: Sukzessive Konstruktion eines Eulerschen Polygonzugs zu einem Richtungsfeld.

2. Mit Hilfe dieser Stützstellen baut man sich dann eine Funktion $\phi_S : [t_0, t] \to \mathbb{R}^N$ induktiv wie folgt zusammen:

$$\phi_S(t_0) := x_0,$$

angenommen, ϕ_S ist auf $[t_0, t_j]$ bereits definiert, dann setzt man

$$\phi_S(\tau) := \phi_S(t_j) + (\tau - t_j)f(t_j, \phi_S(t_j)) \qquad \text{für } \tau \in [t_j, t_{j+1}]. \qquad (2.1)$$

Die Funktion $\phi_S : [t_0, t] \to \mathbb{R}^N$ nennt man *Euler-Polygon* zum Anfangswertproblem $(\star)$ und zur Unterteilung S; selbstverständlich ist implizit vorausgesetzt, dass die rechte Seite f in den in Formel (2.1) benötigten Punkten definiert ist.

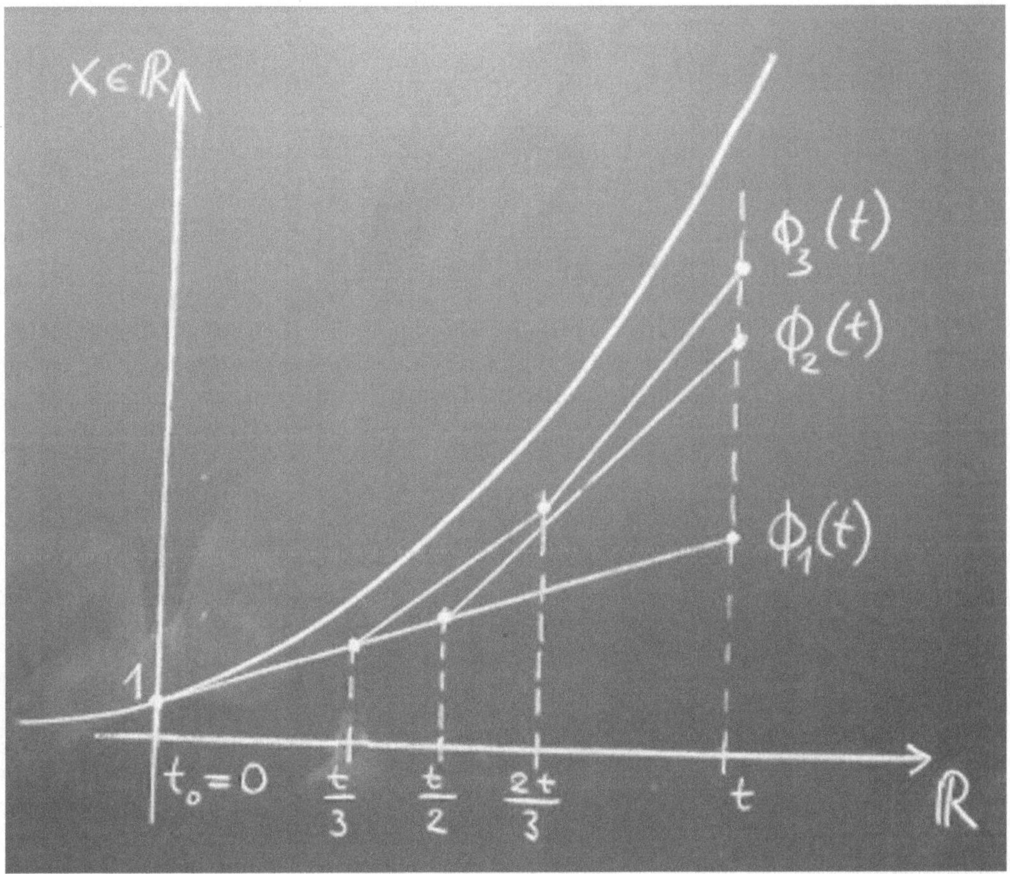

Bild 2.2: Approximation des Graphen der Exponentialfunktion durch Eulersche Polygonzüge
gemäß Beispiel 2.1.

Beispiel 2.1 (Zur Exponentialfunktion)

Von dem eindimensionalen Anfangswertproblem

$$\dot{x} = x, \qquad x(0) = x_0 \neq 0, \tag{2.2}$$

kennen wir bereits eine Lösung:

$$\phi : \mathbb{R} \to \mathbb{R}, \qquad \phi(t) = x_0 \, e^t.$$

Nimmt man ein festes $t > 0$, und wählt man auf $[0, t]$ für $n \in \mathbb{N}$ die Unterteilung

$$S_n := \left\{ k \cdot \frac{t}{n} \;\middle|\; k = 0, \ldots, n \right\},$$

so erhält man die Formel

$$\phi_{S_n}(t) = x_0 \cdot \left(1 + \frac{t}{n}\right)^n. \tag{2.3}$$

Aus der Analysis ist bekannt, dass dieser Ausdruck für jedes feste $t \in \mathbb{R}$ und $n \to \infty$ gegen $x_0\, e^t$ konvergiert.

2.2 ε-Näherungslösungen

Im Prinzip sollte ein Euler-Polygon ϕ_S desto näher an einer Lösung der Differentialgleichung $\dot{x} = f(t,x)$ liegen, je kleiner die Maschenweite $\mu(S)$ ist. Das ist in vielen Fällen auch richtig — aber der Teufel steckt hier im Detail, wie wir sehen werden. Zunächst eine Präzisierung:

Definition 2.2
Seien $W \subset \mathbb{R} \times \mathbb{R}^N$ offen, $f : W \to \mathbb{R}^N$ gegeben. Weiter seien $I \subset \mathbb{R}$ ein Intervall und $\varphi : I \to \mathbb{R}^N$ eine Regelfunktion (d.h., φ besitzt in jedem Punkt einseitige Ableitungen), deren Graph in W verläuft. Für $\varepsilon > 0$ nennt man φ eine *ε-Näherungslösung* der Differentialgleichung $\dot{x} = f(t,x)$, wenn gilt:

$$|\dot{\varphi}(t) - f(t, \varphi(t))| \leqslant \varepsilon \qquad \text{für alle } t \in I; \tag{2.4}$$

an Punkten, wo φ nicht differenzierbar ist, muss diese Ungleichung sowohl für die linksseitige als auch für die rechtsseitige Ableitung gelten.

Beispiel 2.2
    Wir betrachten die Differentialgleichung

$$\dot{x} = 2\,|x|^{1/2}, \tag{2.5}$$

wählen ein beliebiges kompaktes Intervall $I \subset \mathbb{R}$ und eine Unterteilung $S = \{t_0 < \ldots < t_k\} \subset I = [t_0, t_k]$ mit Maschenweite $\mu(S)$. Dann ist $Z := I \times \phi_S(I) \subset \mathbb{R}^2$ eine kompakte Menge, die den Graphen des Euler-Polygons ϕ_S enthält. Wir setzen $M := \max_{(t,x)\in Z} \left(2\,|x|^{1/2}\right)$, dann gilt:

    Für $\varepsilon := 2\,\sqrt{M\,\mu(S)}$ ist ϕ_S eine ε-Näherungslösung von (2.5). $\qquad$ (2.6)

Zum Beweis benutzt man die für alle $a, b \in \mathbb{R}$ gültige Ungleichung

$$\left|\sqrt{|a|} - \sqrt{|b|}\right| \leqslant \sqrt{|a - b|} \tag{2.7}$$

die sich leicht durch Quadrieren beweisen läßt. Zur Abkürzung setze $x_j := \phi_S(t_j)$ für $j = 0, \ldots, k$. Dann gilt für $t \in [t_j, t_{j+1}]$:

$$\phi_S(t) = x_j + (t - t_j) \cdot 2\,|x_j|^{1/2}, \qquad \dot{\phi}_S(t) = 2\,|x_j|^{1/2}.$$

Setzt man dies in die linke Seite der Ungleichung (2.4) ein, so erhält man:

$$\left| \dot{\phi}_S(t) - 2\left| \phi_S(t) \right|^{1/2} \right| \leqslant$$

$$\leqslant \left| 2\left| x_j \right|^{1/2} - 2 \left| x_j + (t - t_j) \cdot 2\left| x_j \right|^{1/2} \right|^{1/2} \right|$$

$$\leqslant 2\sqrt{\left| x_j - \left(x_j + (t - t_j) \cdot 2\left| x_j \right|^{1/2} \right) \right|} \qquad \text{wegen (2.7)},$$

$$= 2\sqrt{(t - t_j) \cdot 2\left| x_j \right|^{1/2}}$$

$$\leqslant 2 \cdot \sqrt{\mu(S) \cdot 2\left| x_j \right|^{1/2}} \qquad \text{nach Definition von } \mu(S),$$

$$\leqslant 2\sqrt{M\,\mu(S)} = \varepsilon,$$

womit (2.6) bewiesen ist. $\diamond$

Die Differentialgleichung (2.5) ist hier insbesondere aus dem Grund interessant, weil man ähnlich wie in Aufgabe 1.6 nachweisen kann, dass Anfangswertprobleme mit ihr im Allgemeinen keine eindeutig bestimmte Lösung besitzen. Im folgenden Beispiel untersuchen wir ein Anfangswertproblem mit der Differentialgleichung (2.5) und zeigen unter Benutzung der Ergebnisse einiger Übungsaufgaben, dass es eine Folge von Eulerschen Polygonzügen gibt, deren Maschenweiten gegen Null konvergieren, die aber selbst nicht konvergent ist.

Beispiel 2.3

Das Anfangswertproblem

$$\dot{x} = 2\left| x \right|^{1/2}, \quad x(0) = -1, \qquad (2.8)$$

besitzt auf $[0, \infty)$ unendlich viele Lösungen: für jedes $\alpha \in [1, \infty)$ ist die Funktion

$$\psi_\alpha : [0, \infty) \to \mathbb{R}, \qquad \psi_\alpha(t) := \begin{cases} -(1 - t)^2 & \text{für } 0 \leqslant t \leqslant 1, \\ 0 & \text{für } 1 \leqslant t \leqslant \alpha, \\ (t - \alpha)^2 & \text{für } \alpha \leqslant t < \infty. \end{cases} \qquad (2.9)$$

eine Lösung von (2.8), wie man leicht nachrechnet (vgl. Übungsaufgabe 1.6).

Beschränkt man sich auf das Intervall $[0, 2]$ und wählt dort eine Unterteilung $S = \{0 = t_0 < t_1 < \ldots < t_k = 2\} \subset [0, 2]$, so hat das zugehörige Euler-Polygon ϕ_S folgende Eigenschaften:

i) ϕ_S ist monoton wachsend.

ii) Auf dem linken Teilintervall $[0, 1]$ liegt der Graph von ϕ_S oberhalb des Graphen der Lösungen ψ_α und besitzt mindestens eine Nullstelle. Geometrische Begründung: die Funktion ψ_α ist solange konkav, solange sie nicht-positive Werte annimmt, und das ist jedenfalls im Teilintervall $[0,1]$ der Fall. Also verläuft ein tangential startender Polygonzug zumindest solange oberhalb des Graphen, solange dieser nicht-positive Werte annimmt.

iii) Im rechten Teilintervall $[1,2]$ ist der Polygonzug ϕ_S genau dann $\equiv 0$, wenn die kleinste Nullstelle von ϕ_S eine Stützstelle ist.

iv) Ist die kleinste Nullstelle von ϕ_S keine Stützstelle, so hat ϕ_S nur diese eine Nullstelle.

Um die Existenz einer Folge von Unterteilungen, deren Euler-Polygonzüge nicht konvergieren, zu beweisen, betrachten wir zunächst für jede natürliche Zahl n die Unterteilung $S_n := \{0, \frac{2}{n}, \ldots, \frac{2n-2}{n}, 2\}$. Wir definieren zu S_n zwei weitere Unterteilungen T_{2n-1} und T_{2n} wie folgt:

Definition von T_{2n-1}. Sei ϕ der Eulersche Polygonzug zur Unterteilung S_n, und bezeichne mit s_0 dessen kleinste Nullstelle. Dann ist

$$T_{2n-1} := S_n \cup \{s_0\}.$$

Wegen iii) ist dann der zu T_{2n-1} gehörige Eulersche Polygonzug ϕ_{2n-1} auf $[1,2]$ identisch 0.

Definition von T_{2n}. In dem Fall, dass die kleinste Nullstelle s_0 eine Stützstelle von S_n ist, müssen wir diese zunächst entfernen, also

$$T'_{2n} := S_n \setminus \{s_0\}.$$

Nach iv) besitzt dann der zu T'_{2n} gehörige Eulersche Polygonzug ϕ' nur eine einzige Nullstelle, nämlich s_0. Bezeichne

$$s_1 := \min\{t \in T'_{2n} : t > s_0\}$$

die auf die Nullstelle folgende Stützstelle, dann ist also $x_1 := \phi'(s_1) > 0$. Weil ϕ' auf dem Intervall $[0,1]$ oberhalb des Graphen der Lösung ψ_0 aus (2.9) liegt, gilt jedenfalls $0 < s_1 < 1$. Die Unterteilung T_{2n} soll jetzt auf dem verbleibenden Intervall $[s_1, 2]$ so fein werden, dass der zugehörige Eulersche Polygonzug ϕ_{2n} die Lösung

$$\psi : [s_1, 2] \to \mathbb{R}, \quad \psi(t) = (t - s_1 + \sqrt{x_1})^2 \qquad (2.10)$$

bis auf, sagen wir, $\varepsilon = \frac{1}{2}$ approximiert. Wegen $s_1 < 1$ und $x_1 > 0$ ist dann jedenfalls $\psi(2) > \frac{1}{2}$.

Wir werden die Unterteilung T_{2n} nicht explizit konstruieren, sondern nur mit Hilfe der Eindeutigkeitsaussage von Übungsaufgabe 1.2 und der Konvergenzaussage von Übungsaufgabe 2.5 deren Existenz nachweisen.

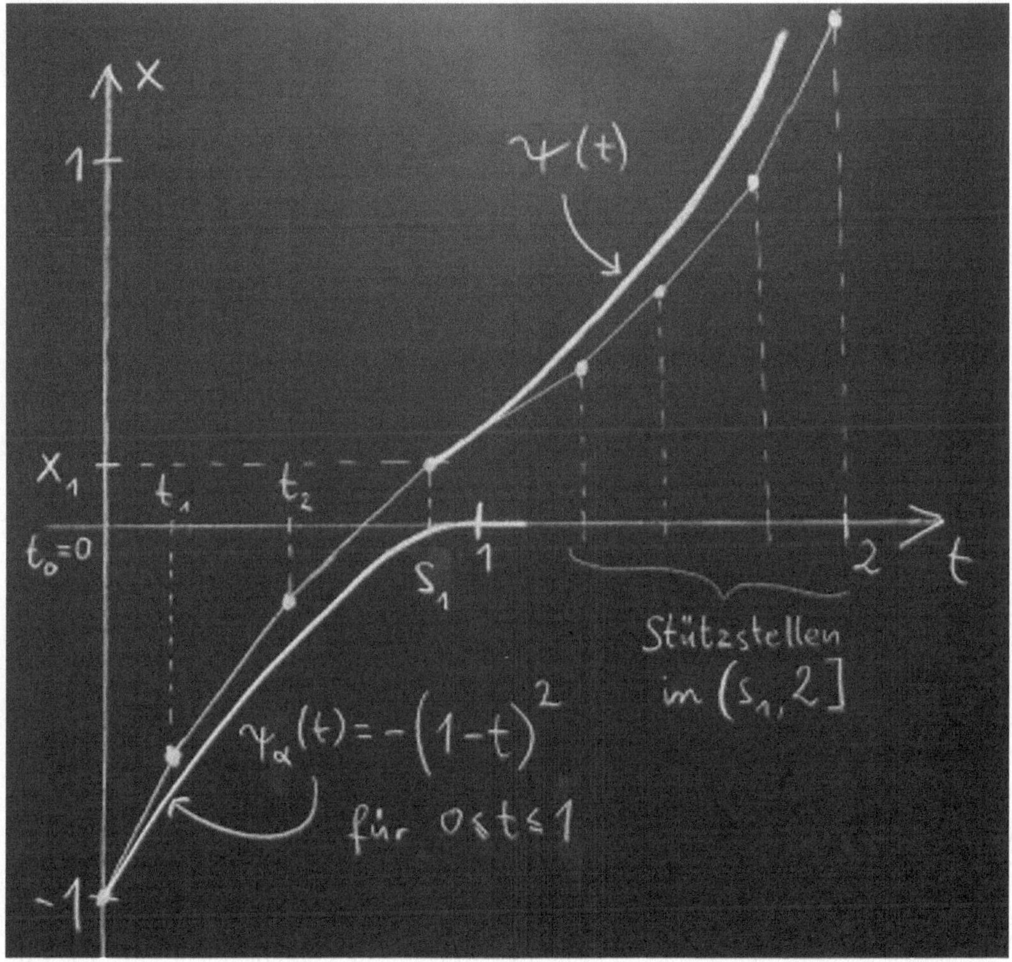

Bild 2.3: Zum Beispiel für eine Folge von Eulerschen Polygonzügen, die nicht konvergiert.

Zur Anwendung von Aufgabe 1.2 schreiben wir die Differentialgleichung $\dot{x} = 2\sqrt{|x|}$ in der Form

$$\dot{x} = g(t)h(x) \quad \text{mit} \quad g(t) \equiv 1 \quad \text{und} \quad h(x) = 2\sqrt{x},$$

wobei g auf $I := \mathbb{R}$ definiert ist, während wir h nur auf dem Intervall $J := J_0 := (0, \infty)$ betrachten. Die benötigten Stammfunktionen G und H sind

$$G(t) = \int_{s_1}^{t} 1\,d\tau = t - s_1 \quad \text{und} \quad H(x) = \int_{x_1}^{x} \frac{d\xi}{2\sqrt{\xi}} = \sqrt{x} - \sqrt{x_1},$$

für $t \in \mathbb{R}$ und $x \in (0, \infty)$. Setzt man

$$I_1 := (s_1 - \sqrt{x_1}, \infty) \subset I = \mathbb{R},$$

so ist also $G(I_1) = (-\sqrt{x_1}, \infty) = H(J_0)$, womit Teil c) von Aufgabe 1.2 anwendbar ist. Damit ist die Lösung ψ aus (2.10) durch die Formel

$$\psi(t) = H^{-1}(G(t)) \quad \text{für} \quad t \in [s_1, 2] \subset I_1$$

gegeben, also insbesondere eindeutig bestimmt.

Aus der Lösung von Übungsaufgabe 2.5 schließen wir jetzt, dass jede Folge von Eulerschen Polygonzügen auf $[s_1, 2]$, deren Maschenweite gegen Null geht, auf diesem Intervall gleichmäßig gegen die Lösung ψ konvergiert. Insbesondere gibt es eine Unterteilung U von $[s_1, 2]$, die fein genug ist, dass

$$\sup_{s_1 \leqslant t \leqslant 2} |\phi_U(t) - \psi(t)| \leqslant \frac{1}{2}$$

erfüllt ist. Die gesuchte Unterteilung T_{2n} können wir jetzt einfach wie folgt definieren:

$$T_{2n} := \{t \in S_n : t < s_0\} \cup U.$$

Damit haben wir eine Folge $(T_n)_{n \in \mathbb{N}}$ von Unterteilungen des Intervalls $[0, 2]$, deren Maschenweiten gegen 0 konvergieren, deren Eulersche Polygonzüge aber auf dem Teilintervall $[1, 2]$ nicht konvergieren. $\diamond$

2.3 Ein topologisches Resultat

Nach Beispiel 2.3 ist es nicht sicher, dass eine Folge von Euler-Polygonzügen konvergiert, selbst wenn die Maschenweiten der Unterteilungen gegen Null gehen. In diesem Beispiel ist es jedoch leicht, durch geeignete Wahl der Stützstellen eine Folge von Polygonzügen zu konstruieren, die konvergiert.

Im allgemeinen Fall einer beliebigen Folge von Eulerschen Polygonzügen, deren Maschenweiten gegen Null geht, stimmt sogar die noch weitergehende Aussage, dass stets eine *konvergente Teilfolge* existiert. Der ebenso anspruchsvolle wie interessante Beweis dieser Tatsache ist der entscheidende Teil von Peano's Beweis der lokalen Integrabilität von gewöhnlichen Differentialgleichungen mit stetiger rechter Seite. Der hier gewählte Zugang stimmt in wesentlichen Zügen mit Peano's Argumenten überein und stellt sie in einen breiteren Rahmen.

Zunächst definieren wir einen topologischen Begriff, der 1884 von Ascoli[2] zur Charakterisierung relativ kompakter Mengen in bestimmten Funktionenräumen eingeführt wurde.

---

[2] Giulio Ascoli, * 20.11.1843 Triest, † 12.7.1896 Mailand. Ab 1879 Professor am Mailänder Polytechnikum, hauptsächlich bekannt durch den Begriff der *gleichgradigen Stetigkeit* und dem damit verbundenen Satz von Ascoli zur Konvergenz von Teilfolgen von Funktionenfolgen.

Definition 2.3
Seien $U \subset \mathbb{R}^m$ eine beliebige Teilmenge und $\mathcal{F} = \{f_i : U \to \mathbb{R}^n \mid i \in I\}$ eine Familie von Funktionen auf U über einer beliebigen Indexmenge I. $\mathcal{F}$ heißt *gleichgradig stetig*, wenn es zu jedem $\varepsilon > 0$ ein $\delta > 0$ derart gibt, dass für alle $x, y \in U$ und alle $i \in I$ gilt:

$$|x - y| < \delta \quad \Longrightarrow \quad |f_i(x) - f_i(y)| < \varepsilon \,.$$

Eine Familie von Funktionen auf einem Intervall $[a, b]$ ist insbesondere dann gleichgradig stetig, wenn es eine Konstante L derart gibt, dass für alle $x, y \in [a, b]$ und alle Indizes i die folgende Ungleichung gilt:

$$|f_i(x) - f_i(y)| \leqslant L \cdot |x - y| \,.$$

Und *diese* Bedingung ist für Polygonzüge ziemlich leicht nachprüfbar, siehe weiter unten im Beweis des Existenzsatzes auf Zylindermengen.

Zur Formulierung des wichtigen Satzes von Ascoli ist noch ein zweiter Begriff mit Bezug auf Funktionenfamilien notwendig: eine Familie $\mathcal{F} = \{f_i : U \to \mathbb{R}^n \mid i \in I\}$ heißt *punktweise beschränkt*, wenn zu jedem $x \in U$ eine reelle Zahl $S(x) \in \mathbb{R}$ mit

$$\text{für alle } i \in I \text{ gilt:} \quad |f_i(x)| \leqslant S(x)$$

existiert.

Satz 2.1 (Satz von Ascoli, 1884)
Gegeben seien $N \in \mathbb{N}_0$, reelle Zahlen $a < b$ und eine Folge $(f_n)_{n \in \mathbb{N}}$ stetiger Funktionen $f_n : [a, b] \to \mathbb{R}^N$. Ist die Folge (f_n) punktweise beschränkt und gleichgradig stetig, dann besitzt sie eine auf $[a, b]$ gleichmäßig konvergente Teilfolge.

Beweis

Wir zeigen zunächst mit einem Argument, das auf dem Satz von Bolzano-Weierstraß und einem auf Cantor[3] zurückgehenden Diagonalverfahren beruht, die Implikation:

$A \subset [a, b]$ abzählbar

$$\Longrightarrow \quad (f_n) \text{ besitzt eine auf } A \text{ punktweise konvergente Teilfolge.} \quad (2.11)$$

Hierzu sei $A = \{x_m : m \in \mathbb{N}\}$ eine Aufzählung der Elemente von A. Da die Menge $\{f_n(x_1) : n \in \mathbb{N}\}$ beschränkt ist, gibt es nach dem Satz von Bolzano-Weierstraß eine konvergente Teilfolge $\left(f_{n_k^{(1)}}(x_1)\right)_{k \in \mathbb{N}}$. Durch vollständige Induktion erhält man zu jedem $m \in \mathbb{N}$, $m \geqslant 2$, eine Funktionenfolge $\left(f_{n_k^{(m)}}\right)_{k \in \mathbb{N}}$ mit den Eigenschaften

---

[3] Georg Ferdinand Ludwig Cantor, *1845 St. Petersburg, †6.1.1918 Halle/Saale. Begründete die Mengenlehre in seiner sechsteiligen Arbeit *Über unendliche lineare Punktmannigfaltigkeiten* (1878–1884).

1. $\left(f_{n_k^{(m)}}\right)_{k\in\mathbb{N}}$ ist eine Teilfolge von $\left(f_{n_k^{(m-1)}}\right)_{k\in\mathbb{N}}$.

2. Für $x = x_1, \ldots, x_m$ konvergiert die Folge $\left(f_{n_k^{(m)}}(x)\right)_{k\in\mathbb{N}}$.

Bildet man nun die *Diagonalfolge*

$$g_k : [a, b] \to \mathbb{R}^N, \quad g_k(x) := f_{n_k^{(k)}}(x),$$

so erhält man eine Teilfolge von $(f_n)_{n\in\mathbb{N}}$, die in jedem der Punkte aus $A = \{x_m : m \in \mathbb{N}\}$ konvergiert.

Aus (2.11) und den Tatsachen, dass das Intervall $[a, b]$ beschränkt ist und eine abzählbare dichte Teilmenge besitzt, z. B. $A = [a, b] \cap \mathbb{Q}$, läßt sich nun mit einem $\varepsilon/3$-Argument die gleichmäßige Konvergenz der Folge $(g_k)_{k\in\mathbb{N}} \subset (f_n)_{n\in\mathbb{N}}$ schließen.

Sei $\varepsilon > 0$ gegeben. Wegen der gleichgradigen Stetigkeit der (f_n) gibt es ein $\delta > 0$ mit der Eigenschaft:

für alle $x, y \in [a, b]$ und alle $k \in \mathbb{N}$ gilt:

$$|x - y| < \delta \quad \Longrightarrow \quad \|g_k(x) - g_k(y)\| < \frac{\varepsilon}{3}. \tag{2.12}$$

Wir wählen nun eine Unterteilung

$$a = a_0 < a_1 < \ldots < a_R = b \quad \text{mit } a_j - a_{j-1} < \delta \text{ für } j = 1, \ldots, R.$$

Da $A \subset [a, b]$ dicht liegt, gibt es zu jedem $j \in \{1, \ldots, R\}$ einen Punkt $x_j \in A \cap (a_{j-1}, a_j)$. Da die Funktionenfolge $(g_k)_{k\in\mathbb{N}}$ in jedem der Punkte $x_1, \ldots, x_R$ konvergiert, gibt es ein $k_0 = k_0(\varepsilon)$ derart, dass

$$|g_k(x_j) - g_m(x_j)| < \frac{\varepsilon}{3} \quad \text{für } k, m \geqslant k_0 \text{ und } j \in \{1, \ldots, R\}. \tag{2.13}$$

Für einen beliebigen Punkt $x \in [a, b]$ gibt es ein $r \in \{1, \ldots, R\}$ mit $|x - x_r| < \delta$, und wir erhalten für $k, m \geqslant k_0$:

$$|g_k(x) - g_m(x)| = |g_k(x) - g_k(x_r) + g_k(x_r) - g_m(x_r) + g_m(x_r) - g_m(x)|$$
$$\leqslant \underbrace{|g_k(x) - g_k(x_r)|}_{\underset{(2.12)}{<} \, \varepsilon/3} + \underbrace{|g_k(x_r) - g_m(x_r)|}_{\underset{(2.13)}{<} \, \varepsilon/3} + \underbrace{|g_m(x_r) - g_m(x)|}_{\underset{(2.12)}{<} \, \varepsilon/3}$$
$$< \varepsilon \, . \diamondsuit$$

Dieser *Satz von Ascoli* wurde später von Arzelà[4] von Funktionenfolgen auf beliebige Familien von Funktionen verallgemeinert. Unter dem *Satz von Arzelà-Ascoli* versteht man heute eine auf Arzelà's Verallgemeinerung beruhende Charakterisierung relativ kompakter Mengen in Räumen stetiger Funktionen.

---

[4]Cesare Arzelà, * 6.3.1847 St. Stefano di Magra (La Spezia), † 15.3.1912 St. Stefano di Magra. Er bekam 1878 den Lehrstuhl für Algebra an der Universität Palermo und wechselte 1880 auf den Lehrstuhl für Analysis an der Universität Bologna. Sein Hauptarbeitsgebiet war die Theorie reeller Funktionen.

2.4 Lokale Lösbarkeit von Anfangswertproblemen

Wir formulieren den wesentlichen Schritt zum Beweis des *lokalen Integrationssatzes* von
Peano in quantitativer Form als eigenes Lemma, um es später in dieser Form verwenden
zu können.

> **Lemma 2.2 (Existenzsatz auf Zylindermengen)**
> Gegeben seien $N \in \mathbb{N}_0$, $t_0 \in \mathbb{R}$, $x_0 \in \mathbb{R}^N$, positive reelle Zahlen a, r, und eine
> stetige Funktion $f : Z \to \mathbb{R}^N$, die auf der Zylindermenge
>
> $$Z := [t_0, t_0 + a] \times \overline{B^N(x_0, r)}$$
> $$= \left\{ (t, x) \in \mathbb{R} \times \mathbb{R}^N : t_0 \leqslant t \leqslant t_0 + a, |x - x_0| \leqslant r \right\}$$
>
> definiert ist. Dann besitzt das Anfangswertproblem
>
> $$\dot{x} = f(t, x), \qquad x(t_0) = x_0 \qquad\qquad (\star)$$
>
> mindestens eine Lösung auf dem Intervall $[t_0, t_0 + \beta]$, wobei
>
> $$\beta := \min\left\{ a, \frac{r}{M} \right\}, \qquad M := \max_{(t,x) \in Z} |f(t, x)|.$$

Beweis

Im Fall $M = 0$, also $f \equiv 0$, besitzt das Anfangswertproblem die konstante
Lösung $\varphi(t) \equiv x_0$; also sei im folgenden $M > 0$ vorausgesetzt.

Wir setzen $\beta := \min\left\{ a, \frac{r}{M} \right\}$ und konstruieren zu jedem $\varepsilon > 0$ einen Euler-
Polygonzug p_ε auf dem Intervall $[t_0, t_0 + \beta]$, und wir werden zeigen, dass dieser
dort eine ε-Näherungslösung von $(\star)$ ist.

Da der Zylinder Z kompakt ist, ist die stetige Funktion f dort gleichmäßig
stetig. Daher gibt es zu jedem $\varepsilon > 0$ ein $\delta = \delta(\varepsilon) > 0$ mit der Eigenschaft

$$(s, x), (t, y) \in Z, |t - s| < \delta, |x - y| < \delta \quad \Rightarrow \quad |f(s, x) - f(t, y)| < \varepsilon. \quad (2.14)$$

Wir wählen als nächstes $n = n(\varepsilon)$ so groß, dass gilt

$$0 < \frac{\beta}{n} < \min\left\{ \delta, \frac{\delta}{M} \right\}. \qquad\qquad (2.15)$$

Man setzt dann $t_j := t_0 + \frac{j \cdot \beta}{n}$ für $j = 0, \ldots, n$, definiert induktiv

$$x_j := x_{j-1} + \frac{\beta}{n} \cdot f(t_{j-1}, x_{j-1}) \quad \text{für } j = 1, \ldots, n,$$

und definiert den Euler-Polygonzug stückweise durch

$$p_\varepsilon(t) := x_j + (t - t_j) \cdot f(t_j, x_j) \quad \text{für } t \in [t_j, t_{j+1}], \, j \in \{0, \ldots, n-1\}. \quad (2.16)$$

Dann ist p_ε eine ε-Näherungslösung ist, also

$$|\dot{p}_\varepsilon(t) - f(t, p_\varepsilon(t))| < \varepsilon \quad \text{für alle } t \in [t_0, t_0 + \beta], \qquad (2.17)$$

wobei in den Punkten $\{t_0, \ldots, t_n\}$ die Ungleichung sowohl für die rechtsseitige als auch für die linksseitige Ableitung gilt. Aussage (2.17) folgt aus (2.14), wenn man bedenkt, dass für $t \in [t_j, t_{j+1}]$ gilt

$$|t - t_j| < \delta \quad \text{und} \quad |p_\varepsilon(t) - x_j| = |t - t_j| \cdot |f(t_j, x_j)| \leqslant \frac{\beta}{n} \cdot M < \delta;$$

hierbei wurde (2.15) verwendet.

Sei nun $(\alpha_n)_{n \in \mathbb{N}}$ eine gegen 0 konvergent Folge positiver reeller Zahlen. Es ist leicht nachzuprüfen (siehe Übungsaufgabe 2.4), dass die Folge $\{p_{\alpha_n} : n \in \mathbb{N}\}$ die Voraussetzungen des Satzes von Ascoli erfüllt:

(a) $\{p_{\alpha_n} : n \in \mathbb{N}\}$ ist punktweise beschränkt,

(b) $\{p_{\alpha_n} : n \in \mathbb{N}\}$ ist gleichgradig stetig.

Nach Satz 2.1 gibt es daher eine Folge von Indizes $(n_k)_{k \in \mathbb{N}}$ derart, dass die durch

$$p_k := p_{\alpha_{n_k}} \quad \text{für } k \in \mathbb{N}$$

definierte Teilfolge auf dem Intervall $[t_0, t_0 + \beta]$ gleichmäßig konvergiert. Wir setzen zur Abkürzung

$$\varepsilon_k := \alpha_{n_k} \quad \text{für } k \in \mathbb{N}$$

und erhalten aus (2.17), dass jedes p_k eine ε_k-Näherungslösung des zu lösenden Anfangswertproblems $(\star)$ ist. Da $(\alpha_n)_{n \in \mathbb{N}}$ eine Nullfolge ist, gilt auch $\lim\limits_{k \to \infty} \varepsilon_k = 0$.

Um zu zeigen, dass der gleichmäßig Limes $p_\infty := \lim\limits_{k \to \infty} p_k$ eine Lösung des Anfangswertproblems $(\star)$ ist, beweisen wir die Gültigkeit der Integralgleichung

$$p_\infty(t) = x_0 + \int_{t_0}^t f(s, p_\infty(s)) \, ds \quad \text{für alle } t \in [t_0, t_0 + \beta]. \qquad (2.18)$$

Wegen der gleichmäßigen Konvergenz der Folge $(p_k)_{k \in \mathbb{N}}$ und der Stetigkeit von f gilt

$$\lim_{k \to \infty} \int_{t_0}^t f(s, p_k(s)) \, ds = \int_{t_0}^t f(s, p_\infty(s)) \, ds \quad \text{für alle } t \in [t_0, t_0 + \beta].$$

Um (2.18) zu beweisen, genügt es also, die folgende Gleichung zu beweisen:

$$\lim_{k \to \infty} p_k(t) = \lim_{k \to \infty} \left(x_0 + \int_{t_0}^t f(s, p_k(s)) \, ds \right) \quad \text{für alle } t \in [t_0, t_0 + \beta].$$

Diese Gleichung beweisen wir im wesentlichen durch Integration von (2.17): für $t \in [t_j, t_{j+1}]$ gilt

$$\left| p_k(t) - x_0 - \int_{t_0}^{t} f(s, p_k(s))\, ds \right| =$$

$$= \left| \sum_{\ell=0}^{j-1} \left(x_{\ell+1} - x_\ell - \int_{t_\ell}^{t_{\ell+1}} f(s, p_k(s))\, ds \right) + p_k(t) - x_j - \int_{t_j}^{t} f(s, p_k(s))\, ds \right|$$

$$= \left| \sum_{\ell=0}^{j-1} \int_{t_\ell}^{t_{\ell+1}} \left(\dot{p}_k(s) - f(s, p_k(s)) \right) ds + \int_{t_j}^{t} \left(\dot{p}_k(s) - f(s, p_k(s)) \right) ds \right|$$

$$\leqslant \sum_{\ell=0}^{j-1} \varepsilon_k \cdot |t_\ell - t_{t_\ell+1}| + \varepsilon_k \cdot |t - t_j| = \varepsilon_k \cdot |t - t_0|$$

$$\leqslant \beta \cdot \varepsilon_k \quad \longrightarrow \quad 0 \quad \text{für } k \to \infty.$$

Dass p_∞ tatsächlich eine Lösung des Anfangswertproblems $(\star)$ ist, sieht man so: Zunächst ist p_∞ der gleichmäßige Limes der Folge von stetigen Funktionen $(p_k)_{k \in \mathbb{N}}$, also nach einem Satz von Weierstraß selbst auch stetig. Wegen (2.18) ist damit die Funktion $t \mapsto p_\infty(t) - x_0$ Integralfunktion einer stetigen Funktion, also differenzierbar. Durch Differenzieren folgt aus (2.18) schließlich die Gleichung

$$\dot{p}_\infty(t) = f(t, p_\infty(t)) \quad \text{für alle } t \in [t_0, t_0 + \beta],$$

womit das Lemma bewiesen ist. $\diamondsuit$

Mit dieser Vorbereitung ist der Beweis des lokalen Existenzsatzes (oder lokalen Integrationssatzes) für Differentialgleichungen mit stetiger rechter Seite nicht mehr schwierig.

Satz 2.3 (Existenzsatz von Peano, 1886)
Seien $W \subset \mathbb{R} \times \mathbb{R}^N$ offen, $f : W \to \mathbb{R}^N$ stetig und $(t_0, x_0) \in W$ ein Anfangspunkt. Dann besitzt das Anfangswertproblem

$$\dot{x} = f(t, x), \qquad x(t_0) = x_0 \tag{$\star$}$$

eine lokale Lösung $\phi : [t_0 - \alpha, t_0 + \beta] \to \mathbb{R}^N$ (mit geeigneten $\alpha, \beta > 0$).

Beweis

Die Existenz einer Lösung auf dem rechten Teilintervall $[t_0, t_0 + \beta]$ folgt aus Lemma 2.2, indem man genügend kleine positive reelle Zahlen a, r wählt und das Lemma auf einen Zylinder

$$Z = [t_0, t_0 + a] \times \overline{B^N(x_0, r)} \subset W$$

anwendet. Die Forsetzung auf das linke Teilintervall $[t_0 - \alpha, t_0]$ erhält man durch eine Spiegelung: man betrachtet das Anfangswertproblem

$$\dot{x} = -f(2t_0 - t, x), \quad x(t_0) = x_0. \tag{2.19}$$

Wie zuvor folgt aus dem Zylinderlemma 2.2 die Existenz einer Lösung ψ : $[t_0, t_0 + \alpha] \to \mathbb{R}^N$ von (2.19). Differentiation der Funktion

$$\varphi : [t_0 - \alpha, t_0] \to \mathbb{R}^N, \quad \varphi(t) := \psi(2t_0 - t),$$

führt zu

$$\dot{\varphi}(t) = -\dot{\psi}(2t_0 - t) = -\left(-f\left(2t_0 - (2t_0 - t), \psi(2t_0 - t)\right)\right) = f(t, \varphi(t));$$

wegen $\varphi(t_0) = \psi(2t_0 - t_0) = \psi(t_0) = x_0$ folgt, dass φ eine Lösung auf $[t_0 - \alpha, t_0]$ von $(\star)$ ist. $\Diamond$

2.5 Das Auswahlaxiom

Bei unserem Beweis des Satzes von Ascoli 2.1 haben wir die konvergente Teilfolge dadurch gewonnen, dass wir sukzessiv immer wieder aus einer vorangehenden Folge eine Teilfolge mit einer speziellen Eigenschaft auswählten. In jedem einzelnen Schritt war die Auswahl insoweit *beliebig*, als die gewünschte Konvergenzeigenschaft sicher auf unendlich viele Teilfolgen zutraf. Zum Beweis des Satzes musste man schließlich die logische Möglichkeit akzeptieren, *unendlich viele* solche beliebigen Auswahlen vorzunehmen. Peano wies in seinem Beweis seines lokalen Integrationssatzes (1890) auf dieses logische Problem hin, um es anschließend durch Angabe einer präzisen Auswahlregel zu vermeiden.

> Mais comme on ne peut pas appliquer une infinité de fois une loi *arbitraire* avec laquelle à une classe a on fait correspondre un individu de cette classe, on a formé ici une loi *déterminée* avec laquelle à chaque classe a, sous des hypothèses convenables, on fait correspondre un individu de cette classe: ... [6] (p. 210)

Zermelo[5] formulierte bei seinem Beweis des Cantorschen Wohlordnungssatzes im Jahre 1904 eine zunächst sehr einleuchtend klingende These:

---

[5] Ernst Friedrich Ferdinand Zermelo, * 27.7.1871 Berlin, † 21.5.1953 Freiburg im Breisgau. Promovierte 1894 in Berlin mit dem Thema *» Untersuchungen zur Variationsrechnung«*, war dann in Berlin Assistent bei Max Planck, bei dem er Hydrodynamik studierte. 1897 ging er nach Göttingen und reichte dort 1899 seine Habilitionsschrift *»Hydrodynamische Untersuchungen über die Wirbelbewegungen in einer Kugelfläche«* ein. Als Dozent in Göttingen begann er, sich mit Mengenlehre zu befassen. 1910 nahm Zermelo eine Professur in Zürich an, die er 1916 wegen gesundheitlicher Probleme wieder aufgab, wobei er seinen Wohnsitz in den Schwarzwald verlegte. Ab 1926 war er Professor in Freiburg im Breisgau; wegen der politischen Entwicklung in Deutschland gab er 1935 diese Professur auf, erhielt sie aber 1946 zurück.

Auswahlaxiom 2.1 (Potenzmengenformulierung)
Zu jeder Menge S gibt es eine »Belegung« γ, die jeder nicht-leeren Teilmenge $A \subset S$ ein Element $\gamma(A) \in A$ zuordnet.

Die »Belegung« γ bezeichnet man als *Auswahlabbildung*, und für eine nicht-leere Teilmenge $A \subset S$ nennt man ihr Bild $f(A) \in A$ auch *ausgezeichnetes* Element der Menge A. Bei *endlichen* Mengen S ist diese Aussage offensichtlich: man braucht nur die Elemente hintereinander aufzuschreiben, und dann jeder nicht-leeren Teilmenge $A \subset S$ das erste in A vorkommende Element zuzuordnen.

Damit sind wir beim Kern des Problems: Wenn man eine *Regel* zur Auswahl angeben kann, wie man zu jeder der vorliegenden nichtleeren Mengen ein ausgezeichnetes Element bestimmen kann, gibt es kein logisches Problem. Im Falle der regelhaften Auswahl kommt das Auswahlaxiom nicht zur Anwendung. Nur in dem allgemeinen Fall, wo keine Regel zur Auswahl vorliegt, bringt Zermelo's Auswahlaxiom etwas logisch Neues, also letztlich nur für überabzählbar unendliche Mengen S.

Zermelo's Beweis des Wohlordnungssatzes stieß in der Fachwelt schnell auf heftige Kritik, eben weil er auf der Aussage 2.1 beruhte, die von vielen als unplausibel empfunden wurde. Als Antwort darauf formulierte Zermelo 1908 zunächst seine Axiomatik der Mengenlehre, in der er das Auswahlaxiom in einer anderen Formulierung aufnahm:

Auswahlaxiom 2.2 (Mengenfamilienformulierung)
Ist $(A_i)_{i \in I}$ eine beliebige Familie nicht-leerer Mengen, dann gibt es eine Abbildung f, die jedem Index $i \in I$ ein Element $f(i) \in A_i$ zuordnet.

Es ist leicht nachzuprüfen, dass die Potenzmengenformulierung und die Mengenfamilienformulierung des Auswahlaxioms logisch äquivalent sind. Die spätere Form 2.2 hat jedoch den Vorteil, dass sie sich leicht durch einschränkende Forderungen an die Indexmenge I abschwächen läßt, z. B.:

Abzählbares Auswahlaxiom
Ist $(A_i)_{i \in I}$ eine Familie nicht-leerer Mengen über einer abzählbaren Indexmenge I, dann gibt es eine Abbildung f, die jedem Index $i \in I$ ein Element $f(i) \in A_i$ zuordnet.

Die ursprüngliche Formulierung 2.1 ist z. B. dieser Abschwächung nicht zugänglich, weil es keine Menge mit abzählbar unendlicher Potenzmenge gibt.

Ob man eine der obigen Formulierungen für unmittelbar evident hält, muss dahingestellt bleiben. Eine Darstellung der Geschichte des Auswahlaxioms und der logischen Beziehungen zwischen den verschiedenen Formulierungen und anderen Axiomen der Mengenlehre findet man in [5].

Bei unserem Beweis des Satzes von Ascoli haben wir unendlich oft aus einer Folge eine Teilfolge ausgewählt, und zwar ohne Angabe einer determinierenden Regel. Das ist eine implizite Anwendung des Auswahlaxioms; es ist interessant, nachzuvollziehen, auf welche Weise genau hier das Auswahlaxiom angewandt wurde. Bei der Auswahl von Teilfolgen im Beweis des Satzes von Ascoli handelt es sich um sukzessive Auswahlen, bei denen jede von der vorigen abhängt. Hier kommt eine Folgerung aus dem Auswahlaxiom zur Anwendung, die Bernays[6] 1942 als Abschwächung des Auswahlaxioms vorschlug:

Prinzip der abhängigen Auswahlen
Ist R eine Relation auf einer Menge S mit der Eigenschaft, dass zu jedem $x \in S$ ein $y \in S$ mit xRy existiert, dann gibt es eine Folge $(a_n)_{n \in \mathbb{N}} \subset S$ derart, dass für jedes $n \in \mathbb{N}$ die Relation $a_n R a_{n+1}$ gilt.

Die Anwendung dieses Prinzips in der Situation des Satzes von Ascoli geschieht so: Ausgehend von der gegebenen Folge (f_n) nimmt man als Menge S die Menge aller Teilfolgen von (f_n). Zur Definition der Relation R benutzt man die abzählbare Menge $A = \{x_m : m \in \mathbb{N}\} \subset [a, b]$. Sind $s = (s_n)$ und $t = (t_n)$ zwei Elemente von S, so setze man sRt, wenn t eine Teilfolge von s ist und eine der beiden folgenden Bedingungen gilt:

(a) s konvergiert in allen Punkten von A.

(b) Setzt man $n = \min\{m \in \mathbb{N} : s$ konvergiert nicht im Punkt $x_m \in A\}$, so konvergiert t auch im Punkt x_n.

Benutzt man die gleichmäßige Beschränktheit der Folge (f_n) und den Satz von Bolzano-Weierstraß, so folgt, dass die so definierte Relation R die geforderte Eigenschaft besitzt: zu jedem $s \in S$ existiert ein $t \in S$ mit sRt. Aus dem *Prinzip der abhängigen Auswahlen* folgt jetzt die Existenz der in unserem Beweis des Satzes von Ascoli benutzte Folge von Teilfolgen.

Natürlich wissen wir seit Peano, dass zum Beweis des lokalen Integrationssatzes für Differentialgleichungen mit stetiger rechter Seite das Auswahlaxiom vermeidbar ist, da man mit etwas mehr Aufwand eine Regel zur sukzessiven Auswahl der Teilfolgen angeben kann. Allerdings wird der Beweis des Satzes von Ascoli dann technisch schwieriger und weniger leicht durchschaubar. Und irgendwie ist die Beschäftigung mit den Hintergründen und historischen Konsequenzen des Auswahlaxioms auch interessanter als dessen Vermeidung.

---

[6] Isaak Paul Bernays, *17.10.1888 London, †18.9.1977 Zürich. Wichtigste Publikation: *Axiomatische Mengenlehre* (1958).

2.6 Übungsaufgaben

Aufgabe 2.1 (Picard-Iteration)

Eine Alternative zum Eulerschen Polygonzugverfahren ist die *Picard-Iteration*[7] zur Lösung eines Anfangswertproblems $\dot{x} = f(t, x)$, $x(t_0) = x_0$. Hierzu beginnt mit der konstanten Funktion $\phi_0 \equiv x_0$ und berechnet induktiv die Folge der *Picard-Iterierten*

$$\phi_n(\tau) := x_0 + \int_{t_0}^{\tau} f(s, \phi_{n-1}(s))\, ds \text{ für } n \in \mathbb{N};$$

natürlich muss man hierbei noch einige technische Details voraussetzen, damit das Integral definiert ist.

a) Man bestimme die Folge $(\phi_n : \mathbb{R} \to \mathbb{R})_{n \geqslant 0}$ der Picard-Iterierten für die Differentialgleichung $\dot{x} = x$, mit einem beliebigen Anfangswert $x(0) = x_0 \in \mathbb{R}$ und beweise

$$\lim_{n \to \infty} \phi_n(t) = x_0\, e^t \quad \text{für jedes feste } t \in \mathbb{R}.$$

b) Man beweise den folgenden *Satz von Picard-Lindelöf*:[8]

> **Satz (Lindelöf 1890)**
>
> Seien $I = [a, b] \subset \mathbb{R}$ ein kompaktes Intervall, $f : I \times \mathbb{R}^N \to \mathbb{R}^N$ ein stetiges Richtungsfeld und $t_0 \in I$ und $x_0 \in \mathbb{R}^N$ fest gewählt. Ferner gebe es eine reelle Konstante $L > 0$ derart, dass f die Bedingung
>
> $$|f(t, x) - f(t, y)| \leqslant L|x - y| \quad \text{für alle } t \in I \text{ und alle } x, y \in \mathbb{R}^N$$
>
> erfüllt. Dann besitzt das Anfangswertproblem $\dot{x} = f(t, x)$, $x(t_0) = x_0$, auf I eine eindeutig bestimmte Lösung.

Anleitung: Der Vektorraum der stetigen Funktionen $\phi : I \to \mathbb{R}^N$ sei mit $\mathcal{C}(I, \mathbb{R}^N)$ bezeichnet. Die Abbildung

$$P : \mathcal{C}(I, \mathbb{R}^N) \to \mathcal{C}(I, \mathbb{R}^N), \quad P\phi(t) := x_0 + \int_{t_0}^{t} f(s, \phi(s))\, ds$$

wird häufig *Picard-Operator* (zu den Anfangswerten (x_0, t_0)) genannt; mit P^n bezeichnen wir die n-fache Iteration von P, induktiv definiert durch

$$P^0 := \mathrm{id}, \quad P^{n+1} := P \circ P^n \quad \text{für } n \geqslant 0.$$

---

[7] nach Charles Émile Picard, *24. Juli 1856 Paris, †11. Dezember 1941 Paris. Er erhielt 1886 Lehrstuhl für Differential- und Integralrechnung an der Sorbonne. Leistete wichtige Beiträge zur Funktionentheorie, zur Theorie der Differentialgleichungen, und zur Theorie algebraischer Flächen.

[8] Ernst Leonard Lindelöf, * 7.3.1870 Helsingfors (ein früherer Name von Helsinki), † 4.6.1946 Helsinki. Wurde nach Studien in Helsinki, Stockholm, Paris und Göttingen 1903 Professor in Helsinki. Seine erste Arbeit 1890 enthält den Existenzsatz für Differentialgleichungen. Danach arbeitete er hauptsächlich über analytische Funktionen; 1905 erschien in Paris sein Lehrbuch »*Le calcul des résidus et ses applications à la théorie des fonctions*«, das in mehrere Sprachen übersetzt wurde und mehrere Auflagen erlebte.

Beweisen Sie für beliebige stetige Funktion $\phi, \psi : I \to \mathbb{R}^N$ und jede ganze Zahl $n \geqslant 0$ zunächst die Abschätzungen

$$|P^n\phi(t) - P^n\psi(t)| \leqslant \frac{L^n(t-t_0)^n}{n!} \sup_{a\leqslant\tau\leqslant b} |\phi(\tau) - \psi(\tau)| \quad \text{für alle } t \in [a,b],$$

und wenden Sie anschließend den Weissingerschen Fixpunktsatz, siehe A.12, an.

Aufgabe 2.2

Bestimmen Sie die Folge der Picard-Iterierten zum Anfangswertproblem

$$\begin{pmatrix} x \\ y \end{pmatrix}^{\bullet} = \begin{pmatrix} -x \\ x-y \end{pmatrix}, \qquad \begin{matrix} x(0) = 1, \\ y(0) = 0, \end{matrix}$$

beweisen Sie deren Konvergenz und bestimmen Sie deren Grenzwert.

Aufgabe 2.3

Gegeben seien eine Menge $W \subset \mathbb{R} \times \mathbb{R}^N$, eine beschränkte, stetige Funktion $f : W \to \mathbb{R}^N$ mit $M := \max\{1, \sup|f|\}$, und bezeichne für $\delta > 0$ mit

$$\mathrm{osc}_f(\delta) := \sup\left\{ |f(t,x) - f(s,y)| \;\middle|\; \begin{matrix} (t,x),(s,y) \in W, \\ \max\{|s-t|, |x-y|\} \leqslant \delta \end{matrix} \right\}$$

die *Schwankung* (oder *Oszillation*) von f auf Zylindern der Größe δ. Man beweise:

(O) Sind das Intervall $[a,b]$ und die Unterteilung $S \subset [a,b]$ mit Maschenweite $\mu(S)$ so gewählt, dass das Euler-Polygon ϕ_S definiert ist, und setzt man

$$\varepsilon := \mathrm{osc}_f(M\,\mu(S)),$$

so ist ϕ_S eine ε-Näherungslösung von $\dot{x} = f(t,x)$.

Aufgabe 2.4

Wie in Lemma 2.2 seien $t_0 \in \mathbb{R}$, $x_0 \in \mathbb{R}^N$ und a, r positive reelle Zahlen. Diese definieren die Zylindermenge

$$Z := [t_0, t_0 + a] \times \overline{B^N(x_0, r)} = \left\{ (t,x) \in \mathbb{R} \times \mathbb{R}^N : t_0 \leqslant t \leqslant t_0 + a, |x - x_0| \leqslant r \right\},$$

auf der die stetige Funktion $f : Z \to \mathbb{R}^N$ (das Richtungsfeld) definiert ist. Bezeichne weiter

$$M := \max_Z |f| \quad \text{und} \quad \beta := \min\left\{ a, \frac{r}{M} \right\}.$$

Zeigen Sie, dass die Menge der Euler-Polygonzüge auf dem Intervall $[t_0, t_0 + \beta]$ punktweise beschränkt und gleichgradig stetig ist.

Aufgabe 2.5 (Eindeutigkeit impliziert Konvergenz)

Gegeben seien das Intervall $I = [t_0, t_0 + a]$, eine Zylindermenge $Z = I \times \overline{B^N(x_0, r)}$, eine stetige Funktion $f : Z \to \mathbb{R}^N$ mit $M := \max\{1, \max|f|\}$ und $0 < a \leqslant \frac{r}{M}$ sowie das dadurch definierte Anfangswertproblem

$$\dot{x} = f(t,x), \quad x(t_0) = x_0. \tag{$\star$}$$

Gegeben sei nun weiter eine Folge von Unterteilungen $(S_n)_{n\in\mathbb{N}}$ des Intervalls I, deren Maschenweiten gegen Null konvergieren: $\lim_{n\to\infty} \mu(S_n) = 0$, sowie die Aussagen:

a) Das Anfangswertproblem $(\star)$ besitzt auf I eine eindeutig bestimmte Lösung.

b) Die Folge der Euler-Polygone $(\phi_{S_n})_{n\in\mathbb{N}}$ konvergiert gleichmäßig auf I.

c) $\phi : I \to \mathbb{R}^N$, $\phi(t) := \lim_{n\to\infty} \phi_{S_n}(t)$, ist wohldefiniert und löst $(\star)$.

Beweisen Sie: $\quad$ a) $\overset{\Rightarrow}{\underset{\nLeftarrow}{}}$ b) $\Rightarrow$ c)

Hinweis: Man beweise zunächst b) $\Rightarrow$ c) und dann »nicht b)« $\Rightarrow$ »nicht a)«.

Aufgabe 2.6

a) Man beweise, dass die Potenzmengenformulierung und die Mengenfamilienformulierung des Auswahlaxioms äquivalent sind.

b) Man folgere das Prinzip der abhängigen Auswahlen aus dem Auswahlaxiom.

3 Globale Existenz und Eindeutigkeit

Im letzten Kapitel haben wir gezeigt, dass es bei einer Differentialgleichung $\dot{x} = f(t, x)$ mit stetiger rechter Seite zu jedem Anfangspunkt (t_0, x_0) zumindest auf einer Umgebung von t_0 eine Lösung durch diesen Anfangspunkt gibt (Existenzsatz von Peano); das nennt man *lokale Existenz*. Daran schließen sich ganz natürlich einige Fragen an:

1. Wie weit kann man eine solche lokale Lösung *fortsetzen*?

2. Unter welchen Bedingungen und inwiefern ist eine Lösung *eindeutig* bestimmt?

Der hier eingeschlagene Weg zur Bearbeitung der ersten Frage gründet sich auf topologische Eigenschaften des Euklidischen Raums und beantwortet die Frage vollständig, wenn die rechte Seite als stetig vorausgesetzt wird. Bezüglich der zweiten Frage gibt es eine recht einfache — und über die bloße Stetigkeit hinausgehende — Bedingung an die rechte Seite, die hinreichend für *lokale* Eindeutigkeit ist, und lokale Eindeutigkeit zieht globale Eindeutigkeit nach sich. Genauere Untersuchungen zur Eindeutigkeit, etwa mit der Zielrichtung, *notwendige* Bedingungen zu ermitteln, sind jedoch recht aufwendig und werden im Rahmen dieses Buches nicht weiterverfolgt.

3.1 Fortsetzen von Lösungen

Wir beginnen mit einigen begriffliche Präzisierungen.

Definition 3.1
Seien $W \subset \mathbb{R} \times \mathbb{R}^N$ und $f : W \to \mathbb{R}^N$ gegeben, und sei $\psi : I \to \mathbb{R}^N$ eine Lösung der Differentialgleichung $\dot{x} = f(t, x)$. Eine weitere Lösung $\widetilde{\psi} : J \to \mathbb{R}^N$ heißt *Fortsetzung* von ψ, wenn I eine echte Teilmenge von J und ψ eine Einschränkung von $\widetilde{\psi}$ ist. Die Lösung ψ heißt

a) *nach rechts fortsetzbar*, wenn sie eine Fortsetzung auf ein Intervall $J \supset I$ mit einem Punkt $t \in J$ mit $t > s$ für alle $s \in I$ besitzt,

b) *nach links fortsetzbar*, wenn sie eine Fortsetzung auf ein Intervall $J \supset I$ mit einem Punkt $t \in J$ mit $t < s$ für alle $s \in I$ besitzt,

c) *rechtsmaximal*, wenn sie nicht nach rechts fortsetzbar ist,

d) *linksmaximal*, wenn sie nicht nach links fortsetzbar ist,

d) *maximal* oder *nicht fortsetzbar*, wenn sie sowohl rechtsmaximal als auch linksmaximal ist.

Wir werden als nächstes durch geschickte Verwendung des topologischen Begriffs *Kompaktheit* (siehe Anhang A) eine Aussage über die Existenzintervalle von Lösungen einer
Differentialgleichung mit stetiger rechter Seite gewinnen.

Lemma 3.1
Seien $W \subset \mathbb{R}^{1+N}$ offen und $f : W \to \mathbb{R}^N$ stetig. Dann gibt es zu jedem Kompaktum $K \subset W$ eine reelle Zahl $\beta_K > 0$ derart, dass für jeden Punkt $(t_0, x_0) \in K$ das
Anfangswertproblem $\{\dot{x} = f(t,x), x(t_0) = x_0\}$ eine auf dem Intervall $[t_0, t_0 + \beta_K]$
definierte Lösung besitzt.

Beweis

Ist ein Kompaktum $K \subset W$ gegeben, so gibt es nach Lemma A.13 aus dem
Anhang eine beschränkte offene Menge V, die so zwischen K und W liegt,
dass die folgende Inklusionskette erfüllt ist:

$$K \subset V \subset \overline{V} \subset W . \tag{3.1}$$

Der nächste Schritt ist, zwei positive reelle Zahlen α, ρ mit der folgenden
Eigenschaft zu finden:

$$Z_{\alpha,\rho}^+(t,x) := [t, t+\alpha] \times \overline{B^N(x,\rho)} \subset \overline{V} \quad \text{für alle} \quad (t,x) \in K . \tag{3.2}$$

Die Bestimmung von α und ρ stützt sich auf die im Anhang behandelte
Euklidische Abstandsfunktion zwischen einem Punkt und einer nicht-leeren
Menge $A \subset \mathbb{R}^N$,

$$d_A : \mathbb{R}^N \to \mathbb{R}, \quad d_A(z) := \inf_{y \in A} |y - z| \geqslant 0 ,$$

die nach Lemma A.6 stetig ist. Wählt man $A := \mathbb{R}^N \setminus V$, so ist wegen $K \cap A =$
$\varnothing$ der Abstand $d_A(z) > 0$ für alle $z \in K$. Als stetige Funktion nimmt d_A auf
der kompakten Menge K (nach Satz A.8) ihr Infimum an, also ist

$$\gamma := \inf_{z \in K} d_A(z) = \min_{z \in K} d_A(z) > 0 .$$

Das bedeutet, dass für alle $(t,x) \in K$ die abgeschlossene $(N+1)$-dimensionale
Kugel um (t,x) mit Radius γ in $\overline{V}$ enthalten ist. Also braucht man nur α und
ρ so zu wählen, dass

$$Z_{\alpha,\rho}^+(t,x) \subset \overline{B^{N+1}((t,x),\gamma)} \subset \overline{V}$$

gilt, und das kann z. B. durch

$$\alpha := \rho := \frac{\gamma}{\sqrt{2}}$$

geschehen.

Die stetige Funktion

$$W \to \mathbb{R}, \quad (t, x) \mapsto |f(t, x)|$$

nimmt nach dem bereits erwähnten Satz A.8 auf der beschränkten und abgeschlossenen (also wegen des Überdeckungslemmas A.4 kompakten) Menge $\overline{V} \subset W$ ihr Maximum an:

$$M := \sup_{(t,x)\in\overline{V}} |f(t, x)| = \max_{(t,x)\in\overline{V}} |f(t, x)| \in \mathbb{R}.$$

Setzt man jetzt

$$\beta_K := \min\left\{\rho, \frac{\rho}{M}\right\}$$

so ergibt sich die Behauptung aus Lemma 2.2. $\diamond$

Zum Beweis der globalen Erweiterung des Existenzsatzes von Peano benutzen wir, dass man den erweiterten Phasenraum W einer Differentialgleichung mit abzählbar vielen kompakten Mengen »ausschöpfen« kann. Was das genau bedeutet und wieso das so ist, ist im Anhang A beschrieben und bewiesen.

Die Konstruktion im Beweis benutzt außerdem die Tatsache, dass sich auf kompakten Intervallen definierte Lösungen einer Differentialgleichungen einfach zusammenstückeln lassen. Die zusammengestückelte Funktion ist dann wieder eine Lösung, denn an den Verbindungspunkten muss ja die rechtsseitige Ableitung mit der linksseitigen übereinstimmen, da bei beiden Stücke ja vorausgesetzt ist, dass es sich um Lösungen der Differentialgleichung handelt.

Satz 3.2 (Globaler Existenzsatz)
Seien $W \subset \mathbb{R}^{1+N}$ eine offene Menge, $(t_0, x_0) \in W$ und $f : W \to \mathbb{R}^N$ ein stetiges Richtungsfeld. Dann besitzt das Anfangswertproblem

$$\dot{x} = f(t, x), \qquad x(t_0) = x_0, \tag{3.3}$$

mindestens eine Lösung, deren Graph in beiden Richtungen jedes Kompaktum $K \subset W$ verläßt.

Beweis

Wir zeigen zunächst, dass es eine Lösung $\phi : [t_0, \alpha_+) \to \mathbb{R}^N$ gibt, deren Graph jedes Kompaktum $K \subset W$ nach rechts verläßt.

Nach Satz A.14 existiert eine kompakt-offene Ausschöpfung $(K_n)_{n\geqslant 1}$ von W. Ist eine solche Folge gegeben, und ist $K \subset W$ ein beliebiges Kompaktum, so gibt es einen Index $n(K)$ mit $K \subset K_{n(K)}$ (Beweis: die Familie der offenen Inneren $\{K_n^\circ : n \in \mathbb{N}\}$ ist eine offene Überdeckung von K. Nach dem Überdeckungslemma A.4 reichen endlich viele davon zum Überdecken von K. Weil die Mengen aufsteigend geordnet sind, reicht also die größte allein.)

Es wird jetzt mit doppelter Induktion eine Lösung $\phi : [t_0, \alpha_+) \to \mathbb{R}^N$ des Anfangswertproblems (3.3) konstruiert, die jedes Kompaktum K_n verläßt: Nach Lemma 3.1 existiert zu jedem $n \in \mathbb{N}$ eine positive Zahl

$$\beta_n := \beta(K_n)$$

mit der Eigenschaft, dass zu jedem Anfangspunkt $(t, x) \in K_n$ mindestens eine Lösung von (3.3) auf dem Intervall $[t, t + \beta_n]$ existiert. Setze nun induktiv

$$\phi_{1,1} := \text{ eine Lösung von (3.9) auf } [t_0, t_0 + \beta_1],$$
$$\phi_{1,k+1} := \text{ eine Lösung von } \{\dot{x} = f(t,x),\ x(t_0 + k \cdot \beta_1) = \phi_{1,k}(t_0 + k \cdot \beta_1)\}$$
$$\text{auf } [t_0 + k\beta_1, t_0 + (k+1)\beta_1],$$

solange $(t_0 + k\beta_1, \phi_{1,k}(t_0 + k \cdot \beta_1)) \in K_1$ ist. Man erhält durch Zusammenstückeln eine Lösung von (3.9)

$$\phi_1 : [t_0, \alpha_1] \to \mathbb{R}^N \text{ mit } \alpha_1 := t_0 + k_1\beta_1 \text{ und } (\alpha_1, \phi_1(\alpha_1)) \notin K_1.$$

Durch vollständige Induktion nach n kommt man schließlich zu Lösungen

$$\phi_n : [t_0, \alpha_n] \to \mathbb{R}^N \text{ mit } \alpha_n := \alpha_{n-1} + k_n\beta_n \text{ und } (\alpha_n, \phi_n(\alpha_n)) \notin K_n.$$

Der Grenzübergang $n \to \infty$ liefert jetzt eine Lösung

$$\phi_\infty : [t_0, \alpha_+) \to \mathbb{R}^N \text{ mit } \alpha_+ := \sup_{n \in \mathbb{N}} \alpha_n,$$

deren Graph jedes der Kompakta K_n und damit auch K verläßt.

Der Beweis der Existenz einer Lösung $\psi_\infty : (\alpha_-, t_0] \to \mathbb{R}^N$, die nach links jedes Kompaktum verläßt, folgt ähnlich wie im Beweis des lokalen Existenzsatzes (Satz 2.3) durch Spiegelung; siehe Übungsaufgabe 3.2. $\Diamond$

Bemerkung 3.1

Bei unserem Beweis des globalen Existenzsatzes wurde wieder implizit das Auswahlaxiom benutzt, und zwar in der Form des *Prinzips der abhängigen Auswahlen*, siehe Abschnitt 2.5. Wie beim Satz von Ascoli 2.1 ist die Verwendung des Auswahlaxiom hier jedoch vermeidbar, wenn auch mit höherem Aufwand. Prinzipiell kann man hier die Verwendung des Auswahlaxioms dadurch vermeiden, dass man — und zwar schon bei unserem Existenzsatz auf Zylindermengen 2.2 — eine *Regel* zur Auswahl einer Lösung angibt. Wie man so eine Regel konstruieren kann, findet man in Peano's Arbeit [6].

3.2 Maximale Lösungen

Anschaulich stellen wir uns eine Lösung $\phi : I \to \mathbb{R}^N$ in der Form ihres Graphen

$$\Gamma_\phi = \{(t, \phi(t)) : t \in I\} \subset I \times \mathbb{R}^N$$

vor; nach Definition des Begriffs *Lösung* liegt der Graph einer Lösung einer Differentialgleichung im erweiterten Phasenraum der Differentialgleichung, $\Gamma_\phi \subset W$. Mit dieser Vorstellung sollte eine Lösung genau dann rechts- bzw. linksmaximal sein, wenn ihr Graph sich nach rechts bzw. nach links »bis zum Rand« des erweiterten Phasenraums erstreckt. Für den Fall, dass $W \subset \mathbb{R}^{N+1}$ eine offene Menge ist, kann man dieses »sich bis zum Rand erstrecken« wie folgt präzisieren.

Definition 3.2
Seien $W \subset \mathbb{R}^{1+N}$ offen und $\phi : I \to \mathbb{R}^N$ eine Funktion mit $\Gamma_\phi = \{(t, \phi(t)) : t \in I\} \subset W$. Man sagt:

a) Γ_ϕ *erstreckt sich bis zum Rand von W*, wenn zu jedem Kompaktum $K \subset W$ ein $t_K \in I$ mit $(t, \phi(t_K)) \notin K$ existiert.

b) Γ_ϕ *erstreckt sich nach rechts bis zum Rand von W*, wenn zu jedem Kompaktum $K \subset W$ ein $t_K \in I$ existert mit der Eigenschaft $(t, \phi(t)) \notin K$ für $t > t_K$.

c) Γ_ϕ *erstreckt sich nach links bis zum Rand von W*, wenn zu jedem Kompaktum $K \subset W$ ein $t_K \in I$ existiert mit der Eigenschaft $(t, \phi(t)) \notin K$ für $t < t_K$.

d) Γ_ϕ *erstreckt sich in beiden Richtungen bis zum Rand von W*, wenn sich Γ_ϕ sowohl nach rechts als auch nach links bis zum Rand erstreckt.

Mit anderen Worten, der Graph einer Funktion $\phi : I \to \mathbb{R}^N$ erstreckt sich genau dann nach rechts (bzw. nach links bzw. in beiden Richtungen) bis zum Rand einer offenen Menge $W \subset \mathbb{R}^{1+N}$, wenn er rechts (bzw. links bzw. auf beiden Seiten) jedes Kompaktum verläßt. Läßt man die Voraussetzung, dass W offen sei, fallen, so ist die intuitive Vorstellung vom »sich bis zum Rand erstrecken« nicht mehr so einfach mit dem Begriff des Kompaktums zu formalisieren, was aber hier nicht weiterverfolgt wird.

Unser nächstes Ziel ist, zu beweisen, dass eine Lösung einer Differentialgleichung genau dann maximal ist, wenn sich ihr Graph in beiden Richtungen bis zum Rand des erweiterten Phasenraums erstreckt. Hätte man Eindeutigkeit der Lösung eines Anfangswertproblems, dann wäre ein solcher Beweis nicht schwer, vgl. Bemerkung 3.4.

Satz 3.3

Gegeben seien eine Differentialgleichung $\dot{x} = f(t, x)$, deren rechte Seite $f : W \to \mathbb{R}^N$ auf einer offenen Menge $W \subset \mathbb{R}^{1+N}$ definiert und stetig ist, und eine Lösung $\phi : I \to \mathbb{R}^N$ dieser Differentialgleichung. Dann sind äquivalent:

a) ϕ ist maximal.

b) Der Graph Γ_ϕ erstreckt sich in beiden Richtungen bis zum Rand des erweiterten Phasenraums.

Ist ϕ eine maximale Lösung, dann ist ihr Existenzintervall $I \subset \mathbb{R}$ offen.

Beweis

Nach dem lokalen Existenzsatz von Peano, Satz 2.3, gibt es zu jedem Anfangswert $(t_0, x_0) \in W$ eine reelle Zahl $\alpha > 0$ und eine auf dem Intervall $(t_0 - \alpha, t_0 + \alpha)$ definierte Lösung. Da man Lösungen einer Differentialgleichung an den Endpunkten ihrer Existenzintervalle, sofern sie dort definiert sind, ohne weiteres zusammenstückeln kann, folgt daraus: Ist das Existenzintervall einer Lösung nicht offen, so lässt sich diese fortsetzen. Hat man nun eine maximale Lösung, so muss dementsprechend ihr Existenzintervall offen sein.

a) $\Rightarrow$ b): Diese Richtung ist schwierig und subtil, siehe Aufgabe 3.1 und deren Lösung.

b) $\Rightarrow$ a): Angenommen, ϕ ließe sich nach rechts fortsetzen. Dann gäbe es ein Intervall $J \supset I$ mit einem Punkt $t_0 \in J$ mit $t_0 > s$ für alle $s \in I$ und einer Fortsetzung $\tilde{\phi} : J \to \mathbb{R}^N$ von ϕ, die eine Lösung der Differentialgleichung $\dot{x} = f(t, x)$ ist.

Fixiert man nun einen Punkt $s_0 \in I$, dann ist das Intervall $[s_0, t_0] \subset J$ kompakt, und damit ist auch die Menge

$$K := \left\{ \left(t, \tilde{\phi}(t) \right) : s_0 \leqslant t \leqslant t_0 \right\} \subset W$$

kompakt. Weil für alle Punkte $s \in I$ die Ungleichung $t_0 > s$ gilt, kann es kein $t_K \in I$ derart geben, dass für $t \in I$, $t > t_K$, die Beziehung $(t, \phi(t)) \notin K$ gilt. Damit wäre ausgeschlossen, dass sich der Graph von ϕ nach rechts bis zum Rand von W erstreckt.

In analoger Weise zeigt man, dass aus der Möglichkeit einer Fortsetzung von ϕ nach links folgt, dass sich der Graph von ϕ nach links nicht bis Rand von W erstrecken kann. $\diamond$

Im Zusammenhang mit maximalen Lösungen, deren Graph sich von Rand zu Rand des erweiterten Phasenraums erstreckt, haben sich folgende Bezeichnungen für die Grenzen des Existenzintervalls herausgebildet:

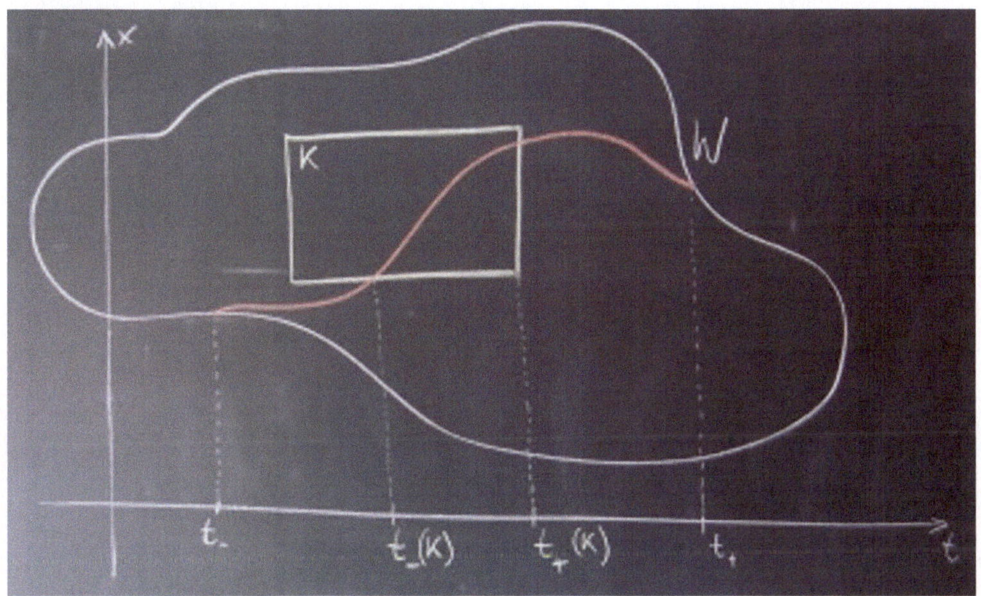

Bild 3.1: Eintritts- und Austrittszeiten einer Lösung bzgl. eines Kompaktums.

Bezeichnung 3.1
Bezeichne $\phi : I \to \mathbb{R}^N$ eine maximale Lösung des Anfangswertproblems (3.9), deren Graph jedes Kompaktum im erweiterten Phasenraum verläßt. Dann nennt man

$$I^-(\phi) := \inf I \in \{-\infty\} \cup \mathbb{R} \qquad \text{bzw.} \qquad I^+(\phi) := \sup I \in \mathbb{R} \cup \{+\infty\}$$

die *negative* bzw. *positive Entweichzeit* der Lösung ϕ.

Beispiel 3.1
Die 1-dimensionale autonome Differentialgleichung

$$\dot{x} = x^2$$

heißt wegen des Verhaltens ihrer Lösungen manchmal *Explosionsgleichung*. Neben der konstanten Lösung $\phi(t) \equiv 0$ besitzt sie positive ($x_0 > 0$) maximale Lösungen

$$\phi_{x_0}(t) = \frac{x_0}{1 - x_0 t}$$

mit den Entweichzeiten $I^-(\phi_{x_0}) = -\infty$ und $I^+(\phi_{x_0}) = \dfrac{1}{x_0}$, sowie negative

$(x_0 < 0)$ maximale Lösungen

$$\phi_{x_0}(t) = \frac{x_0}{1 - x_0 t}$$

mit den Entweichzeiten $I^-(\phi_{x_0}) = \dfrac{1}{x_0}$ und $I^+(\phi_{x_0}) = +\infty$.

Folgerung 3.4

Sind $D \subset \mathbb{R}^N$ offen und $f : D \to \mathbb{R}^N$ stetig, und ist $\phi : I \to D$ eine maximale Lösung der autonomen Differentialgleichung $\dot{x} = f(x)$, deren Bild in einer kompakten Teilmenge $K \subset D$ enthalten ist, dann ist $I = \mathbb{R}$.

Beweis

Nach Satz 3.3 verläßt der Graph Γ_ϕ der maximalen Lösung ϕ jedes Kompaktum des erweiterten Phasenraums $\mathbb{R} \times D$. Wäre $I^+(\phi) < \infty$, dann hätte ein rechtsmaximales Teilstück von ϕ, etwa

$$\phi_r : \left(I^+(\phi) - 1, I^+(\phi)\right) \to D\,,$$

die Eigenschaft, dass ihr Graph in einer kompakten Teilmenge des erweiterten Phasenraums enthalten ist, nämlich

$$\Gamma_{\phi_r} = \left\{(t, \phi(t)) : I^+(\phi) - 1 < t < I^+(\phi)\right\} \subset \left[I^+(\phi) - 1, I^+(\phi)\right] \times K \subset \mathbb{R} \times D\,.$$

Also ist $I^+(\phi) = +\infty$; auf analoge Weise zeigt man $I^-(\phi) = -\infty$. $\qquad\qquad \diamond$

3.3 Das Gronwallsche Lemma

Als Bindeglied zwischen Satz 3.2 und seiner Anwendung auf bestimmte Klassen von Differentialgleichungen benutzen wir ein Resultat von Grönwall[1], das auf den ersten Blick gar nichts mit Differentialgleichungen zu tun zu haben scheint:

---

[1]Thomas Hakon Grönwall, * 16.1.1877 Dylta Bruk (Schweden), † 9.5.1932 New York. Er promovierte 1898 in Stockholm in Mathematik über ein Thema im Bereich Differentialgleichungen, schloss 1902 in Berlin ein Ingenieur-Studium mit dem Diplom ab, arbeitete 1902–1912 als Ingenieur in den USA, lehrte ab 1913 in Princeton Mathematik und war ab 1922 »beratender Mathematiker« an der Universität New York.

Satz 3.5 (Gronwallsches Lemma)
Gegeben seien ein beliebiges Intervall $I \subset \mathbb{R}$, ein Punkt $t_0 \in I$ und zwei Konstanten $\gamma, \delta \in [0, \infty)$. Erfüllt eine stetige Funktion $u : I \to \mathbb{R}$ die Ungleichungskette

$$0 \leqslant u(t) \leqslant \gamma + \delta \left| \int_{t_0}^{t} u(s)\, ds \right| \quad \text{für alle } t \in I, \tag{3.4}$$

so folgt hieraus die Abschätzung

$$0 \leqslant u(t) \leqslant \gamma\, e^{\delta |t - \alpha|} \quad \text{für alle } t \in I \tag{3.5}$$

Beweis

Sei $K \subset I$ ein beliebiges kompaktes Teilintervall mit $t_0 \in K$. Wegen der Stetigkeit von u ist

$$M_K := \sup_{t \in K} |u(t)| < \infty,$$

und aus (3.4) folgt

$$u(t) \leqslant \gamma + \delta M_K |t - t_0| \quad \text{für alle } t \in K.$$

Durch vollständige Induktion nach k zeigt man, indem man für den Induktionsschritt wieder die Ungleichung (3.4) benutzt,

$$u(t) \leqslant \gamma \sum_{j=0}^{k-1} \frac{\delta^j |t - t_0|^j}{j!} + \frac{M_K\, \delta^k |t - t_0|^k}{k!} \quad \text{für alle } k \in \mathbb{N} \text{ und } t \in K.$$

Für $k \to \infty$ folgt damit die Behauptung (3.5) für alle $t \in K$.

Da es zu jedem Punkt $t_1 \in I$ ein kompaktes Teilintervall $K \subset I$ mit $t_0 \in K$ und $t_1 \in K$ gibt, gilt also (3.5) für alle $t \in I$. $\qquad \diamond$

Die nun folgende Anwendung des Gronwallschen Lemmas zeigt, dass in einem wichtigen Fall keine endlichen Entweichzeiten auftreten können, nämlich dann, wenn das Richtungsfeld auf ganz $\mathbb{R}^{N+1}$ definiert, stetig, und *linear beschränkt* ist.

Definition 3.3
Gegeben seien ein Intervall $I \subset \mathbb{R}$ und eine stetige Funktion $f : I \times \mathbb{R}^N \to \mathbb{R}^N$. Man nennt f *(stetig) linear beschränkt*, wenn es stetige Funktion $\rho, \sigma : I \to \mathbb{R}$ mit folgender Eigenschaft gibt:

$$|f(t, x)| \leqslant \rho(t) \cdot |x| + \sigma(t) \quad \text{für alle } t \in I. \tag{3.6}$$

Satz 3.6
Seien $I \subset \mathbb{R}$ ein offenes Intervall und $f : I \times \mathbb{R}^N \to \mathbb{R}^N$ stetig und linear beschränkt. Dann ist jede Lösung der Differentialgleichung $\dot{x} = f(t, x)$ auf ganz I fortsetzbar.

Beweis

Sei $\phi : J \to \mathbb{R}^N$ eine Lösung der Differentialgleichung $\dot{x} = f(t, x)$. Nach Satz 3.2 erstreckt sich der Graph $\Gamma_\phi := \{(t, \phi(t)) : t \in J\}$ in beiden Richtungen bis zum Rand des erweiterten Phasenraums $I \times \mathbb{R}^N$. Wir beweisen eine Abschätzung

$$|\phi(t)| \leqslant M(t) \quad \text{für alle } t \in J, \tag{3.7}$$

wobei $M : I \to \mathbb{R}$ eine stetige Funktion ist. Wäre des Existenzintervall J in einem kompakten Teilintervall $K \subsetneqq I$ enthalten, so wäre damit auch der Graph Γ_ϕ in der kompakten Teilmenge

$$K \times \left\{ x \in \mathbb{R}^N : |x| \leqslant \max_{t \in K} M(t) \right\} \subset I \times \mathbb{R}^N$$

enthalten, was im Widerspruch zur Aussage von Satz 3.2 stünde.

Sei nun $t_0 \in J$ fest. Wir können ohne Einschränkung annehmen, dass die Funktionen $\rho(t)$ und $\sigma(t)$ nicht-negativ sind. Damit gilt für beliebige $t \in I$:

$$
\begin{aligned}
|\phi(t)| &= \left| \phi(t_0) + \int_{t_0}^{t} \dot{\phi}(s)\, ds \right| = \left| \phi(t_0) + \int_{t_0}^{t} f(s, \phi(s))\, ds \right| \\
&\leqslant |\phi(t_0)| + \left| \int_{t_0}^{t} \big(\rho(s) \cdot |\phi(s)| + \sigma(s)\big)\, ds \right| \\
&\leqslant |\phi(t_0)| + \left| \int_{t_0}^{t} \sigma(s)\, ds \right| + \rho(t) \cdot \left| \int_{t_0}^{t} |\phi(s)|\, ds \right|.
\end{aligned}
$$

Für $t_1 \in I$ verwenden wir die Bezeichnung

$$J(t_1) := [\min\{t_0, t_1\}, \max\{t_0, t_1\}]$$

und die Funktion

$$\rho_{\max} : I \to \mathbb{R}, \quad \rho_{\max}(t) = \max_{t \in J(t_1)} \rho(t); \tag{3.8}$$

weil ρ stetig ist, ist auch $\rho_{\max}$ stetig.

Um das Gronwallsche Lemma 3.5 anwenden zu können, sei zunächst $t_1 \in J$ fest gewählt. Nach (3.8) gilt damit für alle $t \in J(t_1)$ die Ungleichung

$$|\phi(t)| \leqslant \left(|\phi(t_0)| + \left| \int_{t_0}^{t} \sigma(s)\, ds \right| \right) + \rho_{\max}(t_1) \cdot \left| \int_{t_0}^{t} |\phi(s)|\, ds \right|.$$

Anwendung des Gronwallschen Lemmas ergibt

$$|\phi(t)| \leqslant \left(|\phi(t_0)| + \left| \int_{t_0}^{t} \sigma(s)\, ds \right| \right) \cdot e^{\rho_{\max}(t_1)|t - t_0|} \quad \text{für jedes } t \in J(t_1),$$

also insbesondere

$$|\phi(t_1)| \leqslant \left(|\phi(t_0)| + \left|\int_{t_0}^{t_1} \sigma(s)\,ds\right|\right) \cdot e^{\rho_{\max}(t_1)|t_1-t_0|}\,.$$

Die rechte Seite dieser Ungleichung ist nicht nur im Definitionsbereich von ϕ, sondern für alle $t_1 \in I$ mit $\beta > t_0$ definiert, und ergibt eine stetige Funktion

$$M : I \to \mathbb{R}, \quad M(t_1) := \left(|\phi(t_0)| + \left|\int_{t_0}^{t_1} \sigma(s)\,ds\right|\right) \cdot e^{\rho_{\max}(t_1)|t_1-t_0|}\,,$$

womit (3.7) bewiesen ist. $\diamond$

3.4 Eine lokale Lipschitzbedingung impliziert Eindeutigkeit

Bis jetzt haben wir Sätze über die *Existenz* von Lösungen bewiesen und die Frage nach der Eindeutigkeit offen gelassen. Aus den Aufgaben und Beispielen der vorigen Kapitel wissen wir bereits:

1. Im Allgemeinen gibt es keine Eindeutigkeit der Lösung eines Anfangswertproblems, siehe z. B. Aufgabe 1.6 oder Beispiel 2.2.

2. Andererseits haben wir in den Aufgaben 1.7 und 1.8 gesehen, dass wir in manchen Fällen Eindeutigkeitsaussagen beweisen können.

In gezielt konstruierten Spezialfällen kann die Frage nach der Eindeutigkeit der Lösungen einer Differentialgleichung durchaus schwierig zu beantworten sein. Es gibt jedoch eine auf Lipschitz[2] zurückgehende einfach zu formulierende Bedingung an die rechte Seite der Differentialgleichung, die Eindeutigkeit garantiert.

> **Definition 3.4 (Lipschitz-Bedingung, 1880)**
> Man sagt, ein Richtungsfeld $f : W \to \mathbb{R}^N$ sei *lokal Lipschitz-stetig in der zweiten Variablen*, oder kürzer, f erfülle eine *lokale Lipschitz-Bedingung*, wenn gilt: Zu jedem $(t_1, x_1) \in W$ gibt es eine Umgebung V von (t_1, x_1) und eine Konstante L derart, dass
>
> $$|f(t,x) - f(t,y)| \leqslant L|x - y| \quad \text{für alle } (t,x),(t,y) \in V \cap W.$$

Bemerkung 3.2
Seien $W \subset \mathbb{R}^{1+N}$ eine offene Menge und $f : W \to \mathbb{R}^N$ eine stetige Funktion. Für folgende Aussagen gelten die Implikationen a) $\Rightarrow$ b) $\Rightarrow$ c):

---

[2]Rudolf Otto Sigismund Lipschitz, *14.5.1832 Königsberg, †7.10.1903 Bonn. Promovierte 1853 bei Dirichlet in Berlin, erhielt 1862 eine Professur in Breslau und 1864 einen Ruf nach Bonn. Die Lipschitz-Bedingung erschien in seinem Lehrbuch »Grundlagen der Analysis« (1877/80).

a) Für jedes feste t_0 ist die durch $x \mapsto f(t_0, x)$ gegebene Funktion stetig differenzierbar.

b) f erfüllt eine lokale Lipschitz-Bedingung.

c) Für jedes feste t_0 ist die durch $x \mapsto f(t_0, x)$ gegebene Funktion stetig.

Beweis
Eine leichte Übung zum Mittelwertsatz und zur Wiederholung der Definition der Stetigkeit. $\diamond$

Bemerkung 3.3
Im Falle einer autonomen Differentialgleichung $\dot{x} = f(x)$, die durch ein Vektorfeld $f : M \to \mathbb{R}^N$ gegeben ist, das seinerseits auf einer offenen Menge $M \subset \mathbb{R}^N$ definiert ist, kann man die lokale Lipschitz-Bedingung etwas einfacher darstellen. In diesem Fall sind folgende Aussagen äquivalent:

a) Das Richtungsfeld $F : \mathbb{R} \times M \to \mathbb{R}^N$, $(t, x) \mapsto f(x)$, erfüllt eine lokale Lipschitz-Bedingung.

b) Das Vektorfeld $f : M \to \mathbb{R}^N$ ist lokal Lipschitz-stetig, das heißt, zu jedem $x_1 \in M$ gibt es eine Umgebung $U \subset M$ von x_1 und eine reelle Zahl L_U mit der Eigenschaft

$$|f(x) - f(y)| \leqslant L_U |x - y| \quad \text{für alle } x, y \in U.$$

Wir kommen jetzt zum *globalen Existenz- und Eindeutigkeitssatz.*

Satz 3.7
Seien $W \subset \mathbb{R}^{1+N}$ eine offene Menge, $(t_0, x_0) \in W$, und $f : W \to \mathbb{R}^N$ ein stetiges Richtungsfeld, das eine lokale Lipschitz-Bedingung erfüllt. Dann besitzt das Anfangswertproblem

$$\dot{x} = f(t, x), \qquad x(t_0) = x_0, \tag{3.9}$$

eine eindeutig bestimmte Lösung, deren Graph in beiden Richtungen jedes in W enthaltene Kompaktum verläßt.

Beweis
Aus Satz 3.2 wissen wir bereits, dass (3.9) eine Lösung besitzt, deren Graph in beiden Richtungen jedes in W enthaltene Kompaktum verläßt. Zu zeigen ist nun noch die Eindeutigkeit.

Angenommen, es gäbe zwei verschiedene Lösungen ϕ_1, ϕ_2 des Anfangswertproblems (3.9), die auf dem gleichen Intervall $I = [t_0, r)$ definiert sind. Dann gilt $\phi_1(t_0) = \phi_2(t_0)$, und es gibt ein $t \in (t_0, r)$ mit $\phi_1(t) \neq \phi_2(t)$. Daher ist

$$t_1 := \inf\{t \in (t_0, r) : \phi_1(t) \neq \phi_2(t)\} \in [t_0, r) \tag{3.10}$$

wohldefiniert, und es gilt $\phi_1(t_1) = \phi_2(t_1) =: x_1$ (sonst wäre wegen der Stetigkeit von ϕ_1, ϕ_2 der Punkt t_1 nicht das Infimum). Weil f einer lokalen Lipschitz-Bedingung genügt, gibt es eine Umgebung $U \subset W$ des Punktes (t_1, x_1) und eine Konstante $L > 0$ derart, dass

$$|f(t,x) - f(t,y)| \leqslant L|x - y| \quad \text{für alle } (t,x), (t,y) \in U. \tag{3.11}$$

Weil U eine Umgebung von (t_1, x_1) ist, gibt es eine reelle Zahl $\beta > t_1$ derart, dass sowohl der Graph von ϕ_1 als auch der Graph von ϕ_2 über dem Intervall $[t_1, \beta)$ in U verläuft:

$$\{(t, \phi_1(t)), (t, \phi_2(t)) \mid t_1 \leqslant t < \beta\} \subset U.$$

Wir werden das Gronwallsche Lemma 3.5 auf das Intervall $[t_1, \beta)$ und die Funktion

$$u : [t_1, \beta) \to \mathbb{R}, \quad u(t) := |\phi_1(t) - \phi_2(t)|,$$

anwenden und $u \equiv 0$ und damit $\phi_1 \equiv \phi_2$ folgern. Hierzu müssen wir zunächst eine Ungleichungskette des Typs (3.4) beweisen:

$$
\begin{aligned}
0 &\leqslant u(t) \\
&= |\phi_1(t) - \phi_2(t)| \\
&= \left| \int_{t_1}^{t} (f(s, \phi_1(s)) - f(s, \phi_2(s))) \, ds \right| \quad (\phi_1, \phi_2 \text{ sind Lösungen von } (3.9)) \\
&\leqslant \int_{t_1}^{t} |f(s, \phi_1(s)) - f(s, \phi_2(s))| \, ds \\
&\leqslant \int_{t_1}^{t} L \cdot |\phi_1(s) - \phi_2(s)| \, ds \quad (\text{Lipschitz-Bedingung!}) \\
&= L \int_{t_1}^{t} |\phi_1(s) - \phi_2(s)| \, ds \, .
\end{aligned}
$$

Aus dem Gronwallschen Lemma 3.5 folgt jetzt die Abschätzung

$$0 \leqslant u(t) \leqslant 0 \cdot e^{\delta(t - t_1)} = 0 \quad \text{für alle } t \in [t_1, \beta).$$

Das steht im Widerspruch zur Definition von t_1 in (3.10); also ist die Voraussetzung, es gäbe zwei verschiedene Lösungen von (3.9), deren Graphen sich in beiden Richtungen bis zum Rand erstrecken, falsch. $\diamond$

Bemerkung 3.4
Sind $W \subset \mathbb{R}^{1+N}$ offen und $f : W \to \mathbb{R}^N$ ein stetiges Richtungsfeld, so haben wir in Satz 3.3 die Äquivalenz der folgenden Aussagen über eine Lösung ϕ der Differentialgleichung $\dot{x} = f(t, x)$ gezeigt:

a) ϕ ist maximal.

b) Der Graph Γ_ϕ erstreckt sich in beiden Richtungen bis zum Rand des erweiterten Phasenraums.

In dieser Allgemeinheit war der Beweis der Implikation a) $\Rightarrow$ b) ziemlich aufwändig und subtil, vgl. Aufgabe 3.1. Fordert man allerdings außer der Stetigkeit des Richtungfelds f noch, dass es einer lokalen Lipschitz-Bedingung genügen möge, dann ergibt sich der Beweis dieser Äquivalenz ziemlich schnell aus dem globalen Existenz- und Eindeutigkeitssatz 3.7:

Ist nämlich ϕ eine maximale Lösung, so gibt es nach Satz 3.7 durch jeden Punkt $(t, \phi(t)) \in \Gamma_\phi$, also durch jeden ihrer Anfangswerte, eine eindeutig bestimmte Lösung ψ, deren Graph Γ_ψ sich in beiden Richtungen bis zum Rand von W erstreckt. Wegen der Implikation b) $\Rightarrow$ a) von Satz 3.3 ist ψ dann schon maximal, also ist wegen der Eindeutigkeit $\phi = \psi$. $\qquad\qquad \Diamond$

Der globale Existenz- und Eindeutigkeitssatz hat eine einfache, aber wichtige Folgerung für autonome Differentialgleichungen.

Folgerung 3.8
Seien $M \subset \mathbb{R}^N$ eine offene Menge und $f : M \to \mathbb{R}^N$ ein stetig differenzierbares Vektorfeld. Dann geht durch jeden Anfangspunkt $x_0 \in M$ genau eine Lösungskurve der autonomen Differentialgleichung $\dot{x} = f(x)$, nämlich das Bild der eindeutig bestimmten maximalen Lösung $\phi : I_{\max}(\phi) \to M$ des Anfangswertproblems $\dot{x} = f(x)$, $x(0) = x_0$.
Ist $\phi\big([0, I_+(\phi))\big)$ in einem kompakten Teil von M enthalten, so ist die positive Entweichzeit $I_+(\phi) = +\infty$. Ist $\phi\big((I_-(\phi), 0]\big)$ in einem kompakten Teil von M enthalten, so ist die negative Entweichzeit $I_-(\phi) = -\infty$.

3.5 Der Laplacesche Dämon

Der globale Existenz- und Eindeutigkeitssatz für gewöhnliche Differentialgleichungen hat eine interessante Beziehung zur Naturphilosophie. Nach Newton lassen sich alle mechanischen Vorgänge durch eine gewöhnliche Differentialgleichung (mit genügend hochdimensionalem Phasenraum) beschreiben. Eine »lokale Lipschitzbedingung« war für Newton natürlich nie ein Problem, für ihn waren »Funktionen« sowieso Größen, die sich durch Polynome in ihren Unbestimmten in beliebiger Ordnung approximieren lassen — und damit im heutigen Sinn jedenfalls stetig differenzierbar. Auch heute ist es noch so, dass in den meisten Fällen mathematischer Modellierung von Naturphänomen die lokale Lipschitz-Bedingung ohne besondere Voraussetzung erfüllt ist.

Aus dem globalen Existenz- und Eindeutigkeitssatz und der Modellierung mechanischer Phänomene durch eine gewöhnlich Differentialgleichung mit lokal Lipschitz-stetigem Richtungsfeld folgt jedoch, dass Positionen und Geschwindigkeiten aller Teilchen zu jedem Zeitpunkt festgelegt sind, sofern diese Größen nur zu einem einzigen Zeitpunkt bekannt sind.

In seinem Aufsatz *»Essai philosophique sur les probabilités«* beschrieb Laplace[3] den Sachverhalt mit folgenden Worten:

> Nous devons donc envisager l'état présent de l'univers, comme l'effet de son état antérieur, et comme la cause de celui qui va suivre. Une intelligence qui pour un instant donné, connaîtrait toutes les forces dont la nature est animée, et la situation respective des êtres qui la composent, si d'ailleurs elle était assez vaste pour soumettre ces données à l'analyse, embrasserait dans la même formule les mouvements des plus grand corps de l'univers et ceux du plus léger atome: rien ne serait incertain pour elle, et l'avenir comme le passé, serait présent à ses yeux.

Du Bois-Reymond[4] prägte 1882 für diese »intélligence« den Begriff *Laplacescher Dämon.*

Aus heutiger Sicht hat der Laplacesche Dämon zunächst ein informationstheoretisches Problem: die »Kräfte« und »gegenseitigen Lagen der Objekte« müßten irgendwie als Punkte in einem Euklidischen Raum einer genügend hohen Dimension N bekannt sein, also letztlich als N-Tupel reeller Zahlen. Damit erhebt sich folgende Frage: Inwiefern kann man — *informationstheoretisch* betrachtet — eine reelle Zahl durch endlich viele Zeichen beschreiben? Als Vorüberlegung ein paar Beispiele:

1. Wenn sie eine *rationale* Zahl ist, ist sie durch Zähler und Nenner, also endlich viele Zeichen, eindeutig festgelegt.

2. Wenn sie eine *algebraische* Zahl ist, kann man sie durch ihr Minimalpolynom zusammen mit einer Angabe, um welche Nullstelle es sich handelt, eindeutig festlegen. Da das Minimalpolynom endlichen Grad und rationale Koeffizienten hat, reichen auch hier endlich viele Zeichen zur Beschreibung.

3. Wenn sie eine *spezielle Gestalt* besitzt, z. B. wenn es sich um die Eulersche Zahl e oder die Kreiszahl π oder sonst eine endlich definierbare reelle Konstante handelt, reichen ebenfalls endlich viele Zeichen zur eindeutigen Festlegung.

Die Beispiele legen nahe, dass eine reelle Zahl nur in Ausnahmefällen durch endlich viele Zeichen eindeutig definierbar ist.

Dieser Sachverhalt ist auch mathematisch ganz leicht zu beweisen: Betrachtet man ein beliebiges endliches Alphabet A, so ist die Menge $M = A^\star$ aller endlichen Zeichenketten über A *abzählbar unendlich*. Selbst wenn man ein abzählbar unendliches Alphabet A akzeptiert, bleibt die Menge der endlichen Zeichenketten abzählbar. Da die Menge $\mathbb{R}$ der reellen Zahlen überabzählbar ist, bilden diejenigen reellen Zahlen, die sich durch endlich

---

[3] Pierre Simon Laplace, *28.3.1749 Beaumont-en Auge (Normandie), †5.3.1827 Paris. Leistete wichtige Beiträge zur Wahrscheinlichkeitsrechnung, insbesondere in seinem Buch *Théorie analytique des probabilités* (1812). In der zweiten Auflage (1814) fügte er diesem Buch den *Essai philosophique sur les probabilités* als Einleitung hinzu; dieser Essay bestimmte für lange Zeit die philosophischen Vorstellungen zum Begriff »Wahrscheinlichkeit«.

[4] Emil Du Bois-Reymond, * 7.11.1818 Berlin, †26.12.1896 Berlin. 1851 Mitglied der Preußischen Akademie der Wissenschaften, 1855 Professor für Physiologie in Berlin.

viele Zeichen darstellen lassen, nur eine winzige Teilmenge $\mathbb{D}$. Maßtheoretisch betrachtet ist $\mathbb{D}$ eine *Nullmenge* in $\mathbb{R}$: sie läßt sich durch eine Folge von reellen Intervallen mit beliebig kleiner Gesamtlänge überdecken.

Der Laplacesche Dämon müßte nicht nur N-Tupel reeller Zahlen exakt darstellen, sondern auch noch mit ihnen rechnen: »soumettre ces données à l'analyse«. Damit hätte er ein Problem mit unendlich großer informationstheoretischer Komplexität. Elektronische Rechenmaschinen heutiger Bauart sind jedenfalls nicht in der Lage, solche Probleme zu bearbeiten.

Man könnte einwenden, der Dämon brauche die Information ja gar nicht so genau. Für eine solide Vorhersage könnte ja schon eine endliche Genauigkeit ausreichen. Das ist in vielen Fällen ein sehr gutes Argument — aber manchmal haben physikalisch motivierte Differentialgleichungen sehr schlechte Stabilitätseigenschaften.

3.6 Übungsaufgaben

Aufgabe 3.1

Gegeben seien eine offene Menge $W \subset \mathbb{R}^{1+N}$, eine stetige Abbildung $f : W \to \mathbb{R}^N$ sowie eine Lösung $\mu : I \to \mathbb{R}^N$ der Differentialgleichung $\dot{x} = f(t, x)$. Beweisen Sie:

a) Ist $I = [t_0, t_1)$ eine halboffenes Intervall, und besitzt μ in t_1 einen einseitigen Grenzwert $x_1 := \lim_{t \uparrow t_1} \mu(t)$ mit $(t_1, x_1) \in W$, so ist μ nach rechts fortsetzbar.

   Hinweis: Man beweise zunächst die stetige Fortsetzbarkeit der Ableitung $\dot{\mu}$.

b) Ist der Abschluß des Graphen von μ eine beschränkte Teilmenge von W, so ist μ auf $\overline{I}$ stetig fortsetzbar.

c) Ist μ eine maximale Lösung, dann gilt:

   i) ihr Definitionsbereich I ist offen,

   ii) ihr Graph verläßt jedes Kompaktum $K \subset W$ in beide Richtungen.

Aufgabe 3.2

Man vollende den Beweis des globalen Existenzsatzes 3.2, indem man mit Hilfe des »gespiegelten« Anfangswertproblems $\dot{x} = -f(2t_0 - t, x)$, $x(t_0) = x_0$, zeigt, dass jede lokale Lösung von (3.9) so weit nach links fortsetzbar ist, dass ihr Graph jedes Kompaktum nach links verläßt.

Aufgabe 3.3

Beweisen Sie: Für $\alpha > 1$ besitzt jede positive Lösung der Differentialgleichung $\dot{x} = x^\alpha$ eine endliche positive Entweichzeit.

Aufgabe 3.4

Sei $f : \mathbb{R}^N \to \mathbb{R}^N$ ein stetiges Vektorfeld mit der Eigenschaft $f(x) = x$ für $|x| > 1$. Zeigen Sie, dass jede maximale Lösung der Differentialgleichung $\dot{x} = f(x)$ auf ganz $\mathbb{R}$ existiert.

Aufgabe 3.5

Gegeben seien stetige Funktionen $g, h : \mathbb{R} \to \mathbb{R}$. Seien $x_1 < x_2$ die beiden einzigen Nullstellen von h, und bezeichne μ eine maximale Lösung eines Anfangswertproblems

$$\dot{x} = g(t)h(x), \quad x(t_0) = x_0.$$

a) Zeigen Sie: Ist h Lipschitz-stetig und gilt $x_1 \leqslant x_0 \leqslant x_2$, so existiert μ auf ganz $\mathbb{R}$.

b) Gilt das auch, wenn h nicht Lipschitz-stetig ist? (Beweis oder Gegenbeispiel.)

Aufgabe 3.6

Es seien $f : \mathbb{R} \to \mathbb{R}$ eine stetige Funktion und ϕ eine maximale Lösung des Anfangswertproblems

$$\dot{x} = f(t)\, x^2, \quad x(0) = 1.$$

Zeigen Sie, dass ϕ genau dann auf ganz $\mathbb{R}$ existiert, wenn

$$\int_0^t f(s)\, ds < 1 \quad \text{für alle } t \in \mathbb{R}.$$

Aufgabe 3.7

Erklären Sie, warum keine Lösung der Differentialgleichung

$$\dot{x} = -3\sqrt[3]{x} + \sin\left(1 - e^{-x}\right)$$

das Vorzeichen wechseln kann.

4 Phasenportraits und Stabilität

Ein *Phasenportrait* ist die Menge der *Bahnen* von maximalen Lösungen einer Differentialgleichung, oder eine Veranschaulichung dieser Menge, was insbesondere im Fall einer autonomen Differentialgleichung bedeutsam ist. In diesem Kapitel werden wir einige Techniken vorstellen, wie man Phasenportraits beschreiben kann, und wie man aus einem Phasenportrait qualitative Aussagen über die Lösungen eines autonomen Systems ablesen kann. Solche Aussagen betreffen insbesondere die *Stabilität* von *kritischen Punkten* autonomer Systeme.

4.1 Die allgemeine Lösung

Der globale Existenz- und Eindeutigkeitssatz 3.7 ermöglicht die folgende Begriffsbildung.

Bezeichnung 4.1
Seien $W \subset \mathbb{R}^{1+N}$ offen und $f : W \to \mathbb{R}^N$ ein stetiges Richtungsfeld, und erfülle f eine lokale Lipschitz-Bedingung. Dann gibt es zu beliebigen Anfangswerten $(t_0, x_0) \in W$ eine eindeutig bestimmte maximalen Lösung der Differentialgleichung $\dot{x} = f(t, x)$, die wir mit

$$\phi_{(t_0, x_0)} : I(t_0, x_0) \to \mathbb{R}^N$$

bezeichnen. Hierbei bedeutet

$$I(t_0, x_0) := \big(I_-(t_0, x_0), I_+(t_0, x_0)\big)$$

das maximale Existenzintervall, $I_-(t_0, x_0)$ die negative Entweichzeit und $I_+(t_0, x_0)$ die positive Entweichzeit der Lösung $\phi_{(t_0, x_0)}$.
Die Zusammensetzung dieser Lösungen,

$$\Lambda : \bigcup_{(t_0, x_0) \in W} I(t_0, x_0) \times \{(t_0, x_0)\} \to \mathbb{R}^N, \qquad \Lambda(t, t_0, x_0) := \phi_{(t_0, x_0)}(t),$$

nennt man *die allgemeine Lösung* von $\dot{x} = f(t, x)$.

Die allgemeine Lösung ist auf der Menge

$$\Omega := \bigcup_{(t_0, x_0) \in W} I(t_0, x_0) \times \{(t_0, x_0)\} \subset \mathbb{R}^{2+N}$$

definiert. In Kapitel 7 werden wir beweisen, dass bei stetigem Richtungsfeld f, das eine lokale Lipschitz-Bedingung erfüllt, dieser Definitionsbereich Ω eine offene Menge im $\mathbb{R}^{2+N}$ ist, und dass die allgemeine Lösung $\Lambda : \Omega \to \mathbb{R}^N$ stetig ist.

Um eine maximale Lösung $\phi : I \to \mathbb{R}^N$ festzulegen, kann man wegen der Eindeutigkeit jeden Punkt (t,x) ihres Graphen als Anfangswertepaar nehmen. Liegen etwa $(t_0,x_0),(t,x) \in W$ im Graphen einer maximalen Lösung ϕ, dann stimmen die maximalen Lösungen zu den beiden Anfangswertepaaren überein:

$$\phi = \phi_{(t_0,x_0)} = \phi_{(t,x)} \,.$$

Für beliebige Zeitpunkte $t \in \mathbb{R}$ gilt daher die Implikation

$$t \in I(t_0,x_0) \quad \Rightarrow \quad t_0 \in I\big(t,\phi_{(t_0,x_0)}(t)\big) \quad \text{und} \quad \phi_{(t,\phi_{(t_0,x_0)}(t))}(t_0) = x_0 \,. \tag{4.1}$$

Für autonome Differentialgleichungen haben sich einige besondere Bezeichnungen eingebürgert.

Bezeichnung 4.2
Seien $M \subset \mathbb{R}^N$ ein offener Phasenraum und $f : M \to \mathbb{R}^N$ ein stetiges Vektorfeld.

a) Das Bild einer maximalen Lösung der autonomen Differentialgleichung $\dot{x} = f(x)$ nennt man *Bahn* oder *Orbit*.

b) Besteht ein Orbit nur aus einem einzigen Punkt $x_0 \in M$, so nennt man diesen einen *kritischen Punkt* der Differentialgleichung $\dot{x} = f(x)$. Ein kritischer Punkt wird auch als *Ruhelage, Gleichgewichtslage* oder *Gleichgewichtspunkt* bezeichnet.

Kritische Punkte kann man, selbst bei fehlender Eindeutigkeit, leicht erkennen:

Bemerkung 4.1
Sind $M \subset \mathbb{R}^N$ offen und $f : M \to \mathbb{R}^N$ stetig, so ist $x_0 \in M$ genau dann ein kritischer Punkt der Differentialgleichung $\dot{x} = f(x)$, wenn $f(x_0) = 0$ gilt.

Beweis

Ist $f(x_0) = 0$, so ist $\phi_0 : \mathbb{R} \to M$, $\phi_0(t) \equiv x_0$, eine maximale Lösung von $\dot{x} = f(x)$ mit Orbit $\{x_0\}$, also ist x_0 ein kritischer Punkt.

Sei nun umgekehrt die Menge $\{x_0\}$ das Bild einer maximalen Lösung $\phi :$ $I_{\max} \to M$, die also konstant gleich x_0 ist. Aus dem Schlußteil von Satz 3.3 folgern wir, dass das Existenzintervall $I_{\max}$ offen ist. Damit ist ϕ auf einem offenen Intervall konstant, hat also Ableitung 0. Insgesamt erhalten wir für jedes $t \in I_{\max}$ die Gleichungskette

$$0 = \dot{\phi}(t) = f(\phi(t)) = f(x_0) \,,$$

womit der Beweis erbracht ist.   

In Übungsaufgabe 1.5 wurde gezeigt, dass man im Fall einer autonomen Differentialgleichung $\dot{x} = f(x)$, deren rechte Seite f auf einem Phasenraum $M \subset \mathbb{R}^N$ definiert ist, die Anfangszeit verschieben kann: Ist $\phi : (\alpha, \beta) \to M$ eine Lösung, so ist für jede reelle Zahl r auch die Funktion

$$\phi_r : (\alpha - r, \beta - r) \to M, \quad t \mapsto \phi_r(t) = \phi(t + r)$$

eine Lösung. Erfüllt die rechte Seite $f : M \to \mathbb{R}^N$ auch eine lokale Lipschitz-Bedingung, so gibt es zu jedem Anfangswertproblem

$$\dot{x} = f(x), \quad x(t_0) = x_0,$$

eine eindeutig bestimmte maximale Lösung $\phi_{(t_0, x_0)} : I(t_0, x_0) \to M$. Wegen der Möglichkeit, die Anfangszeit t_0 nach 0 zu verschieben, gelten für diese maximalen Lösungen die Relationen

$$t \in I(t_0, x_0) \quad \Leftrightarrow \quad t - t_0 \in I(0, x_0)$$

und

$$\phi_{(t_0, x_0)}(t) = \phi_{(0, x_0)}(t - t_0) \quad \text{für alle } t \in I(t_0, x_0). \tag{4.2}$$

Das erlaubt für autonome Differentialgleichungen die vereinfachten Bezeichnungen für maximale Lösungen:

$$\phi_{x_0} := \phi_{(0, x_0)}, \quad I(x_0) := I(0, x_0).$$

Außerdem folgt aus (4.2), dass der Phasenraum M eine disjunkte Vereinigung von Orbits ist, oder anders ausgedrückt:

Lemma 4.1
Sei $M \subset \mathbb{R}^N$ offen, und erfülle $f : M \to \mathbb{R}^N$ eine lokale Lipschitz-Bedingung. Dann ist die Relation auf M, die für $x_1, x_2 \in M$ wie folgt definiert ist,

$$x_1 \sim x_2 \quad :\Leftrightarrow \quad \begin{cases} \text{die Differentialgleichung } \dot{x} = f(x) \\ \text{besitzt einen Orbit } \mathcal{O} \text{ mit } x_1, x_2 \in \mathcal{O}, \end{cases}$$

eine Äquivalenzrelation auf dem Phasenraum M. $\qquad\qquad \diamond$

4.2 Hamiltonsche Differentialgleichungen in der Ebene

Der Einfachheit und Anschaulichkeit wegen untersuchen wir insbesondere ebene autonome Systeme, also solche, deren Phasenraum eine Teilmenge des $\mathbb{R}^2$ ist.

Definition 4.1
Seien $M \subset \mathbb{R}^2$ eine Teilmenge und $f, g : M \to \mathbb{R}$ stetige Funktionen. Das ebene autonome System

$$\dot{x} = f(x,y), \quad \dot{y} = g(x,y), \tag{4.3}$$

heißt *Hamiltonsch*[1], wenn es eine stetig differenzierbare Funktion $H : M \to \mathbb{R}$ mit den Eigenschaften

$$\frac{\partial H}{\partial x} = -g \quad \text{und} \quad \frac{\partial H}{\partial y} = f \tag{4.4}$$

gibt; eine solche Funktion heißt *Hamilton-Funktion* des Systems (4.3).

Die Bedeutung dieses Konzepts liegt in der Tatsache, dass eine Hamilton-Funktion H auf der Bildmenge einer Lösung

$$\phi : I \to M, \quad t \mapsto \phi(t) = (\phi_1(t), \phi_2(t))$$

des Systems (4.3) stets konstant ist, wie folgende Rechnung zeigt:

$$\frac{d}{dt} H(\phi_1(t), \phi_2(t)) =$$
$$= \frac{\partial H}{\partial x}(\phi_1(t), \phi_2(t)) \cdot \dot{\phi}_1(t) + \frac{\partial H}{\partial y}(\phi_1(t), \phi_2(t)) \cdot \dot{\phi}_2(t)$$
$$= -g(\phi_1(t), \phi_2(t)) \cdot f(\phi_1(t), \phi_2(t)) + f(\phi_1(t), \phi_2(t)) \cdot g(\phi_1(t), \phi_2(t))$$
$$= 0.$$

Kennt man also die Niveau-Linien einer Hamilton-Funktion zu einem gegebenen ebenen autonomen System, so läßt sich daraus schon Information über das Phasenportrait gewinnen.

Beispiel 4.1
Das reibungsfreie mathematische Pendel wird durch die Gleichung

$$\ddot{x} = -\sin x$$

---

[1]Sir William Rowan Hamilton, * 4.8.1805 Dublin, † 2.9.1865 Observatorium Dunsink (bei Dublin). Ab 1827 Professor für Astronomie in Dublin und Royal Astronomer mit Wohnrecht im Observatorium. Die »charakteristischen Funktionen« (heute *Hamilton-Funktionen*) wandte er zunächst in der Optik an. 1834 publizierte er eine schwierig zu lesende Arbeit »*On a General Method in Dynamics*«, in der er die »charakteristischen Funktionen« erstmals auf Probleme der Mechanik anwandte. Die bekannteste Leistung Hamiltons ist jedoch die Definition der *Quaternionen-Algebra* am 16.10.1843.

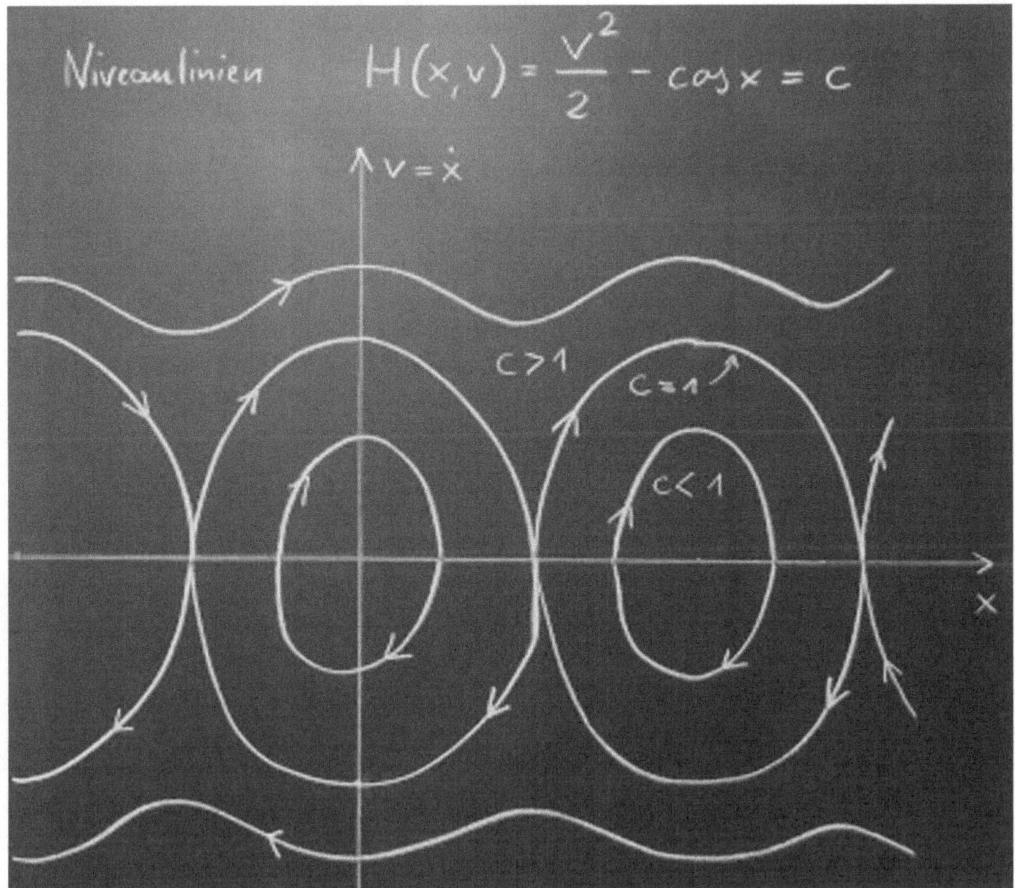

Bild 4.1: Phasenportrait zum mathematischen Pendel.

beschrieben. Transformiert man diese Gleichung 2. Ordnung zunächst auf ein System 1. Ordnung, so erhält man das ebene autonome System

$$\dot{x} = v, \quad \dot{v} = -\sin x. \tag{4.5}$$

Dieses besitzt offensichtlich die Hamilton-Funktion

$$H(x,v) = \frac{v^2}{2} - \cos x$$

— physikalisch bedeutet H, bis auf eine additive Konstante, die Summe aus kinetischer und potentieller Energie.

Beim Anfertigen eines Phasenportraits beginnt man damit, den Phasenraum festzulegen: In unserem Fall (4.5) ist der gesamte $\mathbb{R}^2$ geeignet. Als nächstes bestimmt man die *kritischen Punkte*, also die Nullstellen der rechten Seite: In unserem Fall ist die Menge der kritischen Punkte gegeben durch

$$\left\{(x,v) \in \mathbb{R}^2 : v = 0, \sin x = 0\right\} = \left\{(k\pi, 0) \in \mathbb{R}^2 : k \in \mathbb{Z}\right\}.$$

Ausgehend von diesen kritischen Punkten bestimmt man dann einige Niveau-Linien der Hamilton-Funktion. Als letzten Schritt fügt man an die Niveau-Linien noch Pfeile an, die anzeigen, in welcher Richtung (für wachsende $t \in \mathbb{R}$) eine Bahn durchlaufen wird. In unserem Fall gehen in der oberen Halbebene alle Pfeile nach rechts (denn dort ist die Geschwindigkeit $\dot{x} = v > 0$), während in der unteren Halbebene alle Pfeile nach links gehen (hier ist nämlich $\dot{x} = v < 0$). Aus dem Phasenportrait läst sich z.B. ohne weiteres ablesen, bei welchen Anfangswerten die Lösungen beschränkt bleiben: In unserem Fall ist das die Menge

$$\left\{(x,v) \in \mathbb{R}^2 : H(x,v) \leqslant 1\right\},$$

die sich im horizontalen Streifen $\left\{(x,v) \in \mathbb{R}^2 : |v| \leqslant 2\right\}$ befindet. $\Diamond$

Wir betrachten nun ein autonomes System der Form (4.3) und suchen Bedingungen, unter denen dieses System Hamiltonsch ist. Ist eine Funktion $H(x,y)$ zweimal stetig differenzierbar, so ist die Reihenfolge der partiellen Ableitungen vertauschbar. Daher gilt bei einem Hamiltonschen System der Form (4.3) stets

$$\frac{\partial f}{\partial x} = \frac{\partial^2 H}{\partial x \partial y} = \frac{\partial^2 H}{\partial y \partial x} = -\frac{\partial g}{\partial y}.$$

dass diese notwendige *Integrabilitätsbedingung* unter bestimmten Voraussetzungen an den Definitionsbereich auch hinreichend sind, zeigt das folgende Resultat.

Satz 4.2

Gegeben seien zwei auf einem beschränkten oder unbeschränkten, offenen Recht-eck $R := (a,b) \times (c,d) \subset \mathbb{R}^2$ definierte stetig differenzierbare Funktionen $f, g : R \to \mathbb{R}$. Dann sind äquivalent:

a) Das autonome System

$$\dot{x} = f(x,y), \quad \dot{y} = g(x,y),$$

   ist Hamiltonsch.

b) Die Integrabilitätsbedingung

$$\frac{\partial f}{\partial x}(x,y) = -\frac{\partial g}{\partial y}(x,y) \quad \text{für alle } (x,y) \in R \tag{4.6}$$

   sind erfüllt.

Beweis

a) $\Rightarrow$ b): Ein Kandidat für eine Hamilton-Funktion ist schnell gefunden. Man wähle einen beliebigen Punkt $(x_0, y_0) \in R$ und setze

$$H(x,y) := \int_{y_0}^{y} f(x_0, \eta)\, d\eta - \int_{x_0}^{x} g(\xi, y)\, d\xi = \int_{y_0}^{y} f(x, \eta)\, d\eta - \int_{x_0}^{x} g(\xi, y_0)\, d\xi.$$

$$(4.7)$$

Um das zweite Gleichheitszeichen in (4.7) zu verifizieren, bestimmen wir die Differenz zwischen der rechten und der linken Seite:

$$\begin{aligned}
D &= \left(\int_{y_0}^{y} f(x, \eta)\, d\eta - \int_{x_0}^{x} g(\xi, y_0)\, d\xi \right) - \left(\int_{y_0}^{y} f(x_0, \eta)\, d\eta - \int_{x_0}^{x} g(\xi, y)\, d\xi \right) \\
&= \int_{y_0}^{y} (f(x, \eta) - f(x_0, \eta))\, d\eta + \int_{x_0}^{x} (g(\xi, y) - g(\xi, y_0))\, d\xi \\
&= \int_{y_0}^{y} \int_{x_0}^{x} \frac{\partial f}{\partial x}(\xi, \eta)\, d\xi\, d\eta + \int_{x_0}^{x} \int_{y_0}^{y} \frac{\partial g}{\partial x}(\xi, \eta)\, d\eta\, d\xi
\end{aligned}$$

Vertauschen der Integrationsreihenfolge und Anwendung der Integrabilitätsbedingung (4.6) ergibt $D = 0$, womit das zweite Gleichheitszeichen in (4.7) bewiesen ist.

Partielles Differenzieren der Funktion H ergibt nun ohne weiteres die Gleichung (4.4) aus der Definition Hamiltonscher Differentialgleichungen.

b) $\Rightarrow$ a): Wenn das System Hamiltonsch ist und die beiden Funktionen f und g stetig differenzierbar sind, dann ist wegen (4.4) die Hamilton-Funktion zweimal stetig differenzierbar. Damit ist die Reihenfolge der partiellen Differentiationen irrelevant, woraus die Integrabilitätsbedingungen folgen:

$$\frac{\partial f}{\partial x}(x, y) = \frac{\partial^2 H}{\partial x \partial y}(x, y) = -\frac{\partial g}{\partial y}(x, y). \diamond$$

Bemerkung 4.2

Hängt f nur von y und g nur von x ab, so läßt sich eine Hamilton-Funktion leicht finden: Man nehme eine Stammfunktion $F(y)$ von $f(y)$ und eine Stammfunktion $G(x)$ von $g(x)$ und bilde $H(x,y) := F(y) - G(x)$.

Auf diese Weise wurde die Hamilton-Funktion des reibungsfreien mathematischen Pendels in Beispiel 4.1 ermittelt.

4.3 Exakte Differentialgleichungen in der Ebene

In manchen Fällen bringt es etwas, ein ebenes autonomes System (4.3) in eine zeitabhängige Differentialgleichung in einer Dimension zu verwandeln. Man schreibt

$$\frac{g(x,y)}{f(x,y)} = \frac{\dot{y}}{\dot{x}} = \frac{\frac{dy}{dt}}{\frac{dx}{dt}} = \frac{dy}{dx} = y',$$

$$(4.8)$$

wobei man bedenkenlos mit dt kürzt und anschließend y als Funktion von x auffasst — im nachhinein läßt sich diese Vorgehensweise meist rechtfertigen. Die folgende Begriffsbildung hat sich als nützlich erwiesen:

Definition 4.2
Seien $M \subset \mathbb{R}^2$ eine Teilmenge und $f, g : M \to \mathbb{R}$ stetige Funktionen. Eine stetig differenzierbare Funktion $S : M \to \mathbb{R}$ heißt *Stammfunktion* der eindimensionalen Differentialgleichung erster Ordnung

$$f(x,y)\,y' - g(x,y) = 0\,, \tag{4.9}$$

wenn gilt:
$$\frac{\partial S}{\partial x}(x,y) = -g(x,y), \qquad \frac{\partial S}{\partial y}(x,y) = f(x,y). \tag{4.10}$$

Falls die Differentialgleichung (4.9) eine Stammfunktion besitzt, nennt man sie eine *exakte Differentialgleichung,*.

Eine Stammfunktion einer Differentialgleichung der Form (4.9) ist also genau das Gleiche wie eine Hamilton-Funktion des autonomen Systems (4.3).

4.4 Pfaffsche Formen

Insbesondere im Zusammenhang mit dem Studium Hamiltonscher Systeme hat sich das Kalkül der *Differentialformen* entwickelt, das sich mathematisch als fruchtbar erwiesen hat. Hier folgt nun eine kurze Einführung.

Ist $U \subset \mathbb{R}^N$ eine offene Menge, $x_0 \in U$ ein fester Punkt und $F : U \to \mathbb{R}$ eine an der Stelle x_0 differenzierbare Funktion, so kann man die *Ableitung* von F an der Stelle x_0 als *Linearform* auffassen:

$$dF(x_0) : \mathbb{R}^N \to \mathbb{R}\,.$$

Wir verwenden die Bezeichnung

$$\mathcal{L}(\mathbb{R}^N, \mathbb{R}) := \left\{ \omega : \mathbb{R}^N \to \mathbb{R} \mid \omega \text{ lineare Abbildung} \right\}$$

für den Vektorraum der Linearformen von $\mathbb{R}^N$ nach $\mathbb{R}$. Ist F überall differenzierbar, so erhält man durch Differentiation eine *Feld* linearer Abbildungen

$$dF : U \to \mathcal{L}(\mathbb{R}^N, \mathbb{R})\,, \qquad x \mapsto \left(dF(x) : \mathbb{R}^N \to \mathbb{R} \right),$$

das auch das *Differential* von F genannt wird.

Definition 4.3
Sei $U \subset \mathbb{R}^N$ eine offene Menge. Eine *Differentialform 1. Ordnung* oder *Pfaffsche Form*[2] ω auf U ist ein Feld von Linearformen, also eine Abbildung

$$\omega : U \to \mathcal{L}(\mathbb{R}^N, \mathbb{R}), \qquad x \mapsto \left(\omega(x) : \mathbb{R}^N \to \mathbb{R}\right).$$

Für Differentialformen hat sich eine ziemlich suggestive Schreibweise eingebürgert. Ist $U \subset \mathbb{R}^N$ eine offene Menge, so bezeichnet dx_j die konstante Abbildung

$$dx_j : U \to \mathcal{L}(\mathbb{R}^N, \mathbb{R})$$
$$x \mapsto \left(dx_j(x) : \mathbb{R}^N \to \mathbb{R}, \quad (\xi_1, \ldots, \xi_N) \mapsto \xi_j\right).$$

Damit ist dx_j genau das *Differential* der j-ten Koordinatenfunktion $(\xi_1, \ldots, \xi_N) \mapsto \xi_j$.

Da die Linearformen $dx_j(x)$ in jedem Punkt $x \in U$ eine Basis des reellen Vektorraums $\mathcal{L}(\mathbb{R}^N, \mathbb{R})$ bilden, kann man jede beliebige Differentialform als Linearkombination der dx_j schreiben. Dann ist eine Differentialform auf $U \subset \mathbb{R}^N$ ein Ausdruck der Gestalt

$$\omega = \sum_{j=1}^{N} a_j \, dx_j,$$

wobei die a_j beliebige Funktionen $a_j : U \to \mathbb{R}$ sind. In dieser Schreibweise schreibt sich das Differential einer gegebenen differenzierbaren Funktion $F : U \to \mathbb{R}$ wie folgt:

$$dF = \sum_{j=1}^{N} \frac{\partial F}{\partial x_j} \, dx_j . \tag{4.11}$$

Man nennt nun eine Pfaffsche Form ω *exakt*, wenn es eine stetig differenzierbare Funktion F mit $\omega = dF$ gibt. Diese Funktion F heißt dann *Stammfunktion* der Pfaffschen Form ω.

Die Verbindung zwischen Differentialformen und Differentialgleichungen ist, zumindest in der Ebene, scheinbar schnell klar: man interpretiert in Gleichung (4.9) zunächst y' als Quotient $\frac{dy}{dx}$, multipliziert anschließend mit dx, und erhält die Gleichung

$$f(x, y) \, dy - g(x, y) \, dx - 0 , \tag{4.12}$$

die man dann aufgrund der suggestiven Schreibweise als Gleichung zwischen Pfaffschen Formen lesen kann. — Natürlich sind das keine schlüssigen Begründungen für die einzelnen Schritte dieser »Herleitung«.

---

[2] nach Johann Friedrich Pfaff, * 22.12.1765 Stuttgart, †21.04.1825 Halle, lernte Mathematik im Selbststudium, indem er die Werke von Euler las. In seiner wichtigsten Arbeit, die 1815 publiziert wurde, benutzte er die nach ihm benannten Differentialformen zum Studium partieller Differentialgleichungen.

Andererseits folgt aus den Gleichungen (4.10) und (4.11), dass eine Funktion S genau dann eine Stammfunktion der Differentialgleichung (4.9) ist, wenn S eine Stammfunktion der Pfaffschen Form (4.12) ist. Zusammenfassend erhalten wir also trotzdem folgende Aussage:

Folgerung 4.3
Seien $M \subset \mathbb{R}^2$ eine offene Menge und $f, g : M \to \mathbb{R}$ stetige Funktionen. Dann sind äquivalent:

a) Das autonome System $\dot{x} = f(x, y)$, $\dot{y} = g(x, y)$ ist Hamiltonsch.

b) Die implizite Differentialgleichung $f(x, y)\, y' - g(x, y) = 0$ ist exakt.

c) Die Pfaffsche Form $g(x, y)\, dx - f(x, y)\, dy$ ist exakt.

4.5 Integrierende Faktoren und erste Integale

Manchmal ist eine Differentialgleichung (4.9) zwar nicht exakt, wird aber nach Multplikation mit einer Funktion $m(x, y)$ exakt. Z.B. ist die Differentialgleichung

$$(ax - bxy)y' + (cy - dxy) = 0$$

selbst nicht exakt, da die Integrabilitätsbedingung im Allgemeinen nicht erfüllt ist (wie man leicht nachprüft). Multipliziert man diese Gleichung aber mit

$$m(x, y) = \frac{1}{xy},$$

so erhält man

$$\left(\frac{a}{y} - b\right) y' + \left(\frac{c}{x} - d\right) = 0,$$

was offensichtlich exakt ist.

Eine solche Funktion $m(x, y)$, die eine gegebene skalare (d.h. ein-dimensionale) Differentialgleichung exakt macht, nennt man *integrierenden Faktor* oder *Eulerschen Multiplikator*. Es gibt Methoden, wie man einen geeigneten integrierenden Faktor finden kann, die jedoch hier nicht weiter besprochen werden. Etwas abstrakter, aber dennoch sehr anschaulich, ist die folgende Verallgemeinerung des Begriffs *Hamilton-Funktion*:

Definition 4.4
Gegeben seien eine offene Menge $M \subset \mathbb{R}^2$ und stetige Funktionen $f, g : M \to \mathbb{R}$. Eine differenzierbare Funktion $F : M \to \mathbb{R}$ heißt *erstes Integral* des ebenen autonomen Systems

$$\dot{x} = f(x,y), \quad \dot{y} = g(x,y),$$

wenn die Gleichung

$$\frac{\partial F}{\partial x}(x,y) \cdot f(x,y) + \frac{\partial F}{\partial y}(x,y) \cdot g(x,y) = 0 \tag{4.13}$$

für alle $(x,y) \in M$ gilt.

Die Bedingung (4.13) bedeutet geometrisch, dass der Gradient eines ersten Integrals F auf dem Vektorfeld (f,g) senkrecht steht. Genau wie bei einer Hamilton-Funktion kann man auch hier nachrechnen, dass ein erstes Integral auf den Lösungskurven des zugehörigen autonomen Systems konstant ist.

Beispiel 4.2

In seinem Buch [9] präsentiert Volterra[3] ein Modell zur Beschreibung der populationsdynamischen Interaktion zweier Arten, bei denen die eine, die *Raubtiere*, sich von der anderen, den *Beutetieren*, ernährt. Er bezeichnet mit $N_1 = N_1(t)$ die Anzahl der Beutetiere zum Zeitpunkt t und mit $N_2 = N_2(t)$ die Anzahl der Raubtiere zum Zeitpunkt t. Zur Entwicklung der Populationszahlen nimmt er an, dass die Anzahl der Beutetiere ohne Raubtiere eine natürliche Wachstumsrate ε_1 hätte, die sich pro Raubtier um den Wert γ_1 vermindert, dass also die Wachstumsrate der Anzahl der Beutetiere

$$\varepsilon_1 - \gamma_1 N_2$$

mit zwei positiven reellen Konstanten ε_1 und γ_1 beträgt. Analog nimmt er für die Entwicklung von N_2 eine Wachstumsrate

$$-\varepsilon_2 + \gamma_2 N_1$$

mit zwei positiven reellen Konstanten ε_2 und γ_2 an. Daraus ergibt sich das System von Differentialgleichungen

$$\frac{dN_1}{dt} = (\varepsilon_1 - \gamma_1 N_2)N_1, \quad \frac{dN_2}{dt} = (-\varepsilon_2 + \gamma_2 N_1)N_2. \tag{4.14}$$

---

[3]Vito Volterra, * 3.5.1860 Ancona, † 11.10.1940 Rom, wuchs in ärmlichen Verhältnissen auf. Er promovierte 1882 in Pisa über Hydrodynamik und wurde 1883 Professor in Pisa, 1892 in Turin und schließlich 1900 in Rom. 1905 wurde er Abgeordneter im Senat. Im ersten Weltkrieg arbeitete er für die Luftwaffe. Nach dem Krieg begann er, sich für mathematische Biologie zu interessieren und studierte die Arbeiten von Verhulst. Ab 1922 engagierte er sich gegen die Faschisten und musste 1931, als er einen Treueid auf Mussolini verweigerte, die Universität verlassen. Danach lebte er in Spanien und Frankreich und kehrte kurz vor seinem Tod nach Rom zurück.

Ein natürlicher Phasenraum für dieses System ist das Innere des ersten Quadranten,

$$Q := \left\{ (N_1, N_2) \in \mathbb{R}^2 : N_1 > 0, N_2 > 0 \right\} .$$

Unabhängig von Volterra publizierte Lotka[4] im Jahre 1926 dieses Differentialgleichungssystem, weswegen die Gleichungen (4.14) oft auch als *Lotka-Volterra-Gleichungen* oder *Volterra-Lotka-Gleichungen* bezeichnet werden.

Wir schreiben das System (4.14) noch einmal mit Matrizen:

$$\begin{pmatrix} N_1 \\ N_2 \end{pmatrix}^{\bullet} = \begin{pmatrix} f(N_1, N_2) \\ g(N_1, N_2) \end{pmatrix} = \begin{pmatrix} \varepsilon_1 & -\gamma_1 N_1 \\ \gamma_2 N_2 & -\varepsilon_2 \end{pmatrix} \begin{pmatrix} N_1 \\ N_2 \end{pmatrix} . \tag{4.15}$$

Berechnungen zur Überprüfung der Integrabilitätsbedingungen:

$$\frac{\partial f}{\partial N_1}(N_1, N_2) = \varepsilon_1 - \gamma_1 N_2 \,, \qquad \frac{\partial g}{\partial N_2}(N_1, N_2) = -\varepsilon_2 + \gamma_2 N_1 \,.$$

Die Integrabilitätsbedingungen sind also im Allgemeinen nicht erfüllt, also ist dieses System nicht Hamiltonsch. Mit den in diesem Kapitel vorgestellten Techniken kann man jedoch ein erstes Integral gewinnen: Wie in (4.8) und (4.9) beschrieben, bringt man das System (4.14) zunächst in die Form

$$(\varepsilon_1 - \gamma_1 N_2)N_1 \frac{dN_2}{dN_1} - (-\varepsilon_2 + \gamma_2 N_1)N_2 = 0 \,,$$

wonach man dann durch Multiplikation mit dem integrierenden Faktor

$$m(N_1, N_2) = \frac{1}{N_1 N_2}$$

zur exakten Differentialgleichung

$$\left(\frac{\varepsilon_1}{N_2} - \gamma_1 \right) \frac{dN_2}{dN_1} - \left(-\frac{\varepsilon_2}{N_1} + \gamma_2 \right) = 0$$

gelangt. Gemäß Bemerkung 4.2 braucht man nur noch die beiden Koeffizientenfunktionen zu integrieren, um eine Stammfunktion dieser Differentialgleichung zu erhalten:

$$F(N_1, N_2) = \int^{N_2} \left(\frac{\varepsilon_1}{\phi_2} - \gamma_1 \right) d\phi_2 - \int^{N_1} \left(-\frac{\varepsilon_2}{\phi_1} + \gamma_2 \right) d\phi_1$$

$$= \varepsilon_1 \ln N_2 - \gamma_1 N_2 + \varepsilon_2 \ln N_1 - \gamma_2 N_1 \,; \tag{4.16}$$

---

[4]Alfred James Lotka, * 2.3.1880 Lemberg, † 5.12.1949 New York. Nach Studium in England und Übersiedelung in die USA (1902) arbeitete er bei verschiedenen Arbeitgebern und wurde 1942 Präsident der *American Statistical Association*. Er veröffentlichte 1925 ein Buch über mathematische Methoden in der Biologie mit dem Titel »*Elements of Physical Biology*«.

diese Stammfunktion ist damit im offenen ersten Quadranten definiert. Um zu zeigen, dass F tatsächlich ein erstes Integral des Raubtier-Beute-Systems (4.14) ist, verifizieren wir die Bedingung (4.13):

$$\frac{\partial F}{\partial N_1}(N_1, N_2) \cdot (\varepsilon_1 - \gamma_1 N_2)N_1 + \frac{\partial F}{\partial N_2}(N_1, N_2) \cdot (-\varepsilon_2 + \gamma_2 N_1)N_2 =$$

$$= \left(\frac{\varepsilon_2}{N_1} - \gamma_2\right)(\varepsilon_1 - \gamma_1 N_2)N_1 + \left(\frac{\varepsilon_1}{N_2} - \gamma_1\right)(-\varepsilon_2 + \gamma_2 N_1)N_2 = 0.$$

4.6 Volterra's drei Gesetze

In seinem Buch [9] beweist Volterra unter Zuhilfenahme der Funktion F aus (4.16) drei Eigenschaften der Lösungen das Systems (4.14) und formuliert die Ergebnisse als Gesetze zur Raubtier-Beute-Interaktion.

Wir zitieren zunächst jedes dieser Gesetze und formulieren und beweisen anschließend, im wesentlichen mit Volterra's Argumenten, die entsprechende Aussage über Lösungen des Systems (4.14).

LOI DU CYCLE PÉRIODIQUE. — Les fluctuation des deux espèce sont périodique.

Lemma 4.4 (Periodizität)
Jede maximale Lösung ν des Volterraschen Raubtier-Beute-Systems mit Phasenraum $Q = (0, \infty) \times (0, \infty)$ ist auf ganz $\mathbb{R}$ definiert und periodisch, d.h., es gibt eine reelle Zahl $T > 0$ derart, dass für alle $t \in \mathbb{R}$ die Gleichung $\nu(t + T) = \nu(t)$.

Beweis

Das Hilfsmittel zur Beschreibung des System (4.14) ist das erste Integral F aus Formel (4.16): Auf dem Bild einer Lösung von (4.14) ist F konstant, also liegt jede Lösungskurve auf einer Niveaulinie von F, d. h., ist

$$\nu = (\nu_1, \nu_2) : I_\nu \to Q \tag{4.17}$$

eine Lösung von (4.14), so gibt es ein $c \in \mathbb{R}$ mit

$$\nu(t) \in F_c := \{(N_1, N_2) \in Q : F(N_1, N_2) = c\} \quad \text{für alle } t \in I_\nu. \tag{4.18}$$

Wir zeigen als erstes, dass es positive reelle Schranken $S_1(c), S_2(c)$ derart gibt, dass für jeden Punkt $(N_1, N_2) \in F_c$ die Ungleichungen

$$N_1 \geqslant S_1(c) \quad \text{und} \quad N_2 \geqslant S_2(c) \tag{4.19}$$

gelten. Hierzu ist es praktisch, die Zwei-Parameter-Schar von Hilfsfunktionen

$$h_{\lambda,\mu} : (0, \infty) \to \mathbb{R}, \quad h_{\lambda,\mu}(x) = \lambda \ln x - \mu x, \tag{4.20}$$

zu verwenden. Differenzieren zeigt, dass $h_{\lambda,\mu}$ an der Stelle

$$x_{\lambda,\mu} := \frac{\lambda}{\mu}$$

ein striktes globales Maximum besitzt, dass $h_{\lambda,\mu}$ auf $(0, x_{\lambda,\mu}]$ streng monoton wächst und auf $[x_{\lambda,\mu}, \infty)$ streng monoton fällt, und also jeden Wert $< h_{\lambda,\mu}(x_{\lambda,\mu})$ genau zweimal annimmt. Insbesondere ist für jede reelle Schranke $S \leqslant h_{\lambda,\mu}(x_{\lambda,\mu})$ die Menge

$$I(S) := \{x \in (0, \infty) : h_{\lambda,\mu}(x) \geqslant S\} = h_{\lambda,\mu}^{-1}\Big([S, \infty)\Big)$$

ein nicht-leeres kompaktes Intervall $\subset (0, \infty)$.

Das erste Integral F ist einfach eine Kombination derartiger Hilfsfunktionen:

$$F(N_1, N_2) = h_{\varepsilon_1,\gamma_1}(N_2) + h_{\varepsilon_2,\gamma_2}(N_1). \tag{4.21}$$

Für $F(N_1, N_2) = c$ gilt also wegen der Beschränktheit der Hilfsfunktion die Ungleichung

$$c = h_{\varepsilon_1,\gamma_1}(N_2) + h_{\varepsilon_2,\gamma_2}(N_1) \leqslant h_{\varepsilon_1,\gamma_1}(x_{\varepsilon_1,\gamma_1}) + h_{\varepsilon_2,\gamma_2}(N_1),$$

also insbesondere

$$h_{\varepsilon_2,\gamma_2}(N_1) \geqslant c - h_{\varepsilon_1,\gamma_1}(x_{\varepsilon_1,\gamma_1}),$$

und deshalb auch $N_1 \in I\left(c - h_{\varepsilon_1,\gamma_1}(x_{\varepsilon_1,\gamma_1})\right)$. Analog gilt $N_2 \in I\left(c - h_{\varepsilon_2,\gamma_2}(x_{\varepsilon_2,\gamma_2})\right)$. Daraus folgt (4.19) mit den Schranken

$$S_1(c) = \min I\left(c - h_{\varepsilon_2,\gamma_2}(x_{\varepsilon_2,\gamma_2})\right) > 0 \quad \text{und}$$

$$S_2(c) = \min I\left(c - h_{\varepsilon_1,\gamma_1}(x_{\varepsilon_1,\gamma_1})\right) > 0.$$

Wir haben noch etwas mehr Information, nämlich

$$F_c \subset I\left(c - h_{\varepsilon_2,\gamma_2}(x_{\varepsilon_2,\gamma_2})\right) \times I\left(c - h_{\varepsilon_1,\gamma_1}(x_{\varepsilon_1,\gamma_1})\right).$$

Damit ist jede Niveaumenge F_c kompakt, und wir können mit Folgerung 3.4 schließen, dass jede maximale Lösung von (4.14) zu Anfangswerten in Q auf ganz $\mathbb{R}$ definiert ist.

Der einzige kritische Punkt des Systems (4.14) hat, wie man leicht verifiziert, die Koordinaten

$$K_1 := \frac{\varepsilon_2}{\gamma_2} \quad \text{und} \quad K_2 := \frac{\varepsilon_1}{\gamma_1}.$$

Wir nehmen jetzt an, dass $\nu : \mathbb{R} \to Q$ eine maximale Lösung ist, dann gilt für jedes $t \in \mathbb{R}$:

$$\left.\begin{aligned} \dot{\nu}_1(t) &= (\varepsilon_1 - \gamma_1\nu_2(t))\nu_1(t) = (K_2 - \nu_2(t))\gamma_1\nu_1(t) \\ \dot{\nu}_2(t) &= (-\varepsilon_2 + \gamma_2\nu_1(t))\nu_2(t) = (\nu_1(t) - K_1)\gamma_2\nu_2(t) \end{aligned}\right\} \tag{4.22}$$

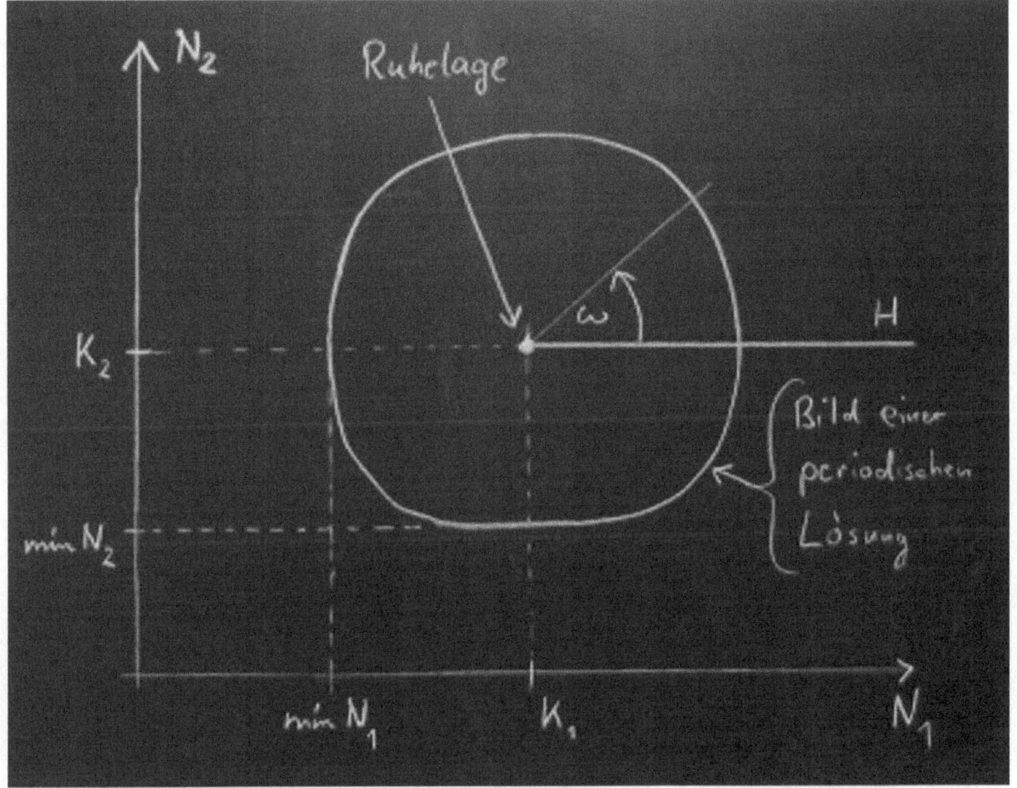

Bild 4.2: Zur Winkelgeschwindigkeit der Lösungskurven.

Ist $\nu(t_0) = (K_1, K_2)$ für ein $t_0 \in \mathbb{R}$, so ist ν konstant, und daher hat man die Gleichung $\nu(t) = \nu(t + T)$ für beliebige $t, T \in \mathbb{R}$.

Sei also jetzt $\nu(t) \neq (K_1, K_2)$ für ein $t \in \mathbb{R}$ (und daher für alle $t \in \mathbb{R}$). Dann gibt es für jedes $t \in \mathbb{R}$ einen (orientierten) Winkel $\omega(t)$ zwischen der zum Gleichgewichtspunkt hin verschobenen horizontalen Halbachse

$$H := \{(K_1 + s, K_2) : s \geqslant 0\} \tag{4.23}$$

und der Halbgeraden

$$\left\{\left(K_1 + s(\nu_1(t) - K_1), K_2 + s(\nu_2(t) - K_2)\right) : s \geqslant 0\right\}.$$

Aus Gleichung (4.21) und der Analyse der Hilfsfunktionen folgt außerdem, dass F_c die Halbgerade H in genau einem Punkt schneidet.

Wir zeigen, dass die Winkelgeschwindigkeit $\dot{\omega}(t)$ eine positive untere Schranke besitzt.[5] Im Bereich $-\frac{\pi}{2} < \omega(t) < \frac{\pi}{2}$ ist $\tan \omega(t) = (\nu_2(t) - K_2)/(\nu_1(t) - K_1)$,

---

[5]Die Winkelgeschwindigkeit errechnet sich ähnlich wie Volterra's *vitesse aréolaire* [9].

also

$$\frac{d}{dt}\omega(t) = \frac{d}{dt}\arctan\left(\frac{\nu_2(t) - K_2}{\nu_1(t) - K_1}\right) =$$

$$= \frac{1}{1 + \left(\frac{\nu_2(t) - K_2}{\nu_1(t) - K_1}\right)^2} \cdot \frac{(\nu_1(t) - K_1)\dot\nu_2(t) - (\nu_2(t) - K_2)\dot\nu_1(t)}{(\nu_1(t) - K_1)^2} \, ;$$

unter Benutzung von (4.22) können wir weiterrechnen:

$$= \frac{(\nu_1(t) - K_1)^2 \gamma_2\nu_2(t) + (\nu_2(t) - K_2)^2 \gamma_1\nu_1(t)}{(\nu_1(t) - K_1)^2 + (\nu_2(t) - K_2)^2}$$

$$\geqslant \min\{\gamma_1\nu_1(t), \gamma_2\nu_2(t) : t \in I_\nu\} \, ;$$

an dieser Stelle kommt $\nu(t) \in F_c$ (4.18) ins Spiel:

$$\geqslant \min\{\gamma_1 N_1, \gamma_2 N_2 : (N_1, N_2) \in F_c\} \, ,$$

und das ist wegen (4.19):

$$\geqslant \min\{\gamma_1 S_1(c), \gamma_2 S_2(c)\} \, .$$

Also ist die Winkelgeschwindigkeit $\dot\omega(t)$ im Bereich $-\frac{\pi}{2} < \omega(t) < \frac{\pi}{2}$ durch

$$\rho := \min\{\gamma_1 S_1(c), \gamma_2 S_2(c)\}$$

nach unten beschränkt. Eine ähnliche Rechnung gilt für die Bereiche

$$0 < \omega(t) < \pi : \quad \omega(t) = \arctan\left(\frac{K_1 - \nu_1(t)}{\nu_2(t) - K_2}\right) + \frac{\pi}{2} \, ,$$

$$\frac{\pi}{2} < \omega(t) < \frac{3\pi}{2} : \quad \omega(t) = \arctan\left(\frac{K_2 - \nu_2(t)}{K_1 - \nu_1(t)}\right) + \pi \, ,$$

$$\pi < \omega(t) < 2\pi : \quad \omega(t) = \arctan\left(\frac{\nu_1(t) - K_1}{K_2 - \nu_2(t)}\right) + \frac{3\pi}{2} \, .$$

In jedem Fall ist $\dot\omega(t)$ durch die positive reelle Zahl ρ nach unten beschränkt, also wird im zeitlichen Verlauf der Lösung ν jeder Winkel $\omega(t)$ zu einer Zeit $t' < t + 2\pi\rho$ wieder getroffen. Insbesondere gibt es auch Zeiten $t_1 < t_2$ mit $\omega(t_1) = \omega(t_2) = 0$; zu diesen Zeiten trifft die Lösung ν die Halbgerade H aus (4.23). Aber das Bild von ν liegt in F_c, und F_c schneidet die Halbgerade H nur in einem Punkt. Also ist $\nu(t_1) = \nu(t_2)$. Setzt man $T := t_1 - t_2$, so ist wegen der Eindeutigkeit der Lösungen eines Anfangswertproblems mit der autonomen Differentialgleichung (4.14)

$$\nu(t) = \nu(t + T) \quad \text{für alle } t \in \mathbb{R},$$

und der Periodizitätsbeweis ist erbracht. $\diamondsuit$

LOI DE LA CONSERVATION DES MOYENNES. — Les moyennes pendant une période des nombres des individus des deux espèce sont indépendement des conditions initiales.

Folgerung 4.5 (Erhaltung der Mittelwerte)
Die Mittelwerte über eine Periode T einer nicht-konstanten maximalen Lösung ν des Volterraschen Raubtier-Beute-Systems sind, unabhängig von den Anfangsbedingungen,

$$\overline{N_1} = \frac{1}{T} \int_0^T \nu_1(t)\, dt = K_1 \quad \text{und} \quad \overline{N_2} = \frac{1}{T} \int_0^T \nu_2(t)\, dt = K_2 \,.$$

Beweis

Sei $\nu = (\nu_1, \nu_2) : \mathbb{R} \to Q$ eine nicht-konstante maximale Lösung von (4.14); man beachte, dass sowohl $\nu_1(t) > 0$ als auch $\nu_2(t) > 0$ für alle $t \in \mathbb{R}$ gilt.

Wir bestimmen aus den Systemgleichungen (4.14) zunächst eine Gleichung für die *logarithmische Ableitung* der ersten Komponente:

$$\frac{d}{dt} \ln \nu_1(t) = \frac{\dot{\nu}_1(t)}{\nu_1(t)} = \varepsilon_1 - \gamma_1 \nu_2(t) \,.$$

Integriert man die beiden Seiten dieser Gleichung über eine Periode T, so erhält man für die linke Seite

$$\int_0^T \frac{d}{dt} \ln \nu_1(t)\, dt = \ln \nu_1(T) - \ln \nu_1(0) = 0$$

wegen $\nu_1(T) = \nu_1(0)$, und für die rechte Seite

$$\int_0^T (\varepsilon_1 - \gamma_1 \nu_2(t))\, dt = \varepsilon_1 T - \gamma_1 \int_0^T \nu_2(t)\, dt \,.$$

Dies ergibt für den Mittelwert von $\nu_2(t)$ über dem Intervall $[0, T]$:

$$\frac{1}{T} \int_0^T \nu_2(t)\, dt = \frac{\varepsilon_1}{\gamma_1} = K_2 \,.$$

Genauso beweist man auch die Gleichung

$$\frac{1}{T} \int_0^T \nu_1(t)\, dt = K_1 \,. \diamond$$

LOI DE LA PERTURBATION DES MOYENNES. — Si l'on détruit les deux espèces uniformément et proportionnellement aux nombres de leurs individus (assez peu pur que les fluctuations subsistent), la moyenne du nombre des individus de l'espèce dévorée croît et celle de l'espèce dévorante diminue.

Lemma 4.6 (Störung der Mittelwerte)
Wird das Raubtier-System auf die folgende Weise mit einem reellen Parameter $\alpha \in (0, \varepsilon_1)$ gestört,

$$\begin{pmatrix} N_1 \\ N_2 \end{pmatrix}^{\bullet} = \begin{pmatrix} \varepsilon_1 & -\gamma_1 N_1 \\ \gamma_2 N_2 & -\varepsilon_2 \end{pmatrix} \begin{pmatrix} N_1 \\ N_2 \end{pmatrix} - \alpha \begin{pmatrix} N_1 \\ N_2 \end{pmatrix} \tag{4.24}$$

so vergrößert sich der Mittelwert von N_1, während sich der Mittelwert von N_2 verkleinert.

Beweis

Sei $\nu : \mathbb{R} \to Q$ eine maximale Lösung des ungestörten Systems (4.14), und sei $\tilde{\nu} : \mathbb{R} \to Q$ eine maximale Lösung des gestörten Systems (4.24). Das gestörte System entsteht hierbei aus dem ungestörten dadurch, dass man anstelle des Parameters ε_1 den verminderten Parameter $\varepsilon_1 - \alpha > 0$ einsetzt, und anstelle des Parameters ε_2 den vergrößerten Wert $\varepsilon_2 + \alpha$. Daher lässt sich Lemma 4.5 sowohl im gestörten als auch im ungestörten Fall anwenden.

Für die Mittelwerte der Anzahl der Beutetiere N_1 entlang der Lösungen ν und $\tilde{\nu}$ gilt also

$$\frac{1}{T} \int_0^T \nu_1(t)\, dt = K_1 = \frac{\varepsilon_2}{\gamma_2} \quad \text{und} \quad \frac{1}{T} \int_0^T \tilde{\nu}_1(t)\, dt = \widetilde{K_1} = \frac{\varepsilon_2 + \alpha}{\gamma_2} > K_1 \,.$$

Auf der Seite der Raubtiere hat man die Gleichungen

$$\frac{1}{T} \int_0^T \nu_2(t)\, dt = K_2 = \frac{\varepsilon_1}{\gamma_1} \quad \text{und} \quad \frac{1}{T} \int_0^T \tilde{\nu}_2(t)\, dt = \widetilde{K_2} = \frac{\varepsilon_1 - \alpha}{\gamma_1} < K_2 \,. \Diamond$$

Die durch dieses Lemma beschriebene Verschiebung der Mittelwerte bezeichnet man in der Biologie als *Volterra-Effekt*: Eine Maßnahme, die sowohl die Beutetiere als auch die Raubtiere gleichermaßen und proportional zu den Populationszahlen schädigt, führt zur Verschiebung des Gleichgewichts zugunsten der Beutetiere.

Dieser Effekt ist nicht nur — wie in Volterra's Buch anhand von Fischereidaten belegt — in der Mittelmeerfischerei beobachtbar, sondern etwa auch bei der Insektenbekämpfung durch ein Gift, das die »Schadinsekten« und deren Freßfeinde gleichermaßen schädigt: Beim Einsatz des Giftes verschiebt sich das Gleichgewicht zugunsten der Beutetiere, also der »Schadinsekten«. Unter manchen Bedingungen kann also nach dem Einsatz von Insektengift anstelle des gewünschte Effekts dessen Gegenteil eintreten.

4.7 Die direkte Methode von Ljapunow

Nach der Definition ist ein erstes Integral eines autonomen Systems im Wesentlichen eine stetig differenzierbare Funktion, die auf den Lösungskurven des Systems konstant ist. Kennt man ein erstes Integral F, so kann man daraus schon einiges über das Langzeitverhalten der Lösungen des Systems ablesen: jede Lösungskurve muss jedenfalls in einer Niveaulinie (oder im höherdimensionalen Fall in einer Niveau-Hyperfläche) des ersten Integrals enthalten sein.

Diese Idee läßt sich noch ein bißchen variieren: Kennt man eine Funktion V auf dem Phasenraum M, die auf den Lösungskurven monoton fällt, so weiß man über eine Lösungskurve, die sich zu einem Zeitpunkt t_0 in einem Punkt x_0 befindet, dass sie für alle Zeiten $t \geqslant t_0$ innerhalb der Menge

$$\{x \in M : V(x) \leqslant V(x_0)\}$$

bleibt. Mit dieser Methode kann man gewisse Aussagen über das Langzeitverhalten von Lösungen *direkt* aus dem Vektorfeld und einer geeigneten Funktion V ablesen, ohne dass man die zu untersuchende Differentialgleichung lösen muss.

Eine mathematische Präzisierung dieser Überlegungen bildet die Grundlage der *direkten Methode von Ljapunow*[6] zur Untersuchung von Stabilitätseigenschaften von Lösungen gewöhnlicher Differentialgleichungen.

Wir beginnen damit, den wichtigsten Term in Formel 4.13 in der Definition des Begriffs *erstes Integral* auf beliebig-dimensionale Phasenräume zu verallgemeinern und ihm einen Namen zu geben.

> **Definition 4.5**
> Gegeben seien eine offene Menge $M \subset \mathbb{R}^N$, ein Vektorfeld $f = (f_1, \ldots, f_N) : M \to \mathbb{R}^N$ und eine differenzierbare Funktion $V : M \to \mathbb{R}$. Die *orbitale Ableitung* von V (in Richtung f) ist durch folgende Formel definiert:
>
> $$\dot{V}(x) := \sum_{j=1}^{N} \frac{\partial V}{\partial x_j}(x) \cdot f_j(x).$$

Mit dieser Begriffsbildung ist im Fall $M \subset \mathbb{R}^2$ eine Funktion $V : M \to \mathbb{R}$ genau dann ein erstes Integral eines ebenen autonomen Systems, wenn die orbitale Ableitung von V verschwindet.

---

[6] Alexander Michailowitsch Ljapunow (englische Umschrift des Namens: Lyapunov), * 6.6.1857 Jaroslawl, † 3.11.1918 Odessa, promovierte 1880 bei Tschebyschew in St. Petersburg. 1885 Dozent und 1892 Professor an der Universität Charkow, ab 1902 Akademie der Wissenschaften. Hauptarbeitsgebiet: Stabilitätstheorie gewöhnlicher Differentialgleichungen.

Definition 4.6
Gegeben seien eine offene Menge $M \subset \mathbb{R}^N$, ein Vektorfeld $f : M \to \mathbb{R}^N$ und eine differenzierbare Funktion $V : M \to \mathbb{R}$.

a) V heißt *erstes Integral* für f, wenn die orbitale Ableitung $\dot{V}$ auf ganz M verschwindet.

b) V heißt *Ljapunow-Funktion* für f, wenn für alle $x \in M$ die Ungleichung $\dot{V}(x) \leqslant 0$ gilt.

Der Zusammenhang zwischen diesen Begriffen und den Lösungen einer Differentialgleichung $\dot{x} = f(x)$ ist der Folgende: ein *erstes Integral* ist entlang einer Lösungskurve konstant, während eine *Ljapunow-Funktion* entlang einer Lösungskurve monoton abnimmt. Natürlich ist jedes erste Integral eines Vektorfelds auch eine Ljapunow-Funktion dieses Vektorfelds.

Beispiel 4.3

Das eindimensionale mathematische Pendel mit Reibungsterm wird durch die Gleichung

$$\ddot{x} = -\sin x - k\,\dot{x}$$

mit einer reellen Reibungskonstanten $k > 0$ beschrieben (vgl. Beispiel 1.1). Wie in Beispiel 4.1 transformiert man diese Gleichung 2. Ordnung zunächst auf ein System 1. Ordnung:

$$\dot{x} = v, \quad \dot{v} = -\sin x - kv. \tag{4.25}$$

Die Hamilton-Funktion des Systems ohne Reibung (4.5)

$$H(x,v) = \frac{v^2}{2} - \cos x$$

hat die orbitale Ableitung

$$\dot{H}(x,v) = \sin x \cdot v + v(-\sin x - ky) = -kv^2 \leqslant 0\,, \tag{4.26}$$

ist also eine Ljapunow-Funktion für das autonome System (4.25).

Wir kommen nun zu einer allgemeinen Definition der Stabilität einer konstanten Lösung einer autonomen Differentialgleichung. Intuitiv ist eine konstante Lösung stabil, wenn jede andere Lösungskurve, die dieser Konstanten *genügend nahe* kommt, für alle Zukunft in einer *kleinen Umgebung* der Konstanten bleibt. Diese Ausdrucksweise ist ziemlich ungenau; um eine mathematisch präzise Ausdrucksweise zu erhalten, muss man die Abhängigkeit zwischen der *kleinen Umgebung* und dem *genügend nahe* Kommen sorgfältig sprachlich herausarbeiten.

Definition 4.7
Gegeben seien eine offene Menge $M \subset \mathbb{R}^N$, ein lokal Lipschitz-stetiges Vektorfeld $f : M \to \mathbb{R}^N$ und ein kritischer Punkt x_0 von f. Die konstante Lösung ϕ_{x_0} heißt *stabil*, wenn es zu jeder Umgebung $U_0 \subset M$ von x_0 eine offene Menge $U_1 \subset M$ mit folgender Eigenschaft gibt:

(S) Für alle $x_1 \in U_1$ gilt für die Lösung $\phi_{x_1} : I(x_1) \to \mathbb{R}^N$ des Anfangswertproblems $\dot{x} = f(x)$, $x(0) = x_1$, die Relation $\phi_{x_1}(t) \in U_0$ für alle $t \in I(x_1)$ mit $t \geqslant 0$.

Der nun folgende Satz ist eine Verbindung zwischen den Begriffen *Ljapunow-Funktion* und *stabil*: Wenn ein Vektorfeld eine Ljapunov-Funktion zuläßt, die an einem kritischen ein striktes lokales Minimum besitzt, so hat man schon eine stabile Gleichgewichtslage.

Satz 4.7
Seien $M \subset \mathbb{R}^N$ eine offene Menge, $f : M \to \mathbb{R}^N$ ein Lipschitz-stetiges Vektorfeld und $V : M \to \mathbb{R}$ eine Ljapunow-Funktion für f. Ist $x_0 \in M$ ein kritischer Punkt von f, und besitzt V in x_0 ein striktes lokales Minimum, dann ist die konstante Lösung x_0 der Differentialgleichung $\dot{x} = f(x)$ stabil.

Beweis

Sei $U_0 \subset M$ eine Umgebung von x_0. Um die andere in Definition 4.7 geforderte Umgebung U_1 zu finden, verkleinern wir schrittweise die gegebene Umgebung U_0.

Weil V an der Stelle x_0 ein striktes lokales Minimum besitzt, gibt es eine Umgebung $W_1 \subset M$ von x_0 mit der Eigenschaft

$$V(x) > V(x_0) =: \alpha \quad \text{für alle } x \in W_1 \setminus \{x_0\}.$$

Sei nun $\varrho > 0$ so klein, dass

$$W_2 := \overline{B(x_0, \varrho)} \subset U_0 \cap W_1$$

gilt. Da die Ljapunow-Funktion V stetig ist, nimmt sie auf der kompakten Menge ∂W_2 ihr Minimum an, also ist

$$\beta := \min_{x \in \partial W_2} V(x) > \alpha. \tag{4.27}$$

Wir setzen jetzt

$$U_1 := \{x \in W_2 : V(x) < \beta\} \tag{4.28}$$

$$= W_2 \cap V^{-1}\big([\alpha, \beta)\big) = B(x_0, \varrho) \cap V^{-1}\big([\alpha, \beta)\big) \subset U_0.$$

Wegen der Stetigkeit von V ist U_1 eine offene Menge, die x_0 enthält, also eine Umgebung von x_0.

Zu zeigen ist jetzt noch, dass jede Lösung $\phi : I \to M$ der Differentialgleichung $\dot{x} = f(x)$ mit $\phi(0) \in U_1$ für alle Zukunft in U_0 verbleibt, also $\phi(t) \in U_0$ für alle $t \in I$ mit $t \geqslant 0$ erfüllt.

Sei also $\phi = (\phi_1, \ldots, \phi_N) : I_{\max} \to M \subset \mathbb{R}^N$ eine maximale Lösung von $\dot{x} = f(x) = (f_1(x), \ldots, f_N(x))$ mit $\phi(0) \in U_1$. Wir benutzen jetzt die Ljapunow-Funktion V und berechnen unter Benutzung der Kettenregel die zeitliche Ableitung von $V \circ \phi$:

$$\frac{d}{dt}V(\phi(t)) = \sum_{j=1}^{N} \frac{\partial V}{\partial x_j}(\phi(t)) \cdot \frac{d\phi_j}{dt}(t)$$

$$= \sum_{j=1}^{N} \frac{\partial V}{\partial x_j}(\phi(t)) \cdot f_j(\phi(t)) \leqslant 0 \, ;$$

bei der letzten Ungleichung haben wir benutzt, dass V eine Ljapunow-Funktion für f ist. Durch Integration erhält man aus dieser Abschätzung die Ungleichung

$$V(\phi(t)) \leqslant V(\phi(0)) < \beta \quad \text{für alle } t \in I_{\max} \text{ mit } t \geqslant 0. \tag{4.29}$$

Daraus folgt sofort, dass die Lösungskurve von ϕ für Zeiten $t \geqslant 0$ jedenfalls in der Menge

$$A := V^{-1}\Big((-\infty, \beta)\Big)$$

aufhält. Im allgemeinen kann die Menge A wesentlich größer sein als die Umgebung U_1; sie kann aber wegen (4.27) nicht den Rand der kleinen Kugel W_2 schneiden. Die folgende Argumentation zeigt, dass die Lösungskurve in W_2 enthalten sein muss: Weil die Abstandsfunktion zum Punkt x_0 stetig ist (siehe A.6), ist auch die Komposition

$$t \mapsto |\phi(t) - x_0|$$

stetig. Gäbe es einen Zeitpunkt $t \in I_{\max}$, $t \geqslant 0$, mit $|\phi(t) - x_0| \geqslant \varrho$, so gäbe es also wegen $|\phi(0) - x_0| < \varrho$ und dem Zwischenwertsatz einen Zeitpunkt $t_0 \in (0, t]$ mit $|\phi(t_0) - x_0| = \varrho$, also $\phi(t_0) \in \partial W_2$. Dann gälte aber wegen (4.27) auch

$$V(\phi(t_0)) \geqslant \beta \, ,$$

was im Widerspruch zu (4.29) stünde. Also muss für alle $t \in I_{\max}$ mit $t \geqslant 0$ die Relation $|\phi(t) - x_0| < \varrho$ gelten. Daraus folgt, dass die konstante Lösung x_0 stabil ist. $\qquad\qquad\qquad\qquad\qquad\qquad\qquad\qquad\qquad\qquad\qquad\qquad\diamond$

Beispiel 4.4

Nach Beispiel 4.3 ist die Funktion

$$H : \mathbb{R}^2 \to \mathbb{R}, \quad H(x,y) = \frac{y^2}{2} - \cos x,$$

eine Ljapunow-Funktion für das mathematische Pendel (und zwar sowohl mit als auch ohne Reibungsterm). Das zugehörige Vektorfeld (4.25) hat die kritischen Punkte

$$\{(n\pi, 0) : n \in \mathbb{Z}\} . \tag{4.30}$$

An den Stellen $(2n\pi, 0)$, wo die x-Koordinate ein geradzahliges Vielfaches von π ist, hat H ein striktes lokales Minimum; an den Stellen $((2n+1)\pi, 0)$ hat H jeweils einen Sattelpunkt. Nach Satz 4.7 sind die Stellen

$$\{(2n\pi, 0) : n \in \mathbb{Z}\} \tag{4.31}$$

also stabile Ruhelagen des mathematischen Pendels. Gemäß der in Beispiel 1.1 beschriebenen Modellbildung sind das die Zustände, wo das Pendel senkrecht nach unten hängt — bei den Zuständen $(n\pi, 0)$ mit ungeradem n würde das Pendel dagegen senkrecht nach oben zeigen. Die Stabilität der Ruhelagen mit geradem n im mathematischen Modell entspricht genau der Stabilität der unteren Ruhelagen in der physikalischen Anschauung.

4.8 Asymptotische Stabilität mit der direkten Methode

In vielen Fällen kann man weiterreichende Aussagen über die Stabilität einer Ruhelage beweisen. Uns interessiert zunächst der Fall einer stabilen Ruhelage, bei der sich jede Lösungskurve, die in einer gewissen Umgebung dieser Ruhelage startet, in ihrem weiteren Verlauf *asymptotisch* dieser Ruhelage annähert. Es folgt eine präzise Definition der *asymptotischen Stabilität*.

Definition 4.8
Gegeben seien eine offene Menge $M \subset \mathbb{R}^N$, ein lokal Lipschitz-stetiges Vektorfeld $f : M \to \mathbb{R}^N$ und ein kritischer Punkt x_0 von f. Man nennt die konstante Lösung ϕ_{x_0}

a) *attraktiv*, wenn es eine Umgebung $U \subset M$ von x_0 derart gibt, dass für jeden Punkt $x_1 \in U$ die maximale Lösung $\phi_{x_1} : I_{\max}(x_1) \to M$ des Anfangswertproblems $\dot{x} = f(x)$, $x(0) = x_1$, folgende Eigenschaften hat:

$$\sup I_{\max}(x_1) = \infty, \qquad \lim_{t \to \infty} \phi_{x_1}(t) = x_0 .$$

b) *asymptotisch stabil*, wenn sie stabil und attraktiv ist.

Die direkte Methode von Ljapunow enthält auch ein schönes Kriterium für asymptotische Stabilität, wie das folgende Resultat zeigt.

Satz 4.8

Seien $M \subset \mathbb{R}^N$ eine offene Menge, $f : M \to \mathbb{R}^N$ ein lokal Lipschitz-stetiges Vektorfeld und $V : M \to \mathbb{R}$ eine stetig differenzierbare Ljapunow-Funktion für f. Unter den weiteren Voraussetzungen

i) $x_0 \in M$ ist ein kritischer Punkt von f,

ii) V besitzt in x_0 ein striktes lokales Minimum,

iii) es gibt eine Umgebung $U \subset M$ von x_0 derart, dass $\dot{V}(x) < 0$ für alle $x \in U \setminus \{x_0\}$ gilt,

ist die konstante Lösung x_0 der Differentialgleichung $\dot{x} = f(x)$ asymptotisch stabil.

Beweis

Wegen der Voraussetzungen i) und ii) ist die konstante Lösung x_0 nach Satz 4.7 stabil. Zu zeigen ist also noch, dass die konstante Lösung x_0 auch attraktiv ist.

Wir setzen $\alpha := V(x_0)$ und wählen zunächst eine Umgebung $U_0 \subset U$ von x_0 so klein, dass

a) $\overline{U_0} \subset U$,

b) $\overline{U_0}$ kompakt,

c) $V(x) > \alpha$ für alle $x \in \overline{U_0} \setminus \{x_0\}$.

Weil die konstante Lösung x_0 stabil ist, gibt es nach Definition 4.7 eine Umgebung $U_1 \subset U_0$ von x_0 derart, dass jede zum Zeitpunkt $t_0 = 0$ in U_1 startende Lösung zu allen Zeiten $t \geqslant 0$ in U_0 verbleibt. Sei nun $\phi : I(\phi) \to M$ eine Lösung mit $0 \in I(\phi)$ und $\phi(0) \in U_1$. Dann ist die Menge

$$C := \phi\Big([0, I_+\big(0, \phi(0)\big)\Big)$$

in U_0 enthalten, also auch in der kompakten Menge $\overline{U_0}$. Nach Folgerung 3.8 gilt damit

$$I_+\big(0, \phi(0)\big) = +\infty \,,$$

also ist $\phi(t)$ für alle $t \geqslant 0$ definiert.

Weil V eine Ljapunow-Funktion für f ist, ist die Funktion $t \mapsto V(\phi(t))$ monoton fallend. Weil V auf U_0 durch α nach unten beschränkt ist, existiert der Grenzwert

$$\lim_{t \to \infty} V\big(\phi(t)\big) = \inf_{t \geqslant 0} V\big(\phi(t)\big) =: \beta \,.$$

Angenommen

$$\beta > \alpha \,. \tag{4.32}$$

Daraus würde dann folgen

$$C \subset U_0 \setminus V^{-1}\big([\alpha, \beta)\big).$$

Weil $V^{-1}\big([\alpha, \beta)\big)$ eine Umgebung von x_0 ist, müßte wegen Voraussetzung iii) auch gelten

$$\dot{V}(x) < 0 \quad \text{für alle } x \in \overline{C}.$$

Wegen der Kompaktheit von $\overline{C}$ würde dies die Existenz einer reellen Zahl μ mit

$$\dot{V}\big(\phi(t)\big) \leqslant \mu < 0 \quad \text{für alle } t \geqslant 0$$

nach sich ziehen. Wegen der Gleichung

$$V\big(\phi(t)\big) = V\big(\phi(0)\big) + \int_0^t \dot{V}\big(\phi(\tau)\big)\, d\tau$$

könnte dann aber die Menge

$$\big\{V\big(\phi(t)\big) : t \geqslant 0\big\}$$

nicht nach unten beschränkt sein, im Widerspruch zu (4.32).

Also ist die Annahme (4.32) falsch, und es gilt

$$\lim_{t \to \infty} V\big(\phi(t)\big) = \alpha. \tag{4.33}$$

Zu zeigen ist jetzt noch: zu jeder Umgebung B von x_0 gibt es eine reelle Konstante K_B mit der Eigenschaft

$$\phi(t) \in B \quad \text{für alle } t \geqslant K_B.$$

Das kann man mit folgender Konstruktion beweisen: wähle

$$\varepsilon := \min_{x \in \overline{U_0} \setminus B} V(x) - \alpha > 0,$$

also $V(x) \geqslant \alpha + \varepsilon$ für alle $x \in U_0 \setminus B$. Es gibt nun wegen (4.33) eine Konstante K_ε mit $V\big(\phi(t)\big) < \alpha + \varepsilon$ für $t \geqslant K_\varepsilon$. Wegen $\phi(t) \in U_0$ für alle $t \geqslant 0$ folgt jetzt $\phi(t) \in B$ für $t \geqslant K_B := K_\varepsilon$.

Daraus folgt $\lim\limits_{t \to \infty} \phi(t) = x_0$, was zu beweisen war. $\qquad\qquad \diamond$

Es ist naheliegend, zu versuchen, diesen Satz 4.8 am mathematischen Pendel mit Reibung, Beispiel 4.3, anzuwenden. Allerdings erfüllt die dort angegebene Ljapunow-Funktion

$$H(x, v) = \frac{v^2}{2} - \cos x$$

nicht die Voraussetzung iii) unseres Satzes: Nach (4.26) ist nämlich die orbitale Ableitung $\dot{H}(x, v) = -kv^2$, und damit ist $\dot{H}(x, 0) = 0$ für beliebige $x \in \mathbb{R}$. Also scheitert der

Versuch, mit Satz 4.8 ohne weiteren Aufwand die asymptotische Stabilität der unteren Ruhelagen des mathematischen Pendels mit Reibung nachzuweisen.

Überraschenderweise greift das Kriterium von Satz 4.8 aber bei einer Variante des Raubtier-Beute-Modells: Erweitert man das Gleichungssystem (4.14) in Beispiel 4.2 um Terme zur Beschreibung intraspezifischer Konkurrenz, so läßt sich aus dem in Beispiel 4.2 konstruierten ersten Integral eine Ljapunow-Funktion gewinnen, die den Voraussetzungen von Satz 4.8 genügt.

Beispiel 4.5

Das Raubtier-Beute-Modell mit intraspezifischer Konkurrenz ist eine Erweiterung des einfachen Volterra-Lotka Systems (4.14)

$$\dot{N}_1 = (\varepsilon_1 - \gamma_1 N_2)N_1$$
$$\dot{N}_2 = (-\varepsilon_2 + \gamma_2 N_1)N_2$$

mit positiven Koeffizienten $\varepsilon_1, \gamma_1, \varepsilon_2, \gamma_2 \in \mathbb{R}$, von dem wir in Beispiel 4.2, Formel (4.16), das erste Integral bestimmt haben:

$$F(N_1, N_2) = \varepsilon_1 \ln N_2 - \gamma_1 N_2 + \varepsilon_2 \ln N_1 - \gamma_2 N_1$$
$$= \gamma_2(K_1 \ln N_1 - N_1) + \gamma_1(K_2 \ln N_2 - N_2),$$

wobei die vom Nullpunkt verschiedene Ruhelage von (4.14) mit

$$(K_1, K_2) = \left(\frac{\varepsilon_2}{\gamma_2}, \frac{\varepsilon_1}{\gamma_1} \right)$$

bezeichnet ist. An der Stelle (K_1, K_2) besitzt F ein striktes globales Maximum, wie man durch Differenzieren von F,

$$\frac{\partial F}{\partial N_1} = \gamma_2 \left(\frac{K_1}{N_1} - 1 \right), \qquad \frac{\partial F}{\partial N_2} = \gamma_1 \left(\frac{K_2}{N_2} - 1 \right),$$
$$\frac{\partial^2 F}{\partial N_1^2} = -\frac{\gamma_2 K_1}{N_1^2}, \qquad \frac{\partial^2 F}{\partial N_2^2} = -\frac{\gamma_1 K_2}{N_2^2}, \qquad \frac{\partial^2 F}{\partial N_1 \partial N_2} = 0,$$

und Bestimmung von Gradient und Hessescher Matrix an der Stelle (K_1, K_2),

$$\operatorname{grad} F(K_1, K_2) = 0, \qquad \operatorname{Hess} F(K_1, K_2) = \begin{pmatrix} -\frac{\gamma_1}{K_1} & 0 \\ 0 & -\frac{\gamma_2}{K_2} \end{pmatrix},$$

leicht verifiziert: der Gradient verschwindet, und die Hessesche Matrix ist negativ definit.

Die Funktion $-F$, die ebenfalls ein erstes Integral von (4.14) ist, hat also an dieser Stelle ein striktes globales Minimum, also ist die Ruhelage (K_1, K_2) von (4.14) stabil.

Fügt man in (4.14) intraspezifische Konkurrenzterme $\alpha_1 N_1^2$ und $\alpha_2 N_2^2$ mit weiteren Konstanten $\alpha_1, \alpha_2 \in (0, \infty)$ hinzu, so erhält man das System

$$\dot{N}_1 = \varepsilon_1 N_1 - \gamma_1 N_2 N_1 - \alpha_1 N_1^2 \, ,$$
$$\dot{N}_2 = -\varepsilon_2 N_2 + \gamma_2 N_1 N_2 - \alpha_2 N_2^2 \, . \qquad (4.34)$$

Analog zu den Konstanten γ_1, γ_2 beschreiben die nicht-negativen Konstanten α_1, α_2 hier den populationsdynamischen *Wert* einer Begegnung zwischen zwei Raubtieren bzw. zwischen zwei Beutetieren, die mit einer gewissen Wahrscheinlichkeit um Resourcen verschiedener Art (Geschlechtspartner, Nahrung) konkurrieren, daher der Ausdruck *intraspezifische Konkurrenz.*

Um eine vom Nullpunkt verschiedene Gleichgewichtslage (E_1, E_2) des erweiterten System (4.34) zu finden, setzen wir die rechten Seiten gleich Null, dividieren die erste Gleichung durch N_1 und die zweite durch N_2, ersetzen N_1 durch E_1 und N_2 durch E_2, lösen die erste nach ε_1 und die zweite nach $-\varepsilon_2$ auf, und erhalten das lineare Gleichungssystem

$$\begin{pmatrix} \varepsilon_1 \\ -\varepsilon_2 \end{pmatrix} = \begin{pmatrix} \alpha_1 & \gamma_1 \\ -\gamma_2 & \alpha_2 \end{pmatrix} \begin{pmatrix} E_1 \\ E_2 \end{pmatrix} .$$

Dieses Gleichungssystem ist jedenfalls eindeutig lösbar, denn die Determinante $\alpha_1 \alpha_2 + \gamma_1 \gamma_2$ der Koeffizientenmatrix ist strikt positiv. Der Gleichgewichtspunkt ist

$$\begin{pmatrix} E_1 \\ E_2 \end{pmatrix} = \frac{1}{\alpha_1 \alpha_2 + \gamma_1 \gamma_2} \begin{pmatrix} \alpha_2 & -\gamma_1 \\ \gamma_2 & \alpha_1 \end{pmatrix} \begin{pmatrix} \varepsilon_1 \\ -\varepsilon_2 \end{pmatrix}$$
$$= \frac{1}{\alpha_1 \alpha_2 + \gamma_1 \gamma_2} \begin{pmatrix} \alpha_2 \varepsilon_1 + \gamma_1 \varepsilon_2 \\ \gamma_2 \varepsilon_1 - \alpha_1 \varepsilon_2 \end{pmatrix} .$$

Dieser Gleichgewichtspunkt liegt im ersten Quadranten, wenn die Bedingung

$$\alpha_1 < \frac{\gamma_2 \varepsilon_1}{\varepsilon_2} \qquad (4.35)$$

erfüllt ist, was wir im folgenden voraussetzen. — Es ist nicht ohne weiteres klar, welchen Sinn diese Bedingung biologisch macht. Jedenfalls ist (4.35) dann erfüllt, wenn der Konkurrenzfaktor α_1 der Beutetiere untereinander *klein* gegenüber den anderen Koeffizienten ist, wenn also die Beutetiere bei der Konkurrenz um Resourcen nicht allzu aggressiv miteinander umgehen.

Um einen Kandidaten für eine Ljapunow-Funktion zu finden, orientieren wir uns an dem ersten Integral des »ungestörten« Systems (4.14). Wenn wir Satz 4.8 anwenden wollen, benötigen wir eine Funktion, die am Gleichgewichtspunkt (E_1, E_2) ein striktes lokales Minimum besitzt. Also ist das Negative unseres ersten Integrals $F(N_1, N_2)$ aus Formel (4.16), mit E_1 anstelle von K_1 und E_2 anstelle von K_2, ein Kandidat:

$$V(N_1, N_2) = \gamma_2 (N_1 - E_1 \ln N_1) + \gamma_1 (N_2 - E_2 \ln N_2) . \qquad (4.36)$$

Genau wie oben zeigt man leicht durch Berechnung von Gradient und Hessescher Matrix, dass V im Gleichgewichtspunkt (E_1, E_2) ein striktes globales Minimum besitzt, womit die Bedingungen i) und ii) von Satz 4.8 erfüllt sind. Die orbitale Ableitung ist

$$
\begin{aligned}
\dot{V}(N_1, N_2) &= \\
&= \frac{\partial V}{\partial N_1}(N_1, N_2) \cdot N_1(\varepsilon_1 - \gamma_1 N_2 - \alpha_1 N_1) \\
&\quad + \frac{\partial V}{\partial N_2}(N_1, N_2) \cdot N_2(-\varepsilon_2 + \gamma_2 N_1 - \alpha_2 N_2) \\
&= \gamma_2 \left(1 - \frac{E_1}{N_1}\right) \cdot N_1(\varepsilon_1 - \gamma_1 N_2 - \alpha_1 N_1 - (\varepsilon_1 - \gamma_1 E_2 - \alpha_1 E_1)) \\
&\quad + \gamma_1 \left(1 - \frac{E_2}{N_2}\right) \cdot N_2(-\varepsilon_2 + \gamma_2 N_1 - \alpha_2 N_2 - (-\varepsilon_2 + \gamma_2 E_1 - \alpha_2 E_2)) \\
&= \gamma_2(N_1 - E_1)(-\gamma_1(N_2 - E_2) - \alpha_1(N_1 - E_1)) \\
&\quad + \gamma_1(N_2 - E_2)(\gamma_2(N_1 - E_1) - \alpha_2(N_2 - E_2)) \\
&= -\alpha_1\gamma_2(N_1 - E_1)^2 - \alpha_2\gamma_1(N_2 - E_2)^2 \,.
\end{aligned}
$$

Im Fall $\alpha_1\gamma_2 \neq 0 \neq \alpha_2\gamma_1$ ist $\dot{V}(N_1, N_2) < 0$ für alle

$$
(N_1, N_2) \in \big((0, \infty) \times (0, \infty)\big) \setminus \{(E_1, E_2)\} \,,
$$

womit auch Bedingung iii) von Satz 4.8 erfüllt ist. Also ist, unter der Bedingung (4.35), die Gleichgewichtslage (E_1, E_2) des Systems (4.34) asymptotisch stabil.

4.9 Übungsaufgaben

Aufgabe 4.1

Bestimmen Sie diejenigen maximalen Lösungen des ebenen autonomen Systems

$$
\dot{x} = \alpha x - y - x\left(x^2 + y^2\right), \quad \dot{y} = x + \alpha y - y\left(x^2 + y^2\right),
$$

die zum Zeitpunkt $t_0 = 0$ definiert sind, und diskutieren Sie das Phasenportrait in Abhängigkeit vom Parameter $\alpha \in \mathbb{R}$.

Hinweis: Man tranformiere das System in Polarkoordinaten.

Aufgabe 4.2

Bestimmen Sie die diejenigen maximalen Lösungen des ebenen autonomen Systems

$$
\dot{x} = -y + x^3 + xy^2, \quad \dot{y} = x + y^3 + x^2 y,
$$

die zum Zeitpunkt $t_0 = 0$ definiert sind, und klären Sie die Frage, ob endliche Entweichzeiten auftreten.

Hinweis: Auch hier hilft eine Transformation in Polarkoordinate.

Aufgabe 4.3

Skizzieren Sie das Phasenportrait in $\mathbb{R}$ der autonomen Differentialgleichung $\dot{x} = \sin x$ und zeigen Sie, dass jede maximale Lösung auf ganz $\mathbb{R}$ existiert.

Aufgabe 4.4

Sei $\rho < 0$ ein reeller Parameter. Zeigen Sie, dass die Pfaffsche Form $\rho y\, dx + (\rho\, x + y) dy$ exakt ist, bestimmen Sie eine Stammfunktion und skizzieren Sie deren Niveaulinien.

Aufgabe 4.5

Gegeben sei die Differentialgleichung $\ddot{x} = -x + x^3$.

a) Bestimmen Sie eine Hamilton-Funktion dieser Differentialgleichung.

b) Bestimmen Sie die kritischen Punkte und skizzieren Sie ein Phasenportrait mit Richtungspfeilen.

c) Für welche Anfangsbedingungen $x(0) = x_0$, $\dot{x}(0) = y_0$ bleibt die maximale Lösung beschränkt?

Aufgabe 4.6

Ist die Bewegung eines Teilchens in einem Kraftfeld wie beim mathematischen Pendel auf eine Dimension eingeschränkt, so wird sie durch eine eindimensionale Differentialgleichung der Form

$$\ddot{x} = g(x) \qquad (*)$$

bestimmt, wobei die Funktion $g : \mathbb{R} \to \mathbb{R}$ das Kraftfeld beschreibt. Wir setzen voraus, dass g stetig differenzierbar ist. Beweisen Sie:

a) $(*)$ ist Hamiltonsch; geben Sie auch eine Formel zur Bestimmung einer Hamilton-Funktion H.

b) Jede Ruhelage von $(*)$, an der H ein striktes lokales Extremum besitzt, ist stabil.

Die Bewegung mit Reibung ist durch die erweiterte Differentialgleichung

$$\ddot{x} = g(x) - k\dot{x} \qquad (**)$$

bestimmt, wobei k eine positive, reelle Reibungskonstante bezeichnet. Beweisen Sie:

c) Eine der Funktionen $\pm H$ ist eine Ljapunow-Funktion der erweiterten Differentialgleichung $(**)$.

c) Eine Nullstelle x_0 von g mit $g'(x_0) < 0$ ist eine stabile Ruhelage von $(**)$.

5 Lineare Differentialgleichungen

Die Klasse der linearen Differentialgleichungen spielt insofern eine wichtige Rolle, als es für diese Klasse eine Lösungstheorie gibt (wenn auch diese nicht ganz vollständig ist, vgl. Bemerkung 6.2). Dieses Kapitel soll einen Einblick in diese Lösungstheorie vermitteln.

Es ist ohne weiteres möglich und vielfach auch sinnvoll, lineare Differentialgleichungen im Komplexen zu betrachten. Wir behandeln reelle und komplexe Koeffizienten gleichzeitig, indem wir die Theorie für einen Körper $\mathbb{K}$ formulieren, wobei $\mathbb{K} \in \{\mathbb{R}, \mathbb{C}\}$ beliebig gewählt werden kann.

5.1 Das Superpositionsprinzip

Das Wort *linear* wird in der Mathematik in unterschiedlichen Kontexten verwendet. Bei den Differentialgleichungen ist hier ein bestimmter Sprachgebrauch üblich, der von einer physikalischen Vorstellung, der *Superposition* (von Wirkungen, Kraftfeldern, etc.), motiviert ist und dessen mathematische Konsequenzen sich am besten in der Sprache der *linearen Algebra* ausdrücken lassen.

Definition 5.1
Seien $n, N \in \mathbb{N}$ und ein Intervall $I \subset \mathbb{R}$ gegeben. Eine N-dimensionale Differentialgleichung n-ter Ordnung nennt man *linear*, wenn sie sich in der Form

$$x^{(n)} = \sum_{j=0}^{n-1} A_j(t)\, x^{(j)} + b(t) \tag{5.1}$$

mit matrixwertigen Funktionen $A_j : I \to \mathbb{K}^{N \times N}$ und einer vektorwertigen Funktion $b : I \to \mathbb{K}^N$ darstellen läßt. Ist $b(t) \equiv 0$, so nennt man die lineare Differentialgleichung *homogen*, andernfalls *inhomogen*. Die A_j heißen *Koeffizienten-Matrizen*, b nennt man *Inhomogenität*, und die Differentialgleichung

$$x^{(n)} = \sum_{j=0}^{n-1} A_j(t)\, x^{(j)} \tag{5.2}$$

bezeichnet man als *homogenen Teil* der Differentialgleichung (5.1).

Die nun folgenden Sachverhalte erklären, warum man solche Differentialgleichungen als *linear* bezeichnet.

Satz 5.1 (Superpositionsprinzip)

Gegeben seien ein Intervall $I \subset \mathbb{R}$, außerdem n Koeffizientenmatrizen $A_0, \ldots, A_{n-1} : I \to \mathbb{K}^{N \times N}$ und zwei Inhomogenitäten $b_1, b_2 : I \to \mathbb{K}^N$. Ist $\phi_1 : J \to \mathbb{K}^N$ eine auf einem Existenzintervall $J \subset I$ definierte Lösung der linearen Differentialgleichung

$$x^{(n)} = \sum_{j=0}^{n-1} A_j(t)\, x^{(j)} + b_1(t),$$

ist $\phi_2 : J \to \mathbb{K}^N$ eine Lösung von

$$x^{(n)} = \sum_{j=0}^{n-1} A_j(t)\, x^{(j)} + b_2(t)$$

und sind $c_1, c_2 \in \mathbb{K}$ Konstanten, so ist die Linearkombination

$$c_1 \phi_1 + c_2 \phi_2 : J \to \mathbb{K}^N$$

eine Lösung der linearen Differentialgleichung

$$x^{(n)} = \sum_{j=0}^{n-1} A_j(t)\, x^{(j)} + c_1 b_1(t) + c_2 b_2(t).$$

Beweis

Einfach nachrechnen:

$$c_1 \phi_1^{(n)}(t) + c_2 \phi_2^{(n)}(t) =$$

$$= c_1 \left(\sum_{j=0}^{n-1} A_j(t)\, \phi_1^{(j)}(t) + b_1(t) \right) + c_2 \left(\sum_{j=0}^{n-1} A_j(t)\, \phi_2^{(j)} + b_2(t) \right)$$

$$= \sum_{j=0}^{n-1} A_j(t) \left(c_1 \phi_1^{(j)}(t) + c_2 \phi_2^{(j)} 2(t) \right) + c_1 b_1(t) + c_2 b_2(t) \,.\diamondsuit$$

Beispiel 5.1

Das Federpendel auf einem stampfenden Dampfer (vgl. Beispiel 1.5), bei dem die Stampfbewegung durch eine Linearkombination trigonometrischer Funktionen modelliert ist.

Aus dem Superpositionsprinzip, Satz 5.1, kann man schon einige strukturelle Aussagen über die Menge der Lösungen einer linearen Differentialgleichung ableiten.

Folgerung 5.2

a) Die Menge aller auf einem gemeinsamen Existenzintervall $J \subset I$ definierten Lösungen einer homogenen linearen Differentialgleichung (5.2) ist ein $\mathbb{K}$-Vektorraum, der mit $\mathcal{L}_{\mathrm{hom}}(J)$ bezeichnet wird.

b) Ist $\phi_{\mathrm{part}} : J \to \mathbb{K}^N$ eine Lösung der inhomogenen linearen Differentialgleichung (5.1), so ist die Menge aller Lösungen von (5.1) der affine Raum

$$\phi_{\mathrm{part}} + \mathcal{L}_{\mathrm{hom}}(J) = \{\phi_{\mathrm{part}} + \phi : \phi \in \mathcal{L}_{\mathrm{hom}}(J)\}\,.$$

Mit anderen Worten: Die Menge der Lösungen einer (beliebigen inhomogenen) linearen Differentialgleichungen ist vollständig bekannt, wenn man *alle* Lösungen ihres homogenen Teils und *eine* Lösung ϕ_{part} der gesamten Differentialgleichung kennt. Die Lösung ϕ_{part} nennt man auch *spezielle* oder *partikuläre* Lösung der inhomogenen linearen Differentialgleichung.

5.2 Lineare Differentialgleichungen 1. Ordnung

Im Rest dieses Kapitels betrachten wir nur noch lineare Differentialgleichungen 1. Ordnung, also solche der Form

$$\dot{x} = A(t)\,x + b(t)\,. \tag{5.3}$$

Da sich mit dem in Kapitel 1 beschriebenen Verfahren jede lineare Differentialgleichung n-ter Ordnung auf eine entsprechend höherdimensionale lineare Differentialgleichung 1. Ordnung zurückführen läßt, ist dies keine Einschränkung der Allgemeinheit der Theorie.

Lemma 5.3

Sei $I \subset \mathbb{R}$ ein Intervall. Sind die Koeffizientenmatrix $A : I \to \mathbb{K}^{N \times N}$ und die Inhomogenität $b : I \to \mathbb{K}^N$ der linearen Differentialgleichung (5.3) auf I stetig, so existieren alle maximalen Lösungen auf I, und jede maximale Lösung $\phi : I \to \mathbb{K}^N$ ist durch einen beliebigen Anfangspunkt $(t, \phi(t)) \in I \times \mathbb{K}^N$ eindeutig bestimmt.

Beweis

Für eine lineare Abbildung $C : \mathbb{K}^N \to \mathbb{K}^N$ bezeichnen wir mit

$$\|C\| := \sup\left\{|Cx| : x \in \mathbb{K}^N, |x| = 1\right\}$$

ihre *Operatornorm*. Mit dieser Bezeichnung gilt für alle $t \in I$ die Ungleichung

$$|A(t)x + b(t)| \leqslant \|A(t)\| \cdot |x| + |b(t)|\,. \tag{5.4}$$

In Aufgabe 5.2 wird gezeigt, dass für eine komponentenweise stetige, matrixwertige Funktion $t \mapsto A(t)$ auch die Komposition $t \mapsto \|A(t)\|$ stetig ist.

Damit folgt dann, dass die rechte Seite von (5.3) linear beschränkt ist, und wir können Satz 3.6 anwenden.

Im Fall $\mathbb{K} = \mathbb{R}$ existiert damit zu jedem Anfangswert $(t_0, x_0) \in I \times \mathbb{R}^N$ eine auf ganz I definierte Lösung; das gilt auch für $\mathbb{K} = \mathbb{C}$, obwohl Satz 3.6 nur im Reellen formuliert ist, denn jede N-dimensionale komplexe Differentialgleichung läßt sich als $2N$-dimensionale reelle Differentialgleichung schreiben — man verliert dabei nur die komplexe Struktur, die für Fragen nach Existenzintervallen von Lösungen nicht benötigt wird.[1]

Ebenso können wir auch die Eindeutigkeit der Lösungen nach Fixierung eines Anfangspunkts $(t_0, x_0) \in I \times \mathbb{K}^N$ aus dem Bisherigen folgern (siehe Aufgabe 5.1). $\diamond$

Zur näheren Untersuchung der Struktur der Menge der maximalen Lösungen konzentrieren wir uns zunächst auf den homogenen Fall. Hier wissen wir jetzt, dass für eine stetige Koeffizienten-Matrix $A : I \to \mathbb{K}^{N \times N}$ und beliebige Anfangswerte $t_0 \in I$ und $x_0 \in \mathbb{K}^N$ das lineare Anfangswertproblem

$$\dot{x} = A(t)x, \qquad x(t_0) = x_0, \tag{5.5}$$

eine eindeutig bestimmte Lösung

$$\phi_{(t_0, x_0)} : I \to \mathbb{K}^N$$

besitzt. Bezeichnet man mit $\mathcal{L}_{\mathrm{hom}}$ den $\mathbb{K}$-Vektorraum aller auf I definierten Lösungen von $\dot{x} = A(t)x$, so erhält man für jedes feste $t \in I$ eine Auswertungs-Abbildung

$$\mathrm{e}_t : \mathcal{L}_{\mathrm{hom}} \to \mathbb{K}^N, \quad \mathrm{e}_t(\phi) = \phi(t). \tag{5.6}$$

Wegen der eindeutigen Lösbarkeit homogener Anfangwertprobleme ist e_t für jedes $t \in I$ ein Isomorphismus von $\mathbb{K}$-Vektorräumen.

Wir interessieren uns als nächstes für die Frage, wie sich mehrere Lösungen einer homogenen linearen Differentialgleichung simultan verhalten. Es ist recht naheliegend, mehrere Lösungen als Spaltenvektoren einer Matrix $W(t)$ zu betrachten, und dann Aussagen über das Verhalten solcher matrixwertigen Lösungen zu untersuchen.

Definition 5.2
Seien $I \subset \mathbb{R}$ ein Intervall und $\mu_1, \ldots, \mu_N : I \to \mathbb{K}^N$ Lösungen einer N-dimensionalen homogenen linearen Differentialgleichung. Dann ist die

---

[1]Wir werden im nächsten Kapitel sehen, dass uns die Verwendung von komplexen Matrizen bei der Untersuchung der Form von Lösungen sehr helfen wird.

Wronski-Matrix[2] dieser Lösungen die matrixwertige Funktion

$$W : I \to \mathbb{K}^{N \times N}, \qquad W(t) = \big(\mu_1(t) \mid \ldots \mid \mu_N(t)\big),$$

wobei die Lösungen als Spaltenvektoren nebeneinander in eine Matrix geschrieben werden. Die Funktion

$$\omega : I \to \mathbb{K}, \qquad \omega(t) := \det W(t),$$

nennt man die zugehörige *Wronski-Determinante.*

Man kann die N Gleichungen $\dot\mu_j(t) = A(t)\mu_j(t)$, $j = 1,\ldots,N$, zu einer Matrizen-Gleichung zusammenfassen, und erhält so für eine Wronski-Matrix $W(t)$ die folgende Gleichung:

$$\dot W(t) = \frac{d}{dt} W(t) = A(t) \cdot W(t). \tag{5.7}$$

Damit ist eine Wronski-Matrix eine Lösung der Differentialgleichung

$$\dot X = A(t)\, X$$

für $N \times N$-Matrizen, die sich wiederum als homogene lineare Differentialgleichung mit dem erweiterten Phasenraum $W = I \times \mathbb{K}^{N^2}$ auffassen läßt.

Besonders interessant ist der Fall, bei dem die zu einer Wronski-Matrix zusammengefassten Lösungen linear unabhängig sind. Hierfür haben sich eigene Bezeichnungen eingebürgert:

Definition 5.3
Eine Menge von N linear unabhängigen Lösungen $\phi_1,\ldots,\phi_N : I \to \mathbb{K}^N$ einer N-dimensionalen homogenen linearen Differentialgleichung heißt *Fundamentalsystem.* Die Wronski-Matrix

$$\Phi : I \to \mathbb{K}^{N \times N}, \qquad \Phi(t) = \big(\phi_1(t) \mid \ldots \mid \phi_N(t)\big)$$

eines Fundamentalsystems nennt man *Fundamentalmatrix.* Ist $\Phi_0 : I \to \mathbb{K}^{N \times N}$ eine Fundamentalmatrix mit $\Phi_0(t_0) = E_N$, wobei E_N die Einheitsmatrix bezeichnet, so nennt man $\Phi_0(t)$ die *Hauptfundamentalmatrix* zum Zeitpunkt $t_0 \in I$.

Wegen der Eindeutigkeit der Lösungen ist die Hauptfundamentalmatrix einer N-dimensionalen linearen Differentialgleichung $\dot x = A(t)x$ eindeutig bestimmt, wenn der Zeitpunkt

---

[2]Nach dem polnischen Grafen Josef Maria Hoëné-Wronski, * 23. August 1778 Wolsztyn, † 8. August 1853 Neuilly. Geboren unter dem Namen Hoëné, nannte er sich nach seiner Heirat Wronski.Seine Arbeiten enthalten neben falschen Resultaten auch einige tiefe mathematische Ideen.

t_0 festgelegt ist. Hat man eine Hauptfundamentalmatrix Φ_0 zum Zeitpunkt t_0, so kann man damit sofort die Lösung $\phi_{(t_0,x_0)}$ des Anfangswertproblems

$$\dot{x} = A(t)x, \quad x(t_0) = x_0,$$

hinschreiben: es ist

$$\phi_{(t_0,x_0)}(t) \doteq \Phi_0(t)x_0 \quad \text{für } t \in I.$$

Wir wenden uns nun der Wronski-Determinante zu. Diesbezüglich stellt sich heraus, dass sie einer ein-dimensionalen homogenen Differentialgleichung genügt, wobei die Koeffizientenfunktion durch die Spur (d.h., die Summe der Diagonalelemente) der Koeffizienten-Matrix $A(t)$ gegeben ist.

Satz 5.4

Die Wronski-Determinante ω einer Menge von N Lösungen einer N-dimensionalen homogenen linearen Differentialgleichung $\dot{x} = A(t)x$ erfüllt die eindimensionale lineare Differentialgleichung

$$\dot{\omega} = \operatorname{Spur} A(t) \cdot \omega.$$

Beweis

Seien $\mu_1(t), \ldots, \mu_N(t)$ Lösungen von $\dot{x} = A(t)x$. Dann gilt:

$$\dot{\omega}(t) = \frac{d}{dt} \det \big(\mu_1(t), \ldots, \mu_N(t)\big)$$

$$= \sum_{j=1}^{N} \det \big(\mu_1(t), \ldots, \mu_{j-1}(t), \dot{\mu}_j(t), \mu_{j+1}(t), \ldots, \mu_N(t)\big)$$

$$= \sum_{j=1}^{N} \det \big(\mu_1(t), \ldots, \mu_{j-1}(t), A(t)\mu_j(t), \mu_{j+1}(t), \ldots, \mu_N(t)\big). \qquad (5.8)$$

Wir fixieren nun einen Zeitpunkt $t_0 \in I$ und bezeichnen mit $W(t)$ die Wronski-Matrix mit den Spalten $\mu_1, \ldots, \mu_N$ und mit $\Phi_0(t)$ die Hauptfundamentalmatrix zum Zeitpunkt t_0. Wegen der Eindeutigkeit der Lösungen folgt dann

$$W(t) = \Phi_0(t)W(t_0) \quad \text{für alle } t \in I,$$

und mit Hilfe des Determinanten-Multiplikationssatzes erhalten wir

$$\dot{\omega}(t_0) = \frac{d}{dt} \det \big(\Phi_0(t)W(t_0)\big)\Big|_{t=t_0} = \frac{d}{dt} \big(\det \Phi_0(t) \cdot \det W(t_0)\big)\Big|_{t=t_0}$$

$$= \frac{d}{dt} \det \Phi_0(t)\Big|_{t=t_0} \cdot \omega(t_0). \qquad (5.9)$$

Setzt man in Gleichung (5.8) für $\mu_1, \ldots, \mu_N$ diejenigen Lösungen $\phi_1, \ldots, \phi_N$ ein, für die $\phi_j(t_0)$ gleich dem j-ten Einheitsvektor ist, so ist einerseits deren Wronski-Matrix gleich der Hauptfundamental-Matrix Φ_0, und andererseits steht auf der rechten Seite von (5.8) die Summe der Diagonalelemente von $A(t)$, also Spur $A(t)$. Damit folgt aus (5.8) und (5.9) die Gleichung

$$\dot{\omega}(t_0) = \text{Spur } A(t_0) \cdot \omega(t_0).$$

Da $t_0 \in I$ beliebig gewählt werden kann, folgt daraus die Behauptung. $\Diamond$

Eine Folgerung aus Satz 5.4 ist die folgende Formel für die Wronski-Determinante:

$$\omega(t) = \omega(t_0) \cdot \exp\left(\int_{t_0}^{t} \text{Spur } A(s)\, ds\right);$$

diese Gleichung ist für beliebige $t, t_0 \in I$ gültig. Sie zeigt insbesondere, dass eine Wronski-Determinante entweder überall oder nirgends verschwindet.

5.3 Variation der Konstanten

Zum Abschluß dieses Kapitels sei noch eine Formel zur Berechnung der Lösung eines N-dimensionalen inhomogenen linearen Anfangswertproblems erwähnt. Wie im Fall $N = 1$ (siehe Aufgabe 1.8), und aus dem gleichen Grund wie dort, nennt man diese die Variation-der-Konstanten-Formel.

Satz 5.5 (Variation der Konstanten)
Gegeben seien ein Intervall $I \subset \mathbb{R}$, eine stetige Koeffizientenmatrix $A : I \to \mathbb{K}^{N \times N}$ und eine Fundamentalmatrix $\Phi : I \to \mathbb{K}^{N \times N}$ der homogenen linearen Differentialgleichung $\dot{x} = A(t)x$. Ist $b : I \to \mathbb{K}^N$ eine stetige Inhomogenität, und bildet $t_0 \in I$ und $x_0 \in \mathbb{K}^N$ ein beliebiges Paar von Anfangswerten, dann ist

$$\phi_{(t_0, x_0)} : I \to \mathbb{K}^N,$$

$$\phi_{(t_0, x_0)}(t) = \Phi(t)\left(\Phi(t_0)^{-1} x_0 + \int_{t_0}^{t} \Phi(s)^{-1} b(s)\, ds\right) \tag{5.10}$$

die eindeutig bestimmte Lösung des inhomogenen Anfangswertproblems

$$\dot{x} = A(t)\, x + b(t), \quad x(t_0) = x_0.$$

Beweis

Bezeichne zunächst

$$\mu(t) := \Phi(t)\left(\Phi(t_0)^{-1} x_0 + \int_{t_0}^{t} \Phi(s)^{-1} b(s)\, ds\right) \quad \text{für } t \in I;$$

dieser Ausdruck ist wohldefiniert, weil die Matrix $\Phi(s)$ für alle $s \in I$ invertierbar ist, und weil die Inverse $\Phi(s)^{-1}$ stetig von s abhängt und daher integrierbar ist. Beachtet man, dass für matrixwertige Funktionen die Produktregel ebenso wie für reell- oder komplex-wertige Funktionen gültig ist, so berechnet man

$$\dot{\mu}(t) = \frac{d}{dt}\left(\Phi(t)\left(\Phi(t_0)^{-1}x_0 + \int_{t_0}^{t}\Phi(s)^{-1}b(s)\,ds\right)\right)$$

$$= \dot{\Phi}(t)\left(\Phi(t_0)^{-1}x_0 + \int_{t_0}^{t}\Phi(s)^{-1}b(s)\,ds\right) + \Phi(t)\cdot\Phi(t)^{-1}b(t)$$

$$= A(t)\mu(t) + b(t).\Diamond$$

5.4 Übungsaufgaben

Aufgabe 5.1

Seien $I \subset \mathbb{R}$ ein Intervall und $A : I \to \mathbb{K}^{N\times N}$ sowie $b : I \to \mathbb{K}^N$ stetige Funktionen. Zeigen Sie, dass das Richtungsfeld

$$f : I \times \mathbb{K}^N \to \mathbb{K}^N, \quad f(t,x) = A(t)\,x + b(t)$$

eine lokale Lipschitz-Bedingung erfüllt.

Aufgabe 5.2 (Zur Operatornorm)

Sei $\mathbb{K} = \mathbb{R}$ oder $\mathbb{K} = \mathbb{C}$. Die *Operatornorm* für lineare Abbildungen $A : \mathbb{K}^N \to \mathbb{K}^N$ ist gegeben durch

$$\|\cdot\| : \mathbb{K}^{N\times N} \to \mathbb{R}, \qquad A \mapsto \|A\| = \sup_{x\in\mathbb{K}^N,|x|=1}|Ax| = \sup_{x\in\mathbb{K}^N,|x|=1}\sqrt{\sum_{k=1}^{N}|(Ax)_k|^2}\,,$$

wobei $(Ax)_1,\ldots,(Ax)_N$ die Komponenten des Vektors $Ax \in \mathbb{K}^N$ bezeichnen.

a) Beweisen Sie, dass die Operatornorm tatsächlich eine Norm des $\mathbb{K}$-Vektorraums $\mathcal{L}(\mathbb{K}^N,\mathbb{K}^N)$ der linearen Abbildungen von $\mathbb{K}^N$ in sich ist, dass also für $\lambda \in \mathbb{K}$ und $A,B \in \mathcal{L}(\mathbb{K}^N,\mathbb{K}^N)$ die folgenden drei Bedingungen erfüllt sind:

$$\begin{aligned}
\|A\| = 0 &\Leftrightarrow A = 0 && \text{Definitheit,}\\
\|\lambda A\| &= |\lambda|\cdot\|A\| && \text{Homogenität,}\\
\|A+B\| &\leqslant \|A\| + \|B\| && \text{Dreiecksungleichung.}
\end{aligned}$$

b) Gegeben seien ein offenes Intervall $I \subset \mathbb{R}$ und eine komponentenweise stetige, matrixwertige Funktion $A : I \to \mathbb{K}^{N\times N}$. Interpretiert man eine $(N \times N)$-Matrix als lineare Abbildung $\mathbb{K}^N \to \mathbb{K}^N$, so ist für jedes $t \in I$ die Operatornorm $\|A(t)\|$ definiert. Zeigen Sie, dass die Abbildung $t \mapsto \|A(t)\|$ stetig ist.

Aufgabe 5.3

Gegeben seien ein offenes Intervall $I \subset \mathbb{R}$ und eine stetige Funktion $f : I \times \mathbb{R}^N \to \mathbb{R}^N$. Zeigen Sie:

Ist mit je zwei Lösungen $\mu_1, \mu_2 : I \to \mathbb{R}^N$ der Differentialgleichung $\dot{x} = f(t, x)$ auch jede reelle Linearkombination $c_1 \mu_1 + c_2 \mu_2$ eine Lösung, so gibt es eine matrixwertige stetige Funktion $A : I \to \mathbb{R}^{N \times N}$ mit

$$f(t, x) = A(t)\, x \quad \text{für alle } t \in I.$$

Hinweis: Zu zeigen ist, dass für jedes feste $t_0 \in I$ die Abbildung $x \mapsto f(t_0, x)$ linear ist. Hierzu benutze man die Lösbarkeit von Anfangswertproblemen mit dem Richtungsfeld f.

Aufgabe 5.4

Gegeben seien eine Fundamentalmatrix $\Phi : I \to \mathbb{R}^{N \times N}$ eines linearen System $\dot{x} = A(t)\, x$, und eine beliebige $N \times N$ Matrix C. Zeigen Sie die Äquivalenz folgender Aussagen:

a) Durch $t \mapsto C\Phi(t)$ ist eine Lösung der Matrizen-Differentialgleichung $\dot{X} = A(t)\, X$ gegeben. (Der erweiterte Phasenraum dieser Differentialgleichung ist $W = I \times \mathbb{R}^{N^2}$.)

b) Für alle $t \in I$ gilt $C\, A(t) = A(t)\, C$.

Aufgabe 5.5

Gegeben sei eine matrixwertige stetige Funktion $A : I \to \mathbb{R}^{N \times N}$ auf einem Intervall $I \subset \mathbb{R}$, und für $t \in I$ bezeichne $A(t)^T$ die Transponierte der Matrix $A(t)$. Zeigen Sie:

Ist $\lambda : I \to \mathbb{R}^N$ eine Lösung von $\dot{x} = A(t)\, x$, und ist $\mu : I \to \mathbb{R}^N$ eine Lösung von $\dot{x} = -A(t)^T\, x$, so ist das Skalarprodukt $\langle \lambda, \mu \rangle$ konstant.

Aufgabe 5.6

Gegeben sei ein inhomogenes lineares System $\dot{x} = A(t)\, x + g(t)$, mit auf einem Intervall $I \subset \mathbb{R}$ stetigen Funktionen $A : I \to \mathbb{R}^{N \times N}$ und $g : I \to \mathbb{R}^N$.

Leiten Sie die Formel für die Lösung $\phi_{(\tau, \xi)}$ zum Anfangswert $x(\tau) = \xi$ in Verallgemeinerung von Aufgabe 6 durch »Variation der Konstanten« her, also mit dem Ansatz $\psi(t) = \Phi(t)\, c(t)$, wobei $\Phi(t)$ eine Fundamentalmatrix des homogenen Teils ist.

6 Autonome lineare Systeme

Ein autonomes lineares Anfangswertproblem hat die Form

$$\dot{x} = Ax + b, \quad x(0) = \xi, \tag{6.1}$$

wobei die Koeffizienten-Matrix A und die Inhomogenität b nicht von t abhängen. Im skalaren (d.h. ein-dimensionalen) Fall können wir die Lösung leicht hinschreiben:

$$\phi_\xi(t) = \left(\xi + A^{-1}b\right) e^{At} - A^{-1}b.$$

Wir zeigen in diesem Kapitel, dass das für höhere Dimensionen im Prinzip genauso geht. Man muss nur die Exponentialfunktion auf $N \times N$-Matrizen anwenden. Wir können uns auf den homogenen Fall $b = 0$ beschränken, da sich bei konstanten Koeffizienten die Variation-der-Konstanten-Formel aus Satz 5.5 ohne Probleme auswerten läßt.

Bei einigen Sätzen behandeln wir wieder reelle und komplexe Koeffizienten gleichzeitig, indem wir die Theorie für einen Körper $\mathbb{K} \in \{\mathbb{R}, \mathbb{C}\}$ formulieren. Wir verwenden die Bezeichnungen

$$0_N := \begin{pmatrix} 0 & \cdots & 0 \\ \vdots & & \vdots \\ 0 & \cdots & 0 \end{pmatrix} \quad \text{und} \quad E_N := \begin{pmatrix} 1 & & 0 \\ & \ddots & \\ 0 & & 1 \end{pmatrix}$$

als Abkürzungen für die N-dimensionale Null- und Einheitsmatrix. Für Potenzen von beliebigen Matrizen $A \in \mathbb{K}^N$ benutzen wir die Konvention

$$A^0 := E_N, \quad \text{und induktiv } A^{n+1} := A\,A^n \text{ für alle } n \in \mathbb{N}_0. \tag{6.2}$$

6.1 Die Exponentialfunktion für Matrizen

Als ersten Schritt untersuchen wir die Exponentialreihe für Matrizen. Einige Resultate sind von der Exponentialfunktion für reelle oder komplexe Zahlen bekannt, andere müssen für Matrizen leicht umgeschrieben werden.

Satz 6.1

Die Exponentialreihe konvergiert für jeden linearen Operator $A : \mathbb{K}^N \to \mathbb{K}^N$ in der Operatornorm. Daher sind die folgenden Bezeichnung sinnvoll:

$$e^A = \exp(A) = \sum_{n=0}^{\infty} \frac{1}{n!} A^n .$$

Beweis

Zu zeigen ist, dass die Reihe von linearen Operatoren

$$\sum_{n=0}^{\infty} \frac{1}{n!} A^n = E_N + A + \frac{A^2}{2} + \frac{A^3}{6} + \dots$$

bzgl. der Operatornorm

$$\|A\| := \sup\left\{ |Ax| : x \in \mathbb{K}^N, |x| = 1 \right\}$$

absolut konvergiert. Wegen der (leicht zu beweisenden) Submultiplikativität der Operatornorm,

$$\|AB\| \leqslant \|A\| \cdot \|B\| \quad \text{für beliebige Operatoren } A, B : \mathbb{K}^N \to \mathbb{K}^N,$$

gilt die Abschätzung

$$\sum_{n=0}^{\infty} \frac{1}{n!}\,\|A^n\| \leqslant \sum_{n=0}^{\infty} \frac{1}{n!}\,\|A\|^n = e^{\|A\|},$$

womit die Konvergenz der Exponentialreihe für Matrizen aus der absoluten Konvergenz der Exponentialreihe für reelle Zahlen folgt. $\Diamond$

Satz 6.2
Für eine beliebige Matrix $A \in \mathbb{K}^{N \times N}$ ist die matrixwertige Abbildung

$$\mathbb{R} \to \mathbb{K}^{N \times N}, \qquad t \mapsto e^{At},$$

differenzierbar, und es gilt

$$\frac{d}{dt} e^{At} = A e^{At}.$$

Beweis

Die Konvergenz der Exponentialreihe in der Operatornorm impliziert absolute Konvergenz für jede der Komponentenfunktionen. Daher darf man Summation und Differentiation zu vertauschen. Man erhält also

$$\frac{d}{dt} \sum_{n=0}^{\infty} \frac{1}{n!} A^n t^n = \sum_{n=1}^{\infty} \frac{1}{n!} A^n \cdot \frac{d}{dt}\left(t^n\right) = A \sum_{n=1}^{\infty} \frac{1}{(n-1)!} A^{n-1} t^{n-1}. \Diamond$$

Folgerung 6.3

Sei $A \in \mathbb{K}^{N \times N}$ beliebig. Dann ist $\Phi(t) = e^{At}$ die Hauptfundamentalmatrix zum Zeitpunkt $t_0 = 0$ der autonomen, homogenen, linearen Differentialgleichung $\dot{x} = Ax$.

Folgerung 6.4

a) Für beliebige $\alpha, \beta \in \mathbb{R}$ gilt $\quad \exp \begin{pmatrix} \alpha & \beta \\ -\beta & \alpha \end{pmatrix} = e^{\alpha} \begin{pmatrix} \cos\beta & \sin\beta \\ -\sin\beta & \cos\beta \end{pmatrix}.$

b) Für positive reelle a, b gilt

$$\exp \begin{pmatrix} 0 & a \\ b & 0 \end{pmatrix} = \begin{pmatrix} \cosh(\omega) & \frac{a}{b}\sinh(\omega) \\ \frac{\omega}{a}\sinh(\omega) & \cosh(\omega) \end{pmatrix} \qquad \text{mit } \omega := \sqrt{ab}.$$

Beweis

Man wende Folgerung 6.3 auf folgende ebene autonome Systeme an:

$$\left. \begin{cases} \dot{x} = \alpha x + \beta y \\ \dot{y} = -\beta x + \alpha y \end{cases} \right\} \quad \text{und} \quad \left. \begin{cases} \dot{x} = ay \\ \dot{y} = bx \end{cases} \right\} . \Diamond$$

Um Genaueres über die Lösungen einer homogenen linearen Differentialgleichung mit konstanten Koeffizienten zu erfahren, ist es erforderlich, die Wirkung der Exponentialfunktion auf Matrizen tiefer zu untersuchen. Der Sachverhalt, dass eine Fundamental-Matrix $\Phi(t)$ durch ihren Wert an der Stelle $t = 0$ eindeutig festgelegt ist, erleichtert diese Untersuchung ganz wesentlich.

Satz 6.5 (Eigenschaften von e^A)

Seien $A, B \in \mathbb{K}^{N \times N}$ gegeben, dann gilt:

a) Falls $AB = BA$, dann $e^A e^B = e^{A+B}$.

b) Ist T eine invertierbare $N \times N$-Matrix, so gilt $e^A = T e^{T^{-1}AT} T^{-1}$.

c) Hat A Blockdiagonalgestalt $A = \mathrm{Diag}(A_1, \ldots, A_n)$, so gilt

$$e^A = \mathrm{Diag}\left(e^{A_1}, \ldots, e^{A_n} \right)$$

Beweis

a) Aus $AB = BA$ folgt durch vollständige Induktion $A^n B = B A^n$ für alle $n \in \mathbb{N}$, also

$$e^A B = \left(\sum_{n=0}^{\infty} \frac{1}{n!} A^n \right) = \sum_{n=0}^{\infty} \frac{1}{n!} (A^n B) = \sum_{n=0}^{\infty} \frac{1}{n!} (B A^n) = B e^A .$$

Aus der Produktregel für Matrizen folgt, dass die Matrix $\Phi(t) := e^{At}e^{Bt}$ ein homogenes lineares Anfangswertproblem erfüllt:

$$\dot{\Phi}(t) = Ae^{At}e^{Bt} + e^{At}Be^{Bt} = (A+B)\Phi(t), \qquad \Phi(0) = E_N.$$

Andererseits erfüllt die matrixwertige Funktion $t \mapsto e^{(A+B)t}$ ebenfalls dieses Anfangswertproblem, und aus der Eindeutigkeit folgt $e^{A+B} = e^A e^B$.

b) Die matrixwertige Funktion $\Psi(t) := Te^{T^{-1}ATt}T^{-1}$ erfüllt

$$\dot{\Psi}(t) = T\frac{d}{dt}\left(e^{T^{-1}ATt}\right)T^{-1} = T\left(T^{-1}AT\,e^{T^{-1}ATt}\right)T^{-1} = A\,\Psi(t),$$

wobei beim zweiten Gleichheitszeichen Satz 6.2 benutzt wurde. Außerdem gilt

$$\Psi(0) = E_N.$$

Mit der gleichen Argumentation wie bei Teil a) folgt daraus

$$e^A = Te^{T^{-1}AT}T^{-1}.$$

c) Die matrixwertige Funktion $\Upsilon(t) := \mathrm{Diag}\left(e^{A_1 t}, \ldots, e^{A_n t}\right)$ erfüllt

$$\dot{\Upsilon}(t) = \frac{d}{dt}\,\mathrm{Diag}\left(e^{A_1 t}, \ldots, e^{A_n t}\right)$$

$$= \mathrm{Diag}\left(A_1 e^{A_1 t}, \ldots, A_n e^{A_n t}\right) \qquad \text{(Satz 6.2)}$$

$$= \mathrm{Diag}(A_1, \ldots, A_n)\,\mathrm{Diag}\left(e^{A_1 t}, \ldots, e^{A_n t}\right)$$

$$= \mathrm{Diag}(A_1, \ldots, A_n)\,\Upsilon(t)$$

Wie zuvor folgt daraus $\exp\left(\mathrm{Diag}(A_1, \ldots, A_n)t\right) = \mathrm{Diag}\left(e^{A_1 t}, \ldots, e^{A_n t}\right)$ für alle $t \in \mathbb{R}$. $\Diamond$

Satz 6.5 macht es uns möglich, die einzelnen Komponenten der Matrix e^{At} zu bestimmen. Wegen Teil b) können wir uns zunächst eine Basis des $\mathbb{K}^N$ heraussuchen, in der die gegebene Matrix A eine besonders angenehme Gestalt hat. Liegt A in der (zunächst komplexen) *Jordanschen Normalform*[1] vor, so hat A bereits eine Blockdiagonalgestalt. Nach Teil c) von Satz 6.5 genügt es daher zur Bestimmung von e^{At}, anstelle von A einzelne

---

[1] nach Marie Ennemond Camille Jordan, * 5. Januar 1838 La Croix-Rousse, Lyon, † 22. Januar 1922 Paris. Er arbeitete bis in 1880er Jahre als Ingenieur, obwohl er 1876 Professor für Mathematik wurde. Jordan war sehr erfolgreich auf mehreren mathematischen Teilgebieten, seine gesammelten Werke umfassen vier Bände. Sein bekanntestes Resultat ist der *Jordansche Kurvensatz*; allerdings war sein Beweis dieses Satzes noch unvollständig.

$m \times m$ *Jordan-Blöcke* folgender Form zu betrachten:

$$
J_m(\lambda) = \begin{pmatrix} \lambda & 1 & & 0 \\ & \ddots & \ddots & \\ & & \ddots & 1 \\ 0 & & & \lambda \end{pmatrix} = \begin{pmatrix} \lambda & & & 0 \\ & \ddots & & \\ & & \ddots & \\ 0 & & & \lambda \end{pmatrix} + \begin{pmatrix} 0 & 1 & & 0 \\ & \ddots & \ddots & \\ & & \ddots & 1 \\ 0 & & & 0 \end{pmatrix}
$$
$$
= \lambda E_m + P_m \,, \tag{6.3}
$$

wobei P_m aus Einsen auf der oberen Nebendiagonalen und sonst Nullen besteht. Für solche Matrizen ist es nicht schwer, die Exponentialfunktion auszuwerten.

Lemma 6.6

Für $m \in \mathbb{N}$, $t \in \mathbb{R}$ und beliebiges $\lambda \in \mathbb{C}$ gilt

$$
\exp\left(J_m(\lambda)t\right) = e^{\lambda t} \cdot \begin{pmatrix} 1 & t & \frac{t^2}{2} & \cdots & \frac{t^{m-1}}{(m-1)!} \\ 0 & 1 & \ddots & \ddots & \vdots \\ \vdots & \ddots & \ddots & \ddots & \frac{t^2}{2} \\ \vdots & & \ddots & \ddots & t \\ 0 & \cdots & \cdots & 0 & 1 \end{pmatrix} \, .
$$

Beweis

Nach (6.3) gilt $J_m(\lambda) = \lambda E_m + P_m$, wobei die beiden Matrizen λE_m und P_m vertauschen. Also ist Teil (a) von Satz 6.5 anwendbar, und es gilt

$$
e^{J_m(\lambda)t} = e^{\lambda t} e^{P_m t} \quad \text{für alle } t \in \mathbb{R}.
$$

Die Potenzen der Matrix P_m sind jedoch leicht berechenbar: P_m^k besteht aus Einsen auf der k-ten oberen Nebendiagonalen und sonst Nullen, und es ist $P_m^k = 0_m$ für $k \geqslant m$. Daraus folgt die angegebene Formel. $\qquad \diamondsuit$

6.2 Der Lösungsraum eines autonomen linearen Systems

Der entscheidende Trick zur Bestimmung des Lösungsraums eines autonomen linearen Systems $\dot{x} = Ax$ ist die Transformation der Koeffizientenmatrix A in ihre Jordansche Normalform. Das geschieht dadurch, dass man zunächst die *Eigenwerte* und die zugehörigen *Eigenvektoren* bestimmt.

Definition 6.1
Seien $N \in \mathbb{N}$, $\mathbb{K} \in \{\mathbb{R}, \mathbb{C}\}$ und A eine $N \times N$ Matrix über $\mathbb{K}$. Eine $\lambda \in \mathbb{K}$ heißt *Eigenwert* von A, wenn die Gleichung $Av = \lambda v$ für einen Vektor $v \in \mathbb{K} \setminus \{0\}$ erfüllt ist. Ein solcher Vektor v heißt *Eigenvektor* zum Eigenwert λ. Der Untervektorraum $E_A(\lambda) \subset \mathbb{K}^N$, der aus dem Nullvektor und allen Eigenvektoren zum Eigenwert λ besteht, heißt *Eigenraum* von λ.

Zur Bestimmung der Eigenwerte einer Matrix $A \in \mathbb{K}^{N \times N}$ betrachtet man das *charakteristische Polynom*

$$
p_A(x) := \det(A - x E_N) = \det \begin{pmatrix} a_{11} - x & a_{12} & \cdots & \cdots & & a_{1N} \\ a_{21} & \ddots & \ddots & & & \vdots \\ \vdots & \ddots & \ddots & \ddots & & \vdots \\ \vdots & & \ddots & \ddots & & a_{N-1,N} \\ a_{N1} & \cdots & \cdots & a_{N,N-1} & & a_{NN} - x \end{pmatrix},
$$

wobei x als $\mathbb{K}$-wertige Variable aufzufassen ist. Dieses Polynom hat den Grad N und zerfällt über $\mathbb{C}$ in Linearfaktoren

$$
p_A(x) = \prod_{j=1}^{r} (\lambda_j - x)^{m_r},
$$

wobei $\lambda_1, \ldots, \lambda_r \in \mathbb{C}$ die paarweise verschiedenen komplexen Nullstellen des charakteristischen Polynoms und $m_1, \ldots, m_r$ natürliche Zahlen mit Summe N sind. Die folgende Beziehung lässt sich leicht verifizieren:

$$
\lambda \text{ ist Eigenwert von } A \quad \Leftrightarrow \quad p_A(\lambda) = 0.
$$

Definition 6.2
Seien $N \in \mathbb{N}$, $\mathbb{K} \in \{\mathbb{R}, \mathbb{C}\}$, A eine $N \times N$ Matrix über $\mathbb{K}$ und $\lambda \in \mathbb{K}$ ein Eigenwert von A.

a) Die *algebraische Vielfachheit* von λ ist die Nullstellenordnung von λ im charakteristischen Polynom $p_A(x)$, also die größte natürliche Zahl m, für die $(\lambda - x)^m$ ein Teiler von $p_A(x)$ ist.

b) Die *geometrische Vielfachheit* von λ ist die Dimension des Eigenraums $E_A(\lambda)$.

c) Der Eigenwert λ heißt *halbeinfach*, seine geometrische Vielfachheit mit seiner algebraischen Vielfachheit übereinstimmt.

Bemerkung 6.1

Für einen Eigenwert $\lambda \in \mathbb{C}$ einer komplexen $N \times N$ Matrix sind äquivalent:

a) λ ist halbeinfach,

b) algebraische und geometrische Vielfachheit von λ stimmen überein,

c) jeder zu λ gehörige Jordan-Block $J_m(\lambda)$ hat Dimension $m = 1$,

d) der Unterraum des $\mathbb{C}^N$, der zu den Jordan-Blöcken zu λ gehört, besteht aus Eigenvektoren zu λ,

e) die Jordan-Blöcke zu λ bilden zusammen eine Diagonalmatrix.

Wir wenden uns jetzt dem ersten Hauptresultat dieses Kapitels zu. Es erlaubt nicht nur eine präzise Beschreibung der Lösungen einer linearen Differentialgleichung $\dot{x} = Ax$ mit Hilfe der Jordan-Normalform der Koeffizienten-Matrix A, sondern liefert auch einen allgemeinen Lösungsansatz.

Satz 6.7

Sei $A \in \mathbb{R}^{N \times N}$ eine gegebene Matrix, und bezeichne

$$E := \{\lambda \in \mathbb{R} : \text{reeller Eigenwert von } A \} \cup$$

$$\cup \{(\rho + i\sigma, \rho - i\sigma) \in \mathbb{C}^2 : \text{konjugiertes Eigenwertpaar von } A \}.$$

Dann ist der $\mathbb{R}$-Vektorraum der Lösungen der homogenen linearen Differentialgleichung $\dot{x} = Ax$ eine direkte Summe

$$\mathcal{L}_{\text{hom}} = \bigoplus_{\lambda \in E} L_\lambda,$$

wobei die einzelnen Unterräume L_λ folgende Struktur besitzen:

1. Ist $\lambda \in \mathbb{R}$ ein reeller Eigenwert mit algebraischer Vielfachheit k, so besitzt L_λ eine Basis der Form

$$\{e^{\lambda t} p_0(t), \ldots, e^{\lambda t} p_{k-1}(t)\}.$$

Für $j = 0, \ldots, k - 1$ ist jede Komponente der Funktion $p_j : \mathbb{R} \to \mathbb{R}^N$ ein Polynom mit einem Grad $\leq j$. Außerdem gilt die Äquivalenz

$$\lambda \text{ ist halbeinfach} \quad \Longleftrightarrow \quad \text{alle } p_j \text{ sind konstant.} \tag{6.4}$$

2. Ist $\lambda = (\rho - i\sigma, \rho + i\sigma) \in \mathbb{C}^2$ ein konjugiert-komplexes Eigenwertpaar mit algebraischer Vielfachheit m, so besitzt L_λ eine Basis der Form

$$\Big\{ e^{\rho t}(\cos(\sigma t)\, p_0(t) - \sin(\sigma t)\, q_0(t)), \ldots,$$
$$e^{\rho t}(\cos(\sigma t)\, p_{m-1}(t) - \sin(\sigma t)\, q_{m-1}(t)),$$
$$e^{\rho t}(\cos(\sigma t)\, q_0(t) + \sin(\sigma t)\, p_0(t)), \ldots,$$
$$e^{\rho t}(\cos(\sigma t)\, q_{m-1}(t) + \sin(\sigma t)\, p_{m-1}(t)) \Big\}.$$

Für $j = 0, \ldots, m-1$ ist hierbei jede Komponente der Funktionen $p_j, q_j : \mathbb{R} \to \mathbb{R}^N$ ein Polynom mit einem Grad $\leqslant j$. Außerdem gilt die Äquivalenz

$$\rho \pm i\sigma \text{ ist halbeinfach} \quad \Longleftrightarrow \quad \text{alle } p_j \text{ und } q_j \text{ sind konstant.} \qquad (6.5)$$

Beweis

Man wählt als erstes eine Basis

$$B = \{v_1, \ldots, v_N\} \subset \mathbb{C}^N$$

des $\mathbb{C}^N$, bezüglich der die Matrix $A \in \mathbb{R}^{N \times N}$ ihre komplexe Jordansche Normalform annimmt.

1. Ist $J_m(\lambda)$ ein Jordan-Block, der zu einem reellen Eigenwert gehört, so sind die zu $J_m(\lambda)$ zugeordneten Basisvektoren reell. Teil 1 folgt damit aus Lemma 6.6.

2. Ist $\rho \pm i\sigma$, $\sigma \neq 0$, ein Paar konjugierter komplexer Eigenwerte, so zerfällt die Menge der den Jordan-Blöcken $J_m(\rho \pm i\sigma)$ zugeordneten Basisvektoren ebenfalls in Paare zueinander konjugierter Basisvektoren (weil die Matrix A reell ist). Sind $v, \overline{v} \in B$ zwei solche Basisvektoren, so erhält man aus Lemma 6.6 zunächst komplexe Lösungen

$$\psi(t) = e^{(\rho + i\sigma)t} p(t)\, v \qquad \text{und} \qquad \overline{\psi}(t) = e^{(\rho - i\sigma)t} p(t)\, \overline{v},$$

wobei $p(t)$ ein reelles Polynom ist. Diese lassen sich auf zwei Arten zu zwei linear unabhängigen reellen Lösungen kombinieren:

$$\phi_1(t) = \frac{\psi(t) + \overline{\psi}(t)}{2} = \cos(\sigma t) p(t)\, \frac{v + \overline{v}}{2} - \sin(\sigma t) p(t)\, \frac{v - \overline{v}}{2i}$$

und

$$\phi_2(t) = \frac{\psi(t) - \overline{\psi}(t)}{2i} = \cos(\sigma t) p(t)\, \frac{v - \overline{v}}{2i} + \sin(\sigma t) p(t)\, \frac{v + \overline{v}}{2}.$$

Daraus folgt Teil 2.   

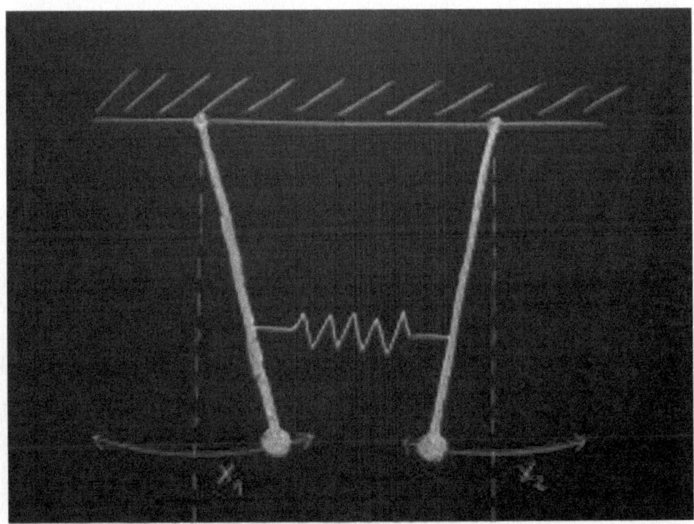

Bild 6.1: Skizze zweier durch eine Feder gekoppelter Pendel. Sommerfeld [7] nennt diese Anordnung *sympathische Pendel*. Das Wort »sympathisch« ist hier aus dem Griechischen abzuleiten und mit »mit-erleidend« zu übersetzen, gemeint ist, dass jedes der Pendel die Bewegung des anderen über die Kopplung »mit-erleidet«. Ein Spezialfall ist der *Resonanzfall* gleich langer und gleich schwerer Pendel, in dem die beiden Eigenfrequenzen und Kopplungskonstanten übereinstimmen. Nach Sommerfeld nennt man die Pendel *verstimmt*, wenn die beiden Pendelmassen und/oder Pendellängen verschieden sind.

Beispiel 6.1 (Gekoppelte Pendel)

Der Aufbau besteht aus zwei Pendeln, die über eine Feder verbunden sind, wie in Abbildung 6.1 skizziert. Das lineare System der Bewegungsgleichungen ergibt sich aus dem Newtonschen Kraftgesetz, wenn man davon ausgeht, dass sowohl die Bewegungen der Pendelmassen also auch die Dehnung der Feder jeweils in einer Geraden stattfindet — für kleine Auslenkungswinkel ist das eine ziemlich gute Näherung. Bezeichnet man mit $x_1 \approx \sin x_1$ und $x_2 \approx \sin x_2$ die linearisierten Auslenkungen, mit g die Erdbeschleunigung, mit ℓ_1 und ℓ_2 die Pendellängen, mit

$$\omega_1 := \sqrt{\frac{g}{\ell_1}}, \qquad \omega_2 := \sqrt{\frac{g}{\ell_2}}$$

die Eigenfrequenzen der Pendel, außerdem mit D die Federkonstante, mit m_1 und m_2 die Massen der Pendel und mit

$$k_1 := \frac{D}{m_1}, \qquad k_2 := \frac{D}{m_2}$$

die Kopplungskonstanten, so kommt man zu folgenden Bewegungsgleichungen:

$$\ddot{x}_1 = -\omega_1^2 x_1 - k_1(x_1 - x_2)\,,$$
$$\ddot{x}_2 = -\omega_2^2 x_1 - k_2(x_1 - x_2)\,. \tag{6.6}$$

Mit den Abkürzungen $\alpha_1 := \omega_1^2 + k_1$ und $\alpha_2 := \omega_2^2 + k_2$ erhalten wir durch Transformation auf 1. Ordnung das autonome lineare System

$$\begin{pmatrix} x_1 \\ v_1 \\ x_2 \\ v_2 \end{pmatrix}^{\bullet} = \begin{pmatrix} 0 & 1 & 0 & 0 \\ -\alpha_1 & 0 & k_1 & 0 \\ 0 & 0 & 0 & 1 \\ k_2 & 0 & -\alpha_2 & 0 \end{pmatrix} \begin{pmatrix} x_1 \\ v_1 \\ x_2 \\ v_2 \end{pmatrix}\,. \tag{6.7}$$

Zur Ermittlung des charakteristischen Polynoms der Koeffizientenmatrix müssen wir eine 4×4 Determinante berechnen:

$$p(\lambda) = \det \begin{pmatrix} -\lambda & 1 & 0 & 0 \\ -\alpha_1 & -\lambda & k_1 & 0 \\ 0 & 0 & -\lambda & 1 \\ k_2 & 0 & -\alpha_2 & -\lambda \end{pmatrix}$$
$$= \left(\lambda^2 + \alpha_1\right)\left(\lambda^2 + \alpha_2\right) - k_1 k_2\,. \tag{6.8}$$

Daraus ergeben sich zunächst die quadrierten Nullstellen:

$$\lambda_{1,2}^2 = \frac{1}{2}\left(-(\alpha_1 + \alpha_2) \pm \sqrt{(\alpha_1 + \alpha_2)^2 + 4(k_1 k_2 - \alpha_1 \alpha_2)}\right)$$
$$= \frac{1}{2}\left(-(\alpha_1 + \alpha_2) \pm \sqrt{(\alpha_1 - \alpha_2)^2 + 4 k_1 k_2}\right)\,.$$

Damit man sich unter den beiden Nullstellen λ_1, λ_2 größenmäßig etwas vorstellen kann, benutzen wir die Reihenentwicklung

$$\sqrt{1 + \xi} = 1 + \frac{1}{2}\,\xi - \frac{1}{8}\,\xi^2 + \ldots \tag{6.9}$$

für die Größe

$$\xi := \frac{4 k_1 k_2}{(\alpha_1 - \alpha_2)^2}\,, \tag{6.10}$$

die wir als so klein annehmen, dass wir schon eine gute Näherung erhalten, wenn wir die Reihe (6.9) nach dem Term 1. Ordnung abbrechen. Das ergibt die Näherungen

$$\lambda_1^2 \approx -\alpha_1 + \frac{k_1 k_2}{|\omega_1^2 - \omega_2^2|}\,, \qquad \lambda_2^2 \approx -\alpha_2 - \frac{k_1 k_2}{|\omega_1^2 - \omega_2^2|}\,. \tag{6.11}$$

Jede dieser quadrierten Nullstellen ist negativ, also sind alle Eigenwerte der Koeffizientenmatrix rein imaginär, und man hat den Fall zweier konjugierter Paare komplexer Eigenwerte. Wir bezeichnen die beiden auftretenden Imaginärteile mit

$$\omega := \sqrt{|\lambda_1|}\,, \qquad \omega' := \sqrt{|\lambda_2|}\,. \tag{6.12}$$

Aus den Näherungen (6.11) können wir eine grobe Vorstellung von den Größen dieser beiden Frequenzen gewinnen, wenn wir die Kopplungskonstanten k_1 und k_2 als gegenüber den Quadraten der Eigenfrequenzen vernachlässigbar klein annehmen:

$$\omega \approx \omega_1\,, \qquad \omega' \approx \omega_2\,. \tag{6.13}$$

Da jede der vier Nullstellen des charakteristischen Polynoms (6.8) die algebraische Vielfachheit 1 hat, sind alle Eigenwerte halbeinfach.

Aus dem ersten Eigenwert $i\omega$ erhalten wir den Lösungsansatz

$$x_1 = c_1 \cos \omega t + c_2 \sin \omega t$$

mit beliebigen Konstanten $c_1, c_2 \in \mathbb{R}$. Wegen $\omega^2 = -\lambda_1$ gilt für diese Funktion

$$\ddot{x}_1 = \lambda_1 x_1\,,$$

und weil x_1 eine Lösung der ersten Gleichung von (6.6) sein muss, gilt auch

$$\ddot{x}_1 = \alpha_1 x_1 + k_1 x_2\,.$$

Fasst man diese beiden Gleichungen zusammen, so folgt für Eigenvektoren zum ersten Eigenwert $i\omega$ die Gleichung

$$x_2 = \gamma x_1 \quad \text{mit} \quad \gamma = \frac{\alpha_1 + \lambda_1^2}{k_1}\,;$$

analog erhält für Eigenvektoren zum zweiten Eigenwert $i\omega'$ die Gleichung

$$x_2 = \gamma x_1 \quad \text{mit} \quad \gamma' = \frac{\alpha_1 + \lambda_2^2}{k_1}\,;$$

Aus Satz 6.7 ergibt sich damit insgesamt der Ansatz

$$\phi_1(t) = c_1 \cos \omega t + c_2 \sin \omega t + c_3 \cos \omega' t + c_4 \sin \omega' t$$
$$\phi_2(t) = \gamma(c_1 \cos \omega t + c_2 \sin \omega t) + \gamma'(c_3 \cos \omega' t + c_4 \sin \omega' t)$$

wobei die reellen Konstanten c_1, c_2, c_3, c_4 durch die Anfangswerte festgelegt sind. Setzt man als Anfangsbedingungen

$$x_1 = C, \quad \dot{x}_1 = v_1 = 0, \quad x_2 = 0, \quad \dot{x}_2 = v_2 = 0,$$

so erhält man durch Lösen der sich ergebenden linearen Gleichungssysteme die Lösungen

$$\phi_1(t) = \frac{C}{\gamma' - \gamma}\left(\gamma' \cos \omega t - \gamma \cos \omega t\right)$$
$$\phi_2(t) = \frac{C\gamma\gamma'}{\gamma' - \gamma}\left(\cos \omega t - \cos \omega t\right)$$
$$= \frac{2\gamma\gamma' C}{\gamma - \gamma'} \sin \frac{(\omega' - \omega)t}{2} \cdot \sin \frac{(\omega' + \omega)t}{2}\,.$$

Die Lösung ϕ_2, also das im Anfangszustand nicht angeregte zweite Pendel, vollführt also eine schnelle Bewegung mit der Kreisfrequenz $(\omega' + \omega)/2$, die von einer langsamen *Schwebung* der Kreisfrequenz $(\omega' - \omega/2$ überlagert wird.

Bemerkung 6.2

Man könnte versucht sein, eine zeitabhängige lineare Differentialgleichung

$$\dot{x} = A(t)\, x \tag{6.14}$$

ebenfalls mit Hilfe der Exponentialfunktion von Matrizen zu lösen. Das führt auf die Frage, ob durch die matrixwertige Funktion

$$\Phi(t) := \exp\left(\int_{t_0}^{t} A(s)\, ds \right) \tag{6.15}$$

in Fundamentalsystem für die Gleichung (6.14) gegeben ist.

Versuchen wir einmal, zu beweisen, dass durch (6.14) tatsächlich ein Fundamentalsystem gegeben ist. Hierzu ist einfach zu differenzieren — aber gibt es wirklich eine geeignete Verallgemeinerung von Satz 6.2? Können wir etwa die Gleichung

$$\frac{d}{dt}\left(e^{B(t)} \right) = \dot{B}(t)\, e^{B(t)} \tag{6.16}$$

beweisen? Schauen wir mal:

$$\frac{d}{dt}\left(e^{B(t)} \right) = \frac{d}{dt} \sum_{n=0}^{\infty} \frac{1}{n!} \left(B(t) \right)^n = \sum_{n=0}^{\infty} \frac{1}{n!} \frac{d}{dt} \left(B(t) \right)^n .$$

So weit, so gut. Um die Ableitung der n-ten Potenz von $B(t)$ zu berechnen, muss man die Produkt-Regel benutzen, also z.B. für $n = 2$:

$$\frac{d}{dt} \left(B(t) \right)^2 = \frac{d}{dt} \left(B(t) \cdot B(t) \right) = \left(\frac{d}{dt} B(t) \right) \cdot B(t) + B(t) \cdot \frac{d}{dt} B(t)$$

Eigentlich sollte hier $2\, B(t)\, \dot{B}(t)$ herauskommen — und das würde auch herauskommen, wenn die Matrizen $B(t)$ und $\dot{B}(t)$ vertauschbar wären.

Das ist jedoch nicht der Fall, dass eine matrixwertige Funktion stets mit ihrer Ableitung vertauschbar ist; ein Gegenbeispiel ist

$$B(t) := \begin{pmatrix} 0 & t^2 \\ t & 0 \end{pmatrix}, \qquad \dot{B}(t) = \begin{pmatrix} 0 & 2t \\ 1 & 0 \end{pmatrix} .$$

Hier gilt nämlich

$$\begin{pmatrix} 0 & t^2 \\ t & 0 \end{pmatrix} \cdot \begin{pmatrix} 0 & 2t \\ 1 & 0 \end{pmatrix} = \begin{pmatrix} t^2 & 0 \\ 0 & 2t^2 \end{pmatrix} \neq \begin{pmatrix} 2t^2 & 0 \\ 0 & t^2 \end{pmatrix} = \begin{pmatrix} 0 & 2t \\ 1 & 0 \end{pmatrix} \cdot \begin{pmatrix} 0 & t^2 \\ t & 0 \end{pmatrix} .$$

Man rechne nach, dass sich daraus tatsächlich ein Gegenbeispiel zu Gleichung (6.16) konstruieren läßt, indem man dort $A(t) = \begin{pmatrix} 0 & 2t \\ 1 & 0 \end{pmatrix}$ und $t_0 = 0$ setzt. $\Diamond$

6.3 Stabilität autonomer linearer Systeme

Da wir homogene lineare Systeme mit konstanten Koeffizienten der Form

$$\dot{x} = Ax$$

ziemlich explizit lösen können, ist es uns möglich, in diesem Fall recht gute Kriterien für Stabilität (Definition 4.7) und asymptotische Stabilität (Definition 4.8) der Ruhelage $x_0 = 0$ anzugeben.

> **Satz 6.8 (Stabilitätskriterium)**
> Sei A eine reelle $N \times N$-Matrix. Für das homogene lineare System $\dot{x} = Ax$ sind dann äquivalent:
>
> a) Die Ruhelage $x_0 = 0$ ist stabil.
>
> b) Alle Eigenwerte λ von A haben Realteil $\Re(\lambda) \leqslant 0$, und diejenigen mit Realteil $\Re(\lambda) - 0$ sind halbeinfach.
>
> c) Es gibt eine reelle Konstante $\kappa \geqslant 1$ mit $\left\| e^{At} \right\| \leqslant \kappa$ für alle $t \geqslant 0$.

Beweis

a) $\Rightarrow$ b): Zu jedem Eigenwert $\lambda = \rho + i\sigma$ von A gibt es einen komplexen Eigenvektor $\xi \in \mathbb{C}^N$ mit $Ax = \lambda\xi$ und $|\xi| = 1$. Wir zerlegen ξ in Real- und Imaginärteil:

$$\xi = u + iv \quad \text{mit } u, v \in \mathbb{R}^N.$$

Wegen $\xi \neq 0$ kann nicht $u = v = 0$ gelten, also kann auch der Realteil

$$\phi(t) := \Re\left(e^{\lambda t}\xi\right) = e^{\rho t}\left(\cos(\sigma t)\, u + \sin(\sigma t)\, v\right)$$

nicht verschwinden — der Imaginärteil $\Im\left(e^{\lambda t}\xi\right)$ könnte trotzdem verschwinden, nämlich wenn λ und also auch ξ reell wären.

Gäbe es einen Eigenwert λ mit $\Re(\lambda) = \rho > 0$, so gäbe es also auch zu jedem $\varepsilon > 0$ eine Lösung

$$\phi_\varepsilon : \mathbb{R} \to \mathbb{R}^N, \quad \phi_\varepsilon(t) - \varepsilon\,\phi(t),$$

die in

$$\overline{B^N(0, \varepsilon)} = \left\{ x \in \mathbb{R}^N : |x| \leqslant \varepsilon \right\}$$

startet und trotzdem für $t \to \infty$ die Eigenschaft $|\phi_{\varepsilon\xi}(t)| \to \infty$ besitzt; damit könnte der Nullpunkt nicht stabil sein.

Gäbe es einen Eigenwert λ mit $\Re(\lambda) = 0$, also $\lambda = i\sigma$ für eine reelle Zahl $\sigma \neq 0$, dessen algebraische Vielfachheit größer als seine geometrische Vielfachheit ist, so gäbe es nach (6.5) in Satz 6.7 jedenfalls einen Vektor $\xi \in \mathbb{R}^N$ mit $|\xi| = 1$ und einer Lösung der Gestalt

$$\phi_\xi(t) = \cos(\sigma t) \begin{pmatrix} p_1(t) \\ \vdots \\ p_N(t) \end{pmatrix} + \sin(\sigma t) \begin{pmatrix} q_1(t) \\ \vdots \\ q_N(t) \end{pmatrix}$$

wobei mindestens eines der Polynome $p_1, \ldots, p_N, q_1, \ldots, q_N$ nicht-konstant wäre. Auch dann <u>hätte</u> man zu jedem $\varepsilon > 0$ eine unbeschränkte Lösung $t \mapsto \varepsilon \phi_\xi(t)$, die in $\overline{B^N(0, \varepsilon)}$ startet.

b) $\Rightarrow$ c): Aus Satz 6.7 folgern wir, dass jede Komponente einer Lösung ϕ_ξ eine Linearkombination von Funktionen der Form

$$t \mapsto e^{\lambda t}\, p(t) \qquad \text{mit } \lambda \in \mathbb{R}, \ \lambda < 0, \text{ und einem Polynom } p$$

oder

$$t \mapsto \cos(\sigma t) \qquad \text{oder} \qquad t \mapsto \sin(\sigma t) \qquad \text{mit } \sigma \in \mathbb{R}, \ \sigma \neq 0,$$

ist. Für $t \to \infty$ ist jede dieser Funktionen beschränkt, also folgt c).

c) $\Rightarrow$ a): Sei $\varepsilon > 0$ gegeben. Wegen (c) gibt es ein $\kappa > 0$ mit $\left\| e^{At} \right\| \leqslant \kappa$ für alle $t \geqslant 0$. Daher gilt für jedes $\xi \in \mathbb{R}^N$

$$|\phi_\xi(t)| = \left| e^{At}\xi \right| \leqslant \left\| e^{At} \right\| \cdot |\xi| \leqslant \kappa\,|\xi| \qquad \text{für alle } t \geqslant 0;$$

also ist für $|\xi| < \delta := \varepsilon/\kappa$ die positive Halbtrajektorie $\{\phi_\xi(t) : t \geqslant 0\}$ in $B^N(0, \varepsilon)$ enthalten. $\diamond$

Satz 6.9 (Asymptotische Stabilität)
Sei A eine reelle $N \times N$-Matrix. Für das homogene lineare System $\dot{x} = Ax$ sind dann äquivalent:

a) Die Ruhelage $x_0 = 0$ ist asymptotisch stabil.

b) Alle Eigenwerte von A haben Realteil < 0.

c) Es gibt reelle Konstanten $\alpha > 0$ und $\kappa \geqslant 1$ mit $\left\| e^{At} \right\| \leqslant \kappa\, e^{-\alpha t}$ für alle $t \geqslant 0$.

Beweis

a) $\Rightarrow$ b): Hätte A einen Eigenwert mit Realteil $\geqslant 0$, so könnte man aus Satz 6.7 zu jedem $\varepsilon >$ eine Lösung ϕ mit $|\phi(0)| \leqslant e$ bestimmen, die für $t \to \infty$ nicht gegen $x_0 = 0$ konvergiert, womit x_0 nicht asymptotisch stabil sein könnte.

b) $\Rightarrow$ c): Aus Satz 6.7 folgern wir: Jede Komponente der Matrix-wertigen Funktion $t \mapsto e^{At}$ ist entweder eine Linearkombination von Funktionen der Form

$$t \mapsto e^{\lambda t} p(t) \qquad \text{mit } \lambda \in \mathbb{R}, \lambda < 0, \text{ und einem Polynom } p$$

oder

$$t \mapsto e^{\rho t} \cos(\sigma t) q(t) \qquad \text{oder} \qquad t \mapsto e^{\rho t} \sin(\sigma t) r(t)$$

mit $\rho, \sigma \in \mathbb{R}$, $\rho < 0$, $\sigma \neq 0$, und Polynomen q, r. Wählt man ein $\alpha \in \mathbb{R}$ mit

$$-\alpha > \max \{ \Re(\lambda) : \ \lambda \text{ Eigenwert von } A \}, \tag{6.17}$$

so ist also jeder Eintrag der Matrix $e^{\alpha t} e^{At}$ für $t \to +\infty$ beschränkt. Damit gibt es auch eine obere Schranke κ für die Operatornorm dieser Matrix, also

$$\left\| e^{\alpha t} e^{At} \right\| \leqslant \kappa \qquad \text{für alle } t \geqslant 0.$$

Haben alle Eigenwerte von A Realteil < 0, so kann $-\alpha$ in (6.17) negativ gewählt werden, und c) ist bewiesen.

c) $\Rightarrow$ a): Wegen c) hat man für alle $\xi \in \mathbb{R}^N$ die Abschätzung

$$|\phi_\xi(t)| = \left| e^{At} \xi \right| \leqslant \left\| e^{At} \right\| \cdot |\xi| \leqslant \kappa \, |\xi| \, e^{-\alpha t} \quad \longrightarrow \quad 0 \qquad \text{für } t \to \infty. \ \Diamond$$

6.4 Linearisierte asymptotische Stabiität

Als nächstes bringen wir die gewonnenen Erkenntnisse über lineare Systeme in Verbindung mit autonomen Differentialgleichungen

$$\dot{x} = f(x), \tag{6.18}$$

wobei $f : M \to \mathbb{R}^N$ ein gegebenes Vektorfeld auf einem offenen Phasenraum $M \subset \mathbb{R}^N$ ist. Die Grundlage dieser Verbindung ist, dass sich das Kriterium 6.9 für asymptotische Stabilität auch auf nicht-lineare autonome Systeme der Form (6.18) übertragen läßt, wenn das Vektorfeld f am kritischen Punkt differenzierbar ist.

Satz 6.10 (Linearisierte Stabilität)

Gegeben sei ein autonomes System der Form

$$\dot{x} = Ax + r(x) \tag{6.19}$$

mit $A \in \mathbb{R}^{N \times N}$ und einer auf einer offenen Nullumgebung $U \subset \mathbb{R}^N$ definierten stetig differenzierbaren Funktion $r : U \to \mathbb{R}^N$ mit

$$\lim_{x \to 0} \frac{|r(x)|}{|x|} = 0. \tag{6.20}$$

Haben alle Eigenwerte der Matrix A Realteil < 0, so ist die Ruhelage $x = 0$ des Systems (6.19) asymptotisch stabil.

Beweis 6.1

Da alle Eigenwerte von A negativen Realteil haben, gibt es nach Satz 6.9 zwei Konstanten $\alpha > 0$ und $\kappa \geqslant 1$ mit der Eigenschaft

$$\|e^{At}\| \leqslant \kappa\, e^{-\alpha t} \qquad \text{für alle } t \geqslant 0. \tag{6.21}$$

Sei $\mu \in \mathbb{R}$ eine reelle Zahl mit

$$0 < \mu < \frac{\alpha}{\kappa}, \qquad \text{also} \qquad \kappa\mu - \alpha < 0. \tag{6.22}$$

Weil $U \subset \mathbb{R}^N$ offen ist, und wegen der Bedingung (6.20), gibt es einen Radius $\rho > 0$ mit

$$x \in U \qquad \text{und} \qquad \frac{|r(x)|}{|x|} \leqslant \mu \qquad \text{für alle } x \in \mathbb{R}^N \text{ mit } |x| \leqslant \rho. \tag{6.23}$$

Für alle Anfangswerte $\xi \in U$ bezeichne $\phi_\xi : I_\xi \to \mathbb{R}^N$ die maximale Lösung des Anfangswertproblems

$$\dot{x} = Ax + r(x), \quad x(0) = \xi.$$

Für diejenigen ξ mit $|\xi| \leqslant \rho$ definieren wir die Austrittszeit

$$T^*(\xi) := \sup \left\{ T > 0 : \ [0, T) \subset I_\xi \text{ und } |\phi_\xi(t)| \leqslant \rho \text{ für alle } t \in [0, T) \right\} \in [0, \infty].$$

Nächstes Ziel dieses Beweises ist die Abschätzung

$$|\phi_\xi(t)| \leqslant \kappa|\xi| \cdot e^{(\kappa\mu - \alpha)t} \qquad \text{für alle } t \in \big[0, T^*(\xi)\big). \tag{6.24}$$

Um dies zu beweisen, stellen wir zunächst fest, dass ϕ_ξ eine Lösung der inhomogenen linearen Differentialgleichung

$$\dot{x} = Ax + r(\phi_\xi(t))$$

ist. Nach der Variation-der-Konstanten-Formel, Satz 5.5, gilt also für alle $t \in I_\xi$:

$$\phi_\xi(t) = e^{At}\left(\xi + \int_0^t e^{-As} r(\phi_\xi(s))\, ds\right) = e^{At}\xi + \int_0^t e^{A(t-s)} r(\phi_\xi(s))\, ds.$$

Hieraus folgt dann für alle $t \in \left[0, T^*(\xi)\right)$ die Abschätzung

$$\begin{aligned}
|\phi_\xi(t)| &\leqslant \left\|e^{At}\right\| |\xi| + \int_0^t \left\|e^{A(t-s)}\right\| \cdot |r(\phi_\xi(s))|\, ds \\
&\leqslant K\, e^{-\alpha t}|\xi| + \int_0^t K\, e^{-\alpha(t-s)} \cdot |r(\phi_\xi(s))|\, ds && \text{wegen (6.21),} \\
&\leqslant e^{-\alpha t}\kappa|\xi| + e^{-\alpha t}\kappa\mu \int_0^t e^{\alpha s}|\phi_\xi(s)|\, ds && \text{wegen (6.23).}
\end{aligned}$$

Multipliziert man diese Ungleichung mit $e^{\alpha t}$, so erhält man

$$e^{\alpha t}|\phi_\xi(t)| \leqslant \kappa|\xi| + \kappa\mu \int_0^t e^{\alpha s}|\phi_\xi(s)|\, ds\ .$$

Damit können wir jetzt das Gronwallsche Lemma 3.5 auf die Funktion $u(t) := e^{\alpha t}|\phi_\xi(t)|$ anwenden und erhalten

$$e^{\alpha t}|\phi_\xi(t)| \leqslant \kappa|\xi|\, e^{\kappa\mu t} \qquad \text{für alle } t \in \left[0, T^*(\xi)\right);$$

und daraus folgt (6.24).

Wir erhalten daraus

$$|\phi_\xi(t)| \leqslant \kappa|\xi|\, e^{(\kappa\mu-\alpha)t} < \rho\, e^{(\kappa\mu-\alpha)t} \qquad \text{für } |\xi| < \frac{\rho}{K} \text{ und } t \in \left[0, T^*(\xi)\right), \tag{6.25}$$

also insbesondere wegen (6.22)

$$T^*(\xi) = \infty \qquad \text{für } |\xi| < \frac{\rho}{K}.$$

Daher existiert für $|\xi| < \frac{\rho}{K}$ die Lösung ϕ_ζ zumindest auf $[0, \infty)$. Darüber hinaus gilt wegen (6.25) die Grenzwertgleichung

$$\lim_{t \to \infty} \phi_\xi(t) = 0 \qquad \text{für } |\xi| < \frac{\rho}{\kappa},$$

was beweist, dass die Ruhelage $x = 0$ des autonomen Systems (6.19) asymptotisch stabil ist. $\diamond$

Die Anwendung des Linearisierungssatzes 6.10 geschieht meist wie folgt: Sind $M \subset \mathbb{R}^N$ ein offener Phasenraum und $f : M \to \mathbb{R}^N$ ein lokal Lipschitz-stetiges Vektorfeld, das zumindest einen kritischen Punkt $x_0 \in M$ besitzt und dort differenzierbar ist, so kann für alle $\xi \in M$ man schreiben:

$$f(\xi) = f(x_0) + Df(x_0) \cdot (\xi - x_0) + r(\xi - x_0), \tag{6.26}$$

wobei

$$Df(x_0) = \begin{pmatrix} \frac{\partial f_1}{\partial x_1}(x_0) & \cdots & \frac{\partial f_1}{\partial x_N}(x_0) \\ \vdots & & \vdots \\ \frac{\partial f_N}{\partial x_1}(x_0) & \cdots & \frac{\partial f_N}{\partial x_N}(x_0) \end{pmatrix}.$$

die *Jacobi-Matrix*[2] von f an der Stelle x_0 ist und das Restglied folgende Eigenschaft hat:

$$\lim_{\xi \to x_0} \frac{r(\xi - x_0)}{|\xi - x_0|} = 0.$$

Verschiebt man den Koordinatenursprung nach x_0, schreibt man also jeweils x anstelle von $\xi - x_0$, so hat die Gleichung (6.26) die Form der Gleichung (6.20), auf die dann Satz 6.10 anwendbar ist.

6.5 Übungsaufgaben

Aufgabe 6.1

Bestimmen Sie zu gegebenen $a, b \in \mathbb{R}$ die Matrix $\quad \exp \begin{pmatrix} a & b \\ -b & a \end{pmatrix} \quad$ mittels der Zerlegung

$$\begin{pmatrix} a & b \\ -b & a \end{pmatrix} = \begin{pmatrix} a & 0 \\ 0 & a \end{pmatrix} + \begin{pmatrix} 0 & b \\ -b & 0 \end{pmatrix}.$$

Aufgabe 6.2

Seien $\kappa, \omega \in \mathbb{R}$ mit $\kappa < 0 < \omega$ gegeben. Zeigen Sie, dass zu jedem Anfangswertproblem

$$\dot{x} = \begin{pmatrix} \kappa & \omega & 0 \\ -\omega & \kappa & 0 \\ 0 & 0 & 2\kappa \end{pmatrix} x, \quad x(0) = \begin{pmatrix} \xi_1 \\ \xi_2 \\ \xi_3 \end{pmatrix} \quad \text{mit } (\xi_1, \xi_2) \neq 0 \text{ und } \xi_3 \neq 0$$

der Orbit der Lösung auf einem Paraboloid liegt.

Aufgabe 6.3

Wir betrachten autonome lineare Differentialgleichungen der Form

$$\dot{x} = A\,x \tag{$\star$}$$

auf dem Phasenraum $\mathbb{R}^N$. Entscheiden Sie bei jeder der folgenden Aussagen, ob es eine reelle $N \times N$ Matrix A gibt, für die die Aussage zutrifft, und begründen Sie Ihre Entscheidung:

---

[2]nach Carl Gustav Jacob Jacobi, * 10.12.1804 Potsdam, † 18.02.1851 Berlin. Sehr vielseitiger und produktiver Mathematiker, der von seinen Schüler als »Euler des 19. Jahrhunderts« bezeichnet wurde.

a) Für jede Lösung $\phi : \mathbb{R} \to \mathbb{R}^N$ von $(\star)$ gilt $\lim\limits_{t \to \infty} \phi(t) = 0$ oder $\lim\limits_{t \to -\infty} \phi(t) = 0$.

b) Es gibt eine nicht-konstante Lösung ϕ von $(\star)$ mit $\lim\limits_{t \to \infty} \phi(t) = \lim\limits_{t \to -\infty} \phi(t) = 0$.

c) Es gibt eine Lösung $\phi : \mathbb{R} \to \mathbb{R}^N$ von $(\star)$ mit $\lim\limits_{t \to \infty} |\phi(t)| = \lim\limits_{t \to -\infty} |\phi(t)| = \infty$.

Aufgabe 6.4

Skizzieren Sie die Phasenportraits der ebenen autonomen Systeme

$$\dot{x} = \begin{pmatrix} 1 & 1 \\ 0 & -1 \end{pmatrix} x \quad \text{und} \quad \dot{y} = \begin{pmatrix} -1 & 2 \\ -1 & 1 \end{pmatrix} y.$$

Aufgabe 6.5

Gegeben sei eine reelle $N \times N$ Matrix A. Zeigen Sie die Äquivalenz folgender Aussagen:

a) Jeder Eigenwert von A ist rein imaginär und halbeinfach.

b) Jede Lösung der Differentialgleichung $\dot{x} = Ax$ ist beschränkt.

Aufgabe 6.6

Sei A eine beliebige $N \times N$ Matrix mit Einträgen aus $\mathbb{K} \in \{\mathbb{R}, \mathbb{C}\}$. Beweisen Sie

$$\det \exp(A) = \exp(\operatorname{Spur} A).$$

Aufgabe 6.7

Gegeben sei die lineare Differentialgleichung

$$\dot{x} = A(t)\, x$$

auf dem erweiterten Phasenraum $\mathbb{R} \times \mathbb{R}^N$, mit der stetigen Funktion $A : \mathbb{R} \to \mathbb{R}^{N \times N}$ als Koeffizienten-Matrix. Zeigen Sie die Äquivalenz folgender Aussagen:

a) Die Ruhelage 0 ist stabil.

b) Jede Lösung ist auf dem Intervall $[0, \infty)$ beschränkt.

Aufgabe 6.8

Gegeben sei die zwei-dimensionale lineare Differentialgleichung

$$\dot{x} = \begin{pmatrix} -1 - 2\cos 4t & 2 + 2\sin 4t \\ -2 + 2\sin 4t & -1 + 2\cos 4t \end{pmatrix} x$$

Zeigen Sie:

a) Alle Eigenwerte der Koeffizienten-Matrix haben negativen Realteil.

b) Diese Differentialgleichung besitzt die unbeschränkte Lösung

$$t \mapsto \left(e^t \sin 2t, e^t \cos 2t \right).$$

c) Die Ruhelage $(0,0)$ ist instabil.

Wie verträgt sich das mit den Sätzen 6.8 und 6.9?

Aufgabe 6.9

Eine Variante der Volterra-Lotka-Gleichungen, die zusätzlich das intraspezifische Konkurrenzverhalten der Raub- bzw. Beutetieren untereinander einbezieht, lautet (vgl. Beispiel 4.5):

$$\dot{x} = (1 - y)x - \mu x^2$$
$$\dot{y} = (x - 1)y - \nu y^2 \qquad \text{(mit reellen Konstanten } 0 < \mu < 1,\ \nu > 0)$$

Bestimmen Sie die Ruhelage im offenen ersten Quadranten, und beweisen Sie mit dem Linearisierungsansatz, dass dieses System asymptotisch stabil ist.

Aufgabe 6.10

Für $\alpha, \beta \in \mathbb{R}$ sei auf der Menge $D := \left\{ \begin{pmatrix} x_1 \\ x_2 \end{pmatrix} \in \mathbb{R}^2 \,\middle|\, x_1 > -1 \right\}$ das Vektorfeld

$$f : D \to \mathbb{R}^2, \qquad f\begin{pmatrix} x_1 \\ x_2 \end{pmatrix} = \begin{pmatrix} \sin(\alpha x_1 + \beta x_1 x_2) - e^{x_2} + 1 \\ \log(1 + x_1) + \tanh(\beta x_2 - \alpha x_1 x_2) \end{pmatrix}$$

gegeben. Für welche Werte der Parameter α, β besitzt die Differentialgleichung $\dot{x} = f(x)$ im Nullpunkt eine asymptotisch stabile Ruhelage?

7 Stetigkeit und Differenzierbarkeit

Betrachten wir eine autonome homogene lineare Differentialgleichung $\dot{x} = Ax$ mit einer reellen $N \times N$ Matrix A, so kennen wir deren allgemeine Lösung

$$\Lambda : \mathbb{R} \times \mathbb{R} \times \mathbb{R}^N \to \mathbb{R}^N, \qquad \Lambda(t, t_0, x_0) = \exp\big(A(t - t_0)\big)\, x_0.$$

Aus dieser Formel folgt sofort, dass die Funktion Λ in allen Variablen unendlich oft differenzierbar ist.

In diesem Kapitel verallgemeinern wir die stetige Abhängigkeit der allgemeinen Lösung von den Anfangswerten und der abhängigen Variablen auf alle die Differentialgleichungen, deren rechte Seite eine lokale Lipschitz-Bedingung erfüllt. Da wir im allgemeinen Fall nicht über eine so handliche Lösungsformel wie bei den autonomen homogenen linearen Differentialgleichungen verfügen, muss der Beweis abstrakt geführt werden.

Die hier vorgestellte Methode entwickelte sich aus Vorarbeiten von Lipschitz, Schwarz[1] und Picard, die dann 1890 von Lindelöf zum Beweis eines Existenz- und Eindeutigkeitssatzes für gewöhnliche Differentialgleichungen verarbeitet wurden (Satz von Picard-Lindelöf). Der abstrakte Kern des Beweises wurde 1922 von Banach herausgearbeitet. Die abstraktere Sicht auf den Beweis erlaubt es, die Methode zu verschärfen und Existenz und Eindeutigkeit in geeigneten metrischen Räumen stetiger Funktionen nachzuweisen. Bei geschickter Wahl der verwendeten metrischen Räume folgt daraus dann die stetige Abhängigkeit der allgemeinen Lösung von allen Variablen.

7.1 Stetigkeit der allgemeinen Lösung

Wir beginnen mit einer präzisen Formulierung der *Stetigkeit der allgemeinen Lösung*.

Satz 7.1
Gegeben seien eine offene Menge $W \subset \mathbb{R}^{1+N}$ und ein stetiges Richtungsfeld $f : W \to \mathbb{R}^N$, das einer lokalen Lipschitz-Bedingung genügt. Dann ist der Definitionsbereich $\Omega \subset \mathbb{R}^{2+N}$ der allgemeinen Lösung Λ der Differentialgleichung $\dot{x} = f(t, x)$ offen, und $\Lambda : \Omega \to \mathbb{R}^N$ ist stetig.

Der Beweis dieses Satzes wird nach den nun zu treffenden Vorbereitungen gegen Ende dieses Kapitels erbracht werden. Zunächst formulieren wir die Aussage in eine technische Sprache um.

---

[1] Hermann Amandus Schwarz, * 25.1.1843 Hermsdorf, † 30.11.1921 Berlin. Studierte in Berlin bei Weierstrass und Kummer, wurde 1869 Professor an der ETH Zürich und 1875 in Göttingen. Seine wichtigste Arbeit ist eine Festschrift zum 70. Geburtstag von Weierstrass; das Thema war im Bereich Minimalflächen, aber eine Idee aus dieser Arbeit brachte Picard auf den Picard-Operator.

Nach (4.1) ist der Definitionsbereich der allgemeinen Lösung die Menge

$$\Omega = \bigcup_{(t_0,x_0)\in W} I_{\max}(t_0,x_0) \times \{(t_0,x_0)\} \subset \mathbb{R}^{2+N},$$

wobei $I_{\max}(t_0,x_0)$ das Existenzintervall der wegen Satz 3.7 eindeutig bestimmten maximalen Lösung des Anfangswertproblems

$$\dot{x} = f(t,x), \qquad x(t_0) = x_0$$

bezeichnet. Wir werden folgende Aussage beweisen:

Lemma 7.2
Jeder Punkt $(t,t_0,x_0) \in \Omega$ besitzt eine Umgebung $U \subset \mathbb{R}^{2+N}$, auf der eine stetige Funktion $\Psi : U \to \mathbb{R}^N$ derart definiert ist, dass für alle (t_1,x_1) die Partialfunktion $t \mapsto \Psi(t,t_1,x_1)$ eine Lösung des Anfangswertproblems $\{\dot{x} = f(t,x), x(t_1) = x_1\}$ ist.

Daraus folgt dann, dass die allgemeine Lösung Λ eine Fortsetzung von Ψ ist. Daher ist $U \subset \Omega$ und Λ stetig auf U. Weil $(t,t_0,x_0) \in \Omega$ beliebig war, folgt daraus die Offenheit von Ω und die Stetigkeit von Λ, womit Satz 7.1 dann bewiesen wäre.

7.2　Tubenumgebungen

Wir werden die in Lemma 7.2 genannte Umgebung U des beliebigen Punktes $(t,t_0,x_0) \in \Omega$ ziemlich explizit konstruieren. Man beginnt mit dem Anfangswertproblem

$$\dot{x} = f(t,x), \quad x(t_0) = x_0.$$

Nach dem globalen Existenz- und Eindeutigkeitssatz 3.7 gibt es zu diesem Anfangswertproblem eine eindeutig bestimmte maximale Lösung

$$\lambda_{(t_0,x_0)} : I_{\max}(t_0,x_0) \to \mathbb{R}^N.$$

Nach der Definition von Ω gilt $t \in I_{\max}(t_0,x_0)$. Weil der erweiterte Phasenraum W offen ist, ist auch das maximale Existenzintervall offen, und es gibt Punkte $a,b \in I_{\max}(t_0,x_0)$ mit der Eigenschaft

$$t,t_0 \in (a,b) \subset [a,b] \subset I_{\max}(t_0,x_0). \tag{7.1}$$

Die Einschränkung der maximalen Lösung auf $[a,b]$ bezeichnen wir mit

$$\phi_0 := \lambda_{(t_0,x_0)}\Big|_{[a,b]}.$$

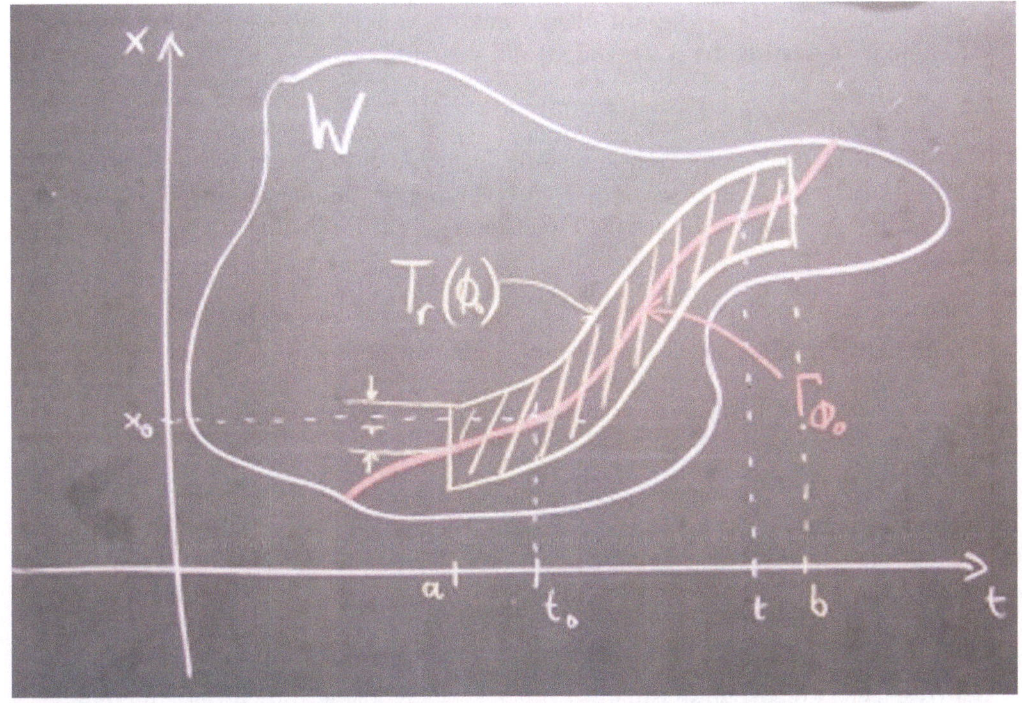

Bild 7.1: Skizze einer Tubenumgebung einer Lösungskurve.

Wir benötigen als Nächstes eine *Tubenumgebung* des Graphen von ϕ_0, die ganz in W liegt. Darunter versteht man eine Menge der Form

$$T_r(\phi_0) := \bigcup_{t \in [a,b]} \{t\} \times \overline{B}^N(\phi_0(t), r) \subset W \subset \mathbb{R}^{1+N},$$

wobei $r > 0$ ein geeigneter Radius ist. Die Existenz ist nicht von vorneherein klar, aber auch nicht schwer zu beweisen.

Lemma 7.3
Ist $\phi : [a, b] \to \mathbb{R}^N$ eine stetige Funktion, deren Graph in einer offenen Menge W verläuft, so gibt es ein $r > 0$ mit $T_r(\phi) \subset W$.

Beweis
Da W eine offene Menge im metrischen Raum $\mathbb{R}^{1+N}$ ist, ist der Abstand zum Komplement $\complement W := \mathbb{R}^{1+N} \setminus W$,

$$d_{\complement W} : \mathbb{R} \to \mathbb{R}, \quad d_{\complement W}(x) := \inf\left\{|x - y| : y \in \mathbb{R}^{1+N} \setminus W\right\},$$

eine stetige Funktion, die auf allen Punkten von W einen positiven Wert annimmt (vgl. Aufgabe A.2). Der Graph von ϕ,

$$\Gamma_\phi \doteq \{(t, \phi(t)) : t \in [a, b]\} \subset W \,,$$

ist das Bild des kompakten Intervalls $[a, b]$ unter der stetigen Abbildung $t \mapsto (t, \phi(t))$, also nach Satz A.7 eine kompakte Teilmenge von W. Nach Folgerung A.8 nimmt die stetige Funktion $d_{\complement W}$ auf Γ_ϕ ihr Minimum an, also ist

$$r_0 := \min_{t \in [a,b]} d_{\complement W}\Big((t, \phi(t))\Big) > 0 \,.$$

Daher gilt für jedes positive $r < r_0$ die Teilmengenbeziehung

$$T_r(\phi) = \bigcup_{t \in [a,b]} \{t\} \times \overline{B}^N(\phi(t), r) \subset \bigcup_{t \in [a,b]} \overline{B}^{1+N}((t, \phi(t)), r) \subset W \,. \Diamond$$

Um die in Lemma 7.2 gesuchte Umgebung $U \ni (t, t_0, x_0)$ zu erhalten, ist es erforderlich, die Tubenumgebung $T_r(\phi_0)$ noch zu verkleinern. Hierzu benutzen wir die lokale Lipschitz-Bedingung, die das Richtungsfeld $f : W \to \mathbb{R}^N$ erfüllt, und formulieren das Ganze als allgemeinen Satz:

Satz 7.4
Sei $W \subset \mathbb{R}^{1+N}$ offen, und erfülle $f : W \to \mathbb{R}^N$ eine lokale Lipschitz-Bedingung. Dann gibt es zu jedem Kompaktum $K \subset W$ eine Konstante $L_K \in \mathbb{R}$ derart, dass

$$|f(t, x_1) - f(t, x_2)| \leqslant L_K |x_1 - x_2| \qquad \text{für alle } (t, x_1), (t, x_2) \in K.$$

Beweis

Zu jedem Punkt $(t, x) \in K$ gibt es eine offene Umgebung $U_{(t,x)}$ und eine Konstante $L_{(t,x)}$ derart, dass f auf $U_{(t,x)}$ in der zweiten Variablen Lipschitz-stetig mit der Konstanten $L_{(t,x)}$ ist. Das System von offenen Mengen

$$\mathcal{U} := \big\{ U_{(t,x)} : (t, x) \in K \big\}$$

ist eine Überdeckung von K, da für jeden Punkt $(t, x) \in K$ jedenfalls $(t, x) \in U_{(t,x)}$ gilt.

Nach dem Überdeckungslemma A.4 genügt ein endliches Teilsystem von $\mathcal{U}$, um die kompakte Menge K zu überdecken. Es gibt also Indizes $(t_1, x_1), \dots, (t_n, x_n)$ mit

$$K \subset U_{(t_1, x_1)} \cup \dots \cup U_{(t_n, x_n)}.$$

Setzt man

$$L_K := \max \big\{ L_{(t_1, x_1)}, \dots, L_{(t_n, x_n)} \big\} \,,$$

so ist f auf K in der zweiten Variablen Lipschitz-stetig mit der Konstanten L_K. $\hfill \Diamond$

Weil die Tubenumgebung $T_r(\phi_0) \subset W$ beschränkt und abgeschlossen, also kompakt, ist, gibt es nach Satz 7.4 die Zahl

$$L = L_{T_r(\phi_0)} \in \mathbb{R}, \quad \text{Lipschitz-Konstante für } f \text{ auf der Tubenumgebung,} \qquad (7.2)$$

bzgl. der das Richtungsfeld f auf ganz $T_r(\phi_0)$ in der zweiten Variablen Lipschitz-stetig ist. Wir wählen nun eine reelle Zahl ϱ mit

$$0 < \varrho < r \cdot \min\left\{ e^{-L(t_0-a)}, e^{-L(b-t_0)} \right\}. \qquad (7.3)$$

Dann ist die Menge

$$V(f, \phi_0) := \left\{ (t_1, x_1) \in \mathbb{R} \times \mathbb{R}^N \,\middle|\, \begin{array}{l} a \leqslant t_1 \leqslant b, \\ |x_1 - \phi_0(t_1)| \leqslant \varrho\, e^{-L|t_0-t_1|} \end{array} \right\} \subset T_r(\phi_0) \qquad (7.4)$$

eine Umgebung der Anfangswerte $(t_0, x_0) \in T_r(\phi_0)$. Wir definieren jetzt die gesuchte Umgebung des Punktes $(t, t_0, x_0) \in \Omega$:

$$U = U(a, b, f, \phi_0) := [a, b] \times V(f, \phi_0) \subset \mathbb{R} \times W. \qquad (7.5)$$

7.3 Der Picard-Operator

Lemma 7.5
Der *Picard-Operator*, der durch die Formel

$$P\Phi(s, t_1, x_1) := x_1 + \int_{t_1}^{s} f(\tau, \Phi(\tau, t_1, x_1))\, d\tau \qquad (7.6)$$

definiert ist, bildet den Funktionenraum

$$\mathcal{B} := \left\{ \Phi : U \to \mathbb{R}^N \,\middle|\, \begin{array}{l} \Phi \text{ ist stetig, und für alle } (s, t_1, x_1) \in U \text{ ist} \\ |\Phi(s, t_1, x_1) - \phi_0(s)| \leqslant \varrho\, e^{-L|t_0-t_1|}\, e^{L|s-t_1|} \end{array} \right\} \qquad (7.7)$$

in sich selbst ab.

Beweis

Sei $\Phi \in \mathcal{B}$ gegeben. Wegen (7.3) gilt

$$(s, \Phi(s, t_1, x_1) \in T_r(\phi_0) \subset W \quad \text{für alle } (s, t_1, x_1) \in U \text{ und alle } \Phi \in \mathcal{B}, \quad (7.8)$$

also ist die rechte Seite von (7.6) definiert, womit auch $P\Phi$ definiert ist.

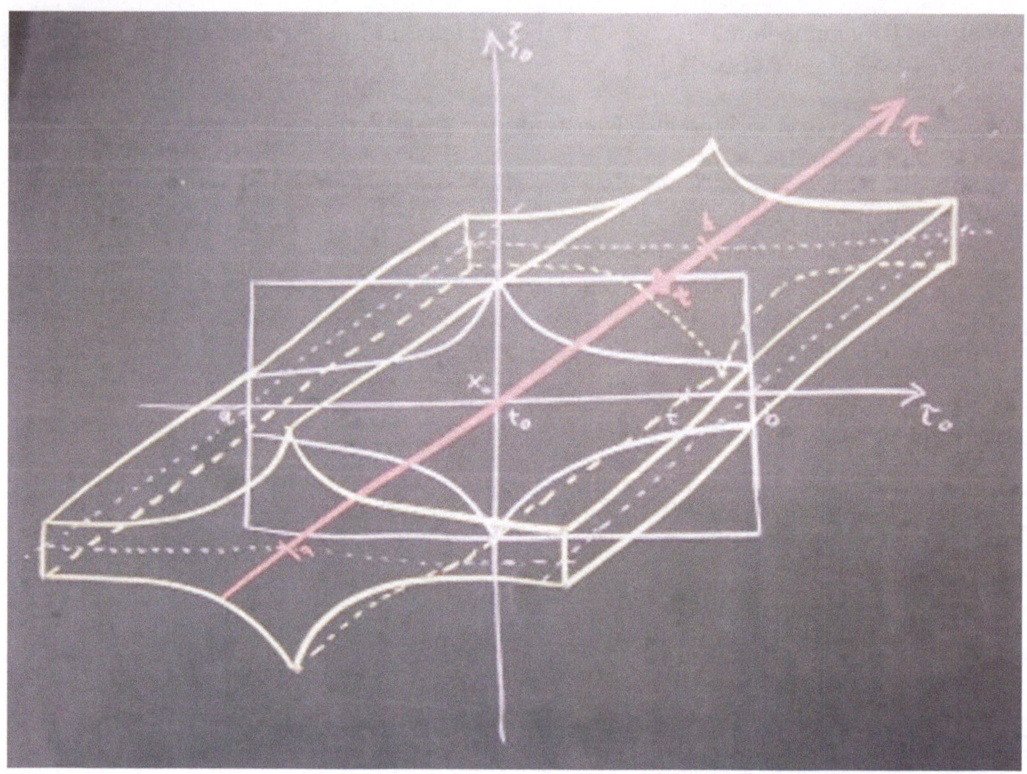

Bild 7.2: Skizze der Menge $U(a, b, f, \phi_0)$.

Zu zeigen ist $P\Phi \in \mathcal{B}$, also

$$|P\Phi\,(s, t_1, x_1) - \phi_0(s)| \leqslant \varrho\, e^{-L|t_0 - t_1|}\, e^{L|s - t_1|} \quad \text{für alle } (s, t_1, x_1) \in U. \quad (7.9)$$

Weil ϕ_0 eine Lösung der Differentialgleichung $\dot{x} = f(t, x)$ ist, gilt

$$\int_{t_1}^{s} f(\tau, \phi_0(\tau))\, d\tau = \int_{t_1}^{s} \dot{\phi}_0(\tau)\, d\tau = \phi_0(s) - \phi_0(t_1),$$

also ist

$$|P\Phi\,(s, t_1, x_1) - \phi_0(s)| =$$

$$= \left| x_1 + \int_{t_1}^{s} f(\tau, \Phi(\tau, t_1, x_1))\, d\tau - \phi_0(t_1) - \int_{t_1}^{s} f(\tau, \phi_0(\tau))\, d\tau \right|$$

$$\leqslant |x_1 - \phi_0(t_1)| + \left| \int_{t_1}^{s} \Big(f(\tau, \Phi(\tau, t_1, x_1)) - f(\tau, \phi_0(\tau)) \Big)\, d\tau \right| \qquad (7.10)$$

Wegen $(s, t_1, x_1) \in U$ ist $(t_1, x_1) \in V(f, \phi_0)$, und nach (7.4) impliziert das eine Abschätzung für den ersten Term:

$$|x_1 - \phi_0(t_1)| \leqslant \varrho\, e^{-L|t_0 - t_1|} .$$ (7.11)

Wegen (7.8) können wir die Lipschitz-Konstante L aus (7.2) zur Abschätzung des Integrals in (7.10) benutzen. Für den Integranden gilt also

$$|f(\tau, \Phi(\tau, t_1, x_1)) - f(\tau, \phi_0(\tau))| \leqslant$$

$$\leqslant L\, |\Phi(\tau, t_1, x_1) - \phi_0(\tau)| \qquad \text{wegen der Lipschitz-Bedingung,}$$

$$\leqslant L\,\varrho\, e^{-L|t_0 - t_1|}\, e^{L|\tau - t_1|} \qquad \text{wegen (7.7).}$$

Damit läßt sich das Integral in (7.10) wie folgt abschätzen:

$$\left| \int_{t_1}^{s} \Big(f(\tau, \Phi(\tau, t_1, x_1)) - f(\tau, \phi_0(\tau)) \Big)\, d\tau \right| \leqslant$$

$$\leqslant L\,\varrho\, e^{-L|t_0 - t_1|} \left| \int_{t_1}^{s} e^{L|\tau - t_1|}\, d\tau \right| = \varrho\, e^{-L|t_0 - t_1|} \left(e^{L|s - t_1|} - 1 \right) .$$ (7.12)

Zusammen mit (7.11) erhalten wir also aus (7.10) die Ungleichung

$$|P\Phi\,(s, t_1, x_1) - \phi_0(s)| \leqslant \varrho\, e^{-L|t_0 - t_1|} + \varrho\, e^{-L|t_0 - t_1|} \left(e^{L|s - t_1|} - 1 \right)$$

$$= \varrho\, e^{-L|t_0 - t_1|}\, e^{L|s - t_1|} ,$$

was zu beweisen war. $\diamondsuit$

Die Idee des Beweises von Lemma 7.2 ist, den Banachschen Fixpunktsatz (oder eine geeignete Verallgemeinerung) auf den Picard-Operator aus (7.6) anzuwenden. Hierzu müssen wir auf dem in (7.7) definierten Funktionenraum $\mathcal{B}$ eine Metrik d definieren, die $(\mathcal{B}, d)$ zu einem vollständigen metrischen Raum macht. Wir gewinnen die Metrik d aus der *Supremumsnorm*, die für eine Funktion $\Phi \in \mathcal{B}$ wie folgt definiert ist:

$$\|\Phi\|_\infty := \sup_{(s, t_1, x_1) \in U} |\Phi(s, t_1, x_1)| .$$ (7.13)

Nimmt man als Abstand zwischen zwei Funktionen aus $\mathcal{B}$ einfach die Supremumsnorm der Differenz, so erhält man eine Metrik auf $\mathcal{B}$:

$$d : \mathcal{B} \times \mathcal{B} \to \mathbb{R}, \quad d(\Phi, \Psi) := \|\Phi - \Psi\|_\infty .$$

Mit dieser Definition ist $(\mathcal{B}, d)$ nach Folgerung A.10 ein vollständiger metrischer Raum.

Lemma 7.6
Sei P der Picard-Operator auf $\mathcal{B}$, sei $L \in \mathbb{R}$ die in (7.2) definierte Lipschitz-Konstante, und seien $\Phi, \Psi \in \mathcal{B}$. Dann gilt für jedes $n \in \mathbb{N}$:

$$\|P^n \Phi - P^n \Psi\|_\infty \leqslant \frac{L^n (b - a)^n}{n!} \|\Phi - \Psi\|_\infty .$$

Beweis

Wir beweisen die folgende Aussage durch vollständige Induktion nach n:

$$
\left[
\begin{array}{l}
\text{Für jeden Punkt } (s, t_1, x_1) \in U \text{ gilt} \\[2mm]
|P^n \Phi(s, t_1, x_1) - P^n \Psi(s, t_1, x_1)| \leqslant \dfrac{L^n |s - t_1|^n}{n!} \|\Phi - \Psi\|_\infty
\end{array}
\right]
\qquad (7.14)
$$

Für $n = 0$ folgt die Aussage aus der Definition der Supremumsnorm in (7.13).

Für den Induktionsschritt $n \to n + 1$ muss man ein bißchen rechnen:

$$
\left|P^{n+1}\Phi(s, t_1, x_1) - P^{n+1}\Psi(s, t_1, x_1)\right| =
$$

$$
= \left| x_1 + \int_{t_1}^{s} f\left(\tau, P^n\Phi(\tau, t_1, x_1)\right) d\tau - x_1 - \int_{t_1}^{s} f\left(\tau, P^n\Psi(\tau, t_1, x_1)\right) d\tau \right|
$$

$$
\leqslant \left| \int_{t_1}^{s} \left| f\left(\tau, P^n\Phi(\tau, t_1, x_1)\right) - f\left(\tau, P^n\Psi(\tau, t_1, x_1)\right) \right| d\tau \right|
$$

$$
\leqslant \left| \int_{t_1}^{s} L \cdot \frac{L^n |\tau - t_1|^n}{n!} \|\Phi - \Psi\|_\infty \, d\tau \right|
$$

$$
= L \cdot \frac{L^n}{n!} \|\Phi - \Psi\|_\infty \cdot \frac{|s - t_1|^{n+1}}{n + 1}
$$

$$
= \frac{L^{n+1} |s - t_1|^{n+1}}{(n + 1)!} \|\Phi - \Psi\|_\infty \, ,
$$

womit Aussage (7.14) bewiesen ist.

Bildet man auf der linken Seite von (7.14) das Supremum über alle Punkte $(s, t_1, x_1) \in U$, und benutzt man die Gleichung

$$
\sup \left\{ |s - t_1| : (s, t_1, x_1) \in U \right\} = b - a \, ,
$$

die sich aus der Definition von U in (7.5) ergibt, so folgt die Behauptung des zu beweisenden Lemmas aus Aussage (7.14). $\diamond$

Beweis zu Lemma 7.2

Die Folge der Koeffizienten in der Abschätzung

$$
\|P^n \Phi - P^n \Psi\|_\infty \leqslant \frac{L^n (b - a)^n}{n!} \|\Phi - \Psi\|_\infty \, .
$$

aus Lemma 7.6 ist wegen

$$
\sum_{n=0}^{\infty} \frac{L^n (b - a)^n}{n!} = e^{L(b-a)} < \infty
$$

summierbar. Damit folgt aus dem Weissingerschen Fixpunktsatz A.12, dass der Picard-Operator in der Menge $\mathcal{B}$ einen eindeutig bestimmten Fixpunkt besitzt. Wegen der Definition von $\mathcal{B}$ in (7.7) ist dieser Fixpunkt eine stetige Abbildung $\Psi : U \to \mathbb{R}^N$. Weil Ψ ein Fixpunkt des Picard-Operators ist, ist für feste Anfangswerte $(t_1, x_1) \in V(f, \phi_0)$ die Partialabbildung $t \mapsto \Psi(t, t_1, x_1)$ die Lösung des Anfangswertproblems $\{\dot{x} = f(t, x), x(t_1) = x_1\}$ auf dem Intervall $[a, b]$. Das beendet den Beweis von Lemma 7.2. $\qquad\qquad\qquad \diamond$

7.4 Differenzierbarkeit der allgemeinen Lösung

Nachdem das Problem der Stetigkeit der allgemeinen Lösung eine ziemlich befriedigende Lösung gefunden hat, stellt sich sich ganz natürlich die Frage nach der Differenzierbarkeit. Um diese Frage exakt zu formulieren, betrachten wir wieder ein stetiges Richtungsfeld $f : W \to \mathbb{R}^N$ auf einem erweiterten Phasenraum $W \subset \mathbb{R}^{1+N}$, das in der zweiten Variablen eine lokale Lipschitz-Bedingung erfüllt. Nach Satz 7.1 ist dann die allgemeine Lösung

$$\Lambda : \Omega \to \mathbb{R}^N, \qquad (t, t_0, x_0) \mapsto \Lambda(t, t_0, x_0),$$

der Differentialgleichung $\dot{x} = f(t, x)$ stetig auf ihrem Definitionsbereich

$$\Omega = \bigcup_{(t_0, x_0) \in W} I_{\max}(t_0, x_0) \times \{(t_0, x_0)\},$$

und zwar in ihren drei Variablen: der Laufzeit t, der Anfangszeit t_0 und der Anfangsphase x_0.

Dass Λ nach der Laufzeit t stetig differenzierbar ist, das folgt bereits aus der Voraussetzung, dass Λ die allgemeine Lösung einer Differentialgleichung mit stetiger rechter Seite sei. Schwieriger ist die Differenzierbarkeit nach der Anfangsphase, und noch aufwändiger ist der Nachweis der Differenzierbarkeit nach der Anfangszeit in dieser allgemeinen Situation, also bei zeitabhängigen Differentialgleichungen. Wir wenden uns als nächstes der Frage der Differenzierbarkeit nach der Anfangsphase x_0 zu.

Angenommen, die allgemeine Lösung $\Lambda : \Omega \to \mathbb{R}^N$ der Differentialgleichung $\dot{x} = f(t, x)$ sei genügend oft stetig differenzierbar. Daraus folgt insbesondere, dass die Ableitungsmatrix

$$D_{x_0}\Lambda(t, t_0, x_0) = \begin{pmatrix} \frac{\partial \Lambda_1}{\partial \xi_1}(t, t_0, x_0) & \cdots & \frac{\partial \Lambda_1}{\partial \xi_N}(t, t_0, x_0) \\ \vdots & & \vdots \\ \frac{\partial \Lambda_N}{\partial \xi_1}(t, t_0, x_0) & \cdots & \frac{\partial \Lambda_N}{\partial \xi_N}(t, t_0, x_0) \end{pmatrix}$$

eine stetige Funktion $\Omega \to \mathbb{R}^{N \times N}$ darstellt, die ihrerseits nach der Laufzeit t differenzierbar ist, und dass die Reihenfolge der Differentiation keinen Einfluß auf das Ergebnis hat. Daher gilt

$$\begin{aligned}
\frac{\partial}{\partial t} D_{x_0}\Lambda(t, t_0, x_0) &= D_{x_0} \frac{\partial}{\partial t} \Lambda(t, t_0, x_0) \\
&= D_{x_0} f\big(t, \Lambda(t, t_0, x_0)\big) \\
&= D_x f\big(t, \Lambda(t, t_0, x_0)\big) \cdot D_{x_0}\Lambda(t, t_0, x_0).
\end{aligned} \qquad (7.15)$$

Definition 7.1
Seien $W \subset \mathbb{R}^{1+N}$ offen und $f : W \to \mathbb{R}^N$ ein stetiges Richtungsfeld, das in der zweiten Variablen $x \in \mathbb{R}^N$ differenzierbar ist, und sei ϕ eine beliebige Lösung der Differentialgleichung $\dot{x} = f(t, x)$. Dann heißt die N^2-dimensionale, zeitabhängige, lineare Differentialgleichung

$$\dot{Y} = D_x f(t, \phi(t)) \cdot Y \,, \tag{7.16}$$

wobei Y als $N \times N$-Matrix aufzufassen ist, die *Variationsgleichung* der Differentialgleichung $\dot{x} = f(t, x)$ zur Lösung ϕ.

Mit dieser Begriffsbildung bedeutet Gleichung (7.15), dass, falls Λ nach x_0 differenzierbar ist, die auf einem geeigneten Existenzintervall $I \subset \mathbb{R}$ definierte Abbildung

$$I \to \mathbb{R}^{N^2}, \quad t \mapsto D_{x_0} \Lambda(t, t_0, x_0)$$

eine Lösung der Variationsgleichung (7.16) ist. Das ist schon die zentrale Idee zum Beweis des folgenden Differenzierbarkeitssatzes.

Satz 7.7
Seien $W \subset \mathbb{R}^{1+N}$ offen und $f : W \to \mathbb{R}^N$ ein stetiges Richtungsfeld, das in der zweiten Variablen $x \in \mathbb{R}^N$ stetig differenzierbar ist, und dessen partielle Ableitung $\frac{\partial f}{\partial x}$ lokal eine Lipschitz-Bedingung erfüllt, und sei $(t_0, x_0) \in W$. Dann ist die allgemeine Lösung $\Lambda : \Omega \to \mathbb{R}^N$ der zeitabhängigen Differentialgleichung $\dot{x} = f(t, x)$ nach der Variablen x_0 stetig differenzierbar, und es gilt

$$\frac{\partial}{\partial t} D_{x_0} \Lambda(t, t_0, x_0) = D_x f(t, \Lambda(t, t_0, x_0)) \cdot D_{x_0} \Lambda(t, t_0, x_0) \,.$$

Beweis

Seien Anfangszeit und Anfangsphase $(t_0, x_0) \in W$ fest gewählt. Zu zeigen ist, dass die allgemeine Lösung $\Lambda : \Omega \to \mathbb{R}^N$ für jeden Zeitpunkt $t \in I_{\max}(t_0, x_0)$ an der Stelle $(t, t_0, x_0) \in \Omega$ nach der dritten Variablen x_0 differenzierbar ist.

Sei also $t_1 \in I_{\max}(t_0, x_0)$ beliebig. Dann ist das Intervall

$$J := [\min\{t_0, t_1\}, \max\{t_0, t_1\}] \subset I_{\max}(t_0, x_0)$$

jedenfalls kompakt. Gezeigt wird, dass für jeden Zeitpunkt $t \in J$ die allgemeine Lösung Λ an der Stelle (t, t_0, x_0) differenzierbar ist.

Weil $\Omega \subset \mathbb{R}^{2+N}$ nach Satz 7.1 offen ist, gibt es eine reelle Zahl $r > 0$ mit

$$J \times \{t_0\} \times B^N(x_0, r) \subset \Omega \,.$$

Bezeichne für $t \in J$ und $h \in B^N(0, r) \subset \mathbb{R}^N$ die folgende Differenz:

$$v(t, h) := \Lambda(t, t_0, x_0 + h) - \Lambda(t, t_0, x_0) \tag{7.17}$$

Zur Differentiation von Λ nach x_0 werden wir eine $(N \times N)$-Matrix C, die nicht von h abhängt, derart bestimmen, dass

$$\lim_{h \to 0} \frac{v(t,h) - C\,h}{|h|} = 0\,. \tag{7.18}$$

Bezeichne weiter

$$B(t,h) := \int_0^1 \frac{\partial f}{\partial x}\big(t, \Lambda(t,t_0,x_0) + s\,v(t,h)\big)\,ds$$

Dann ist jedenfalls

$$\begin{aligned}
\frac{\partial}{\partial t} v(t,h) &= \frac{\partial}{\partial t}\big(\Lambda(t,t_0,x_0+h) - \Lambda(t,t_0,x_0)\big) \\
&= f\big(t, \Lambda(t,t_0,x_0+h)\big) - f\big(t, \Lambda(t,t_0,x_0)\big) \\
&= \int_0^1 \frac{\partial f}{\partial x}\big(t, \Lambda(t,t_0,x_0) + s\,v(t,h)\big)\,v(t,h)\,ds \\
&= B(t,h) \cdot v(t,h)\,.
\end{aligned}$$

Also ist, für jedes feste h, die Funktion $t \mapsto v(t,h)$ die Lösung des N-dimensionalen linearen Anfangswertproblems

$$\dot{z} = B(t,h) \cdot z\,, \quad z(t_0) = \Lambda(t_0,t_0,x_0+h) - \Lambda(t_0,t_0,x_0) = h\,. \tag{7.19}$$

Um die Matrix C zur Erfüllung von Gleichung (7.18) zu finden, betrachten wir das $N(N+1)$-dimensionale Anfangswertproblem

$$\begin{cases} \dot{Y} = B(t,y) \cdot Y\,, & Y(t_0) = E_N\,, \\ \dot{y} = 0\,, & y(t_0) = h\,, \end{cases} \tag{7.20}$$

wobei Y eine reelle $N \times N$-Matrix, E_N die Einheitsmatrix der Größe $N \times N$ und y einen N-dimensionalen Vektor bezeichnen. Die Lösung dieses Anfangswertproblems ist eine Funktion

$$\phi : J \to \mathbb{R}^{N^2 + N}\,, \quad \phi(t) := \begin{pmatrix} C(t,h) \\ h \end{pmatrix}\,.$$

Daher gilt insbesondere

$$\frac{\partial}{\partial t}\big(C(t,h)\,h\big) = B(t,h) \cdot \big(C(t,h)\,h\big)\,, \quad C(0,h)\,h = E_N\,h = h\,.$$

Um den Stetigkeitssatz 7.1 anwenden zu können, müssen wir wissen, dass das Richtungsfeld der Differentialgleichung (7.20)

$$g : J \times \mathbb{R}^{N^2} \times B^N(0,r) \to \mathbb{R}^{N^2} \times B^N(0,r)\,, \quad g(t,Y,y) := \begin{pmatrix} 0 \\ B(t,y) \cdot Y \end{pmatrix}\,,$$

in den Variablen Y und y lokal einer Lipschitz-Bedingung genügt. Bzgl. der Variablen Y folgt das aus der Stetigkeit der Funktion

$$B : J \times B^N(0, r) \to \mathbb{R}^{N^2}, \quad (t, h) \mapsto B(t, h)\,;$$

bzgl. der Variablen $y \in B^N(0, r)$ folgt das aus der Voraussetzung, dass die partielle Ableitung $\frac{\partial f}{\partial x}$ einer lokalen Lipschitz-Bedingung genüge.

Aus Satz 7.1 folgt damit, dass die allgemeine Lösung des Systems

$$\begin{cases} \dot{y} = 0 \\ \dot{Y} = B(t, y) \cdot Y \end{cases}$$

in den drei Variablen Laufzeit, Anfangszeit und Anfangsphase stetig ist. Insbesondere ist daher auch die matrixwertige Funktion

$$J \times B^N(0, r) \to \mathbb{R}^{N^2}, \quad (t, h) \mapsto C(t, h)\,,$$

stetig, es gilt also insbesondere für jedes feste $t \in J$ die Grenzwertbeziehung

$$\lim_{h \to 0} C(t, h) = C(t, 0)\,. \tag{7.21}$$

Setzt man $C := C(t, 0)$, so erhält man die gewünschte Grenzwertbeziehung (7.18). $\diamond$

Bemerkung 7.1

Aus technischen Gründen benötigt man in diesem Beweis des Differenzierbarkeitssatzes 7.7 die Voraussetzung, dass die partielle Ableitung $D_x f(t, x)$ selbst wieder eine lokale Lipschitz-Bedingung erfüllt. Der Grund ist, dass es sich bei der entscheidenden $N(N + 1)$-dimensionalen Differentialgleichung (7.20) um eine parameterfreie Version der N^2-dimensionalen Differentialgleichung

$$\dot{Y} = B(t, h) \cdot Y$$

mit dem N-dimensionalen Parameter $h \in B^N(0, r)$ handelt. Was man zum Beweis des Differenzierbarkeitssatzes braucht, ist, dass die vom Parameter h abhängige Lösung in h stetig ist. Im Rahmen der hier vorgestellten Sätze benötigt man die Voraussetzung, dass $B(t, h)$ auch einer lokalen Lipschitz-Bedingung bzgl. h genügt.

Behandelt man etwas allgemeiner Differentialgleichungen mit Parameter, siehe Aufgabe 7.4 und vgl. z. B. Amann [1] oder Aulbach [2], so wird für die Stetigkeit der allgemeinen Lösung keine Lipschitz-Bedingung bzgl. des Parameters benötigt. Dann hat man zwar eine etwas aufwändigere Notation zu bewältigen, aber zum Beweis der stetigen Differenzierbarkeit der allgemeinen Lösung bzgl. der Anfangsphase x_0 genügt dann bereits die stetige Differenzierbarkeit der partiellen Ableitung $D_x f(t, x)$.

7.5 Bemerkungen zur stetigen Abhängigkeit

Mit Satz 7.1 ist bewiesen, dass die Lösungen einer gewöhnlichen Differentialgleichung, deren Richtungsfeld einer lokalen Lipschitz-Bedingung genügt, von den Anfangswerten und der unabhängigen Variablen (Zeitvariablen) stetig abhängt. Das kann man so interpretieren, dass eine *kleine* Änderung der Anfangsbedingungen und der Zeit auch nur eine *kleine* Änderung des Zustands im Phasenraum zur Folge hat. Insofern ist die stetige Abhängigkeit eine Stabilitätseigenschaft, wenn auch eine sehr schwache.

In Darstellungen der Chaostheorie findet man immer wieder den sogenannten *Schmetterlingseffekt*, der auf einen provozierenden Vortragstitel von Lorenz[2] zurückgeht: »Does the Flap of a Butterfly's Wings in Brazil Set off a Tornado in Texas?« Geht man davon aus, dass die Entwicklung des Wetters sinnvoll durch eine gewöhnliche Differentialgleichung beschrieben werden kann, so scheint das der stetigen Abhängigkeit zu widersprechen: Beim Schmetterlingsefffekt hat eine kleine Ursache eine große Wirkung, während stetige Abhängigkeit gerade bedeutet, dass »kleine« Änderungen der Anfangsbedingung auch nur »kleine« Änderungen der Auswirkungen nach sich ziehen.

Die Konstruktion der Umgebungen $V(f, \phi_0)$ in (7.4) gibt einen Hinweis, wie das zusammenpaßt: Es ist nur eine Frage der Quantität. Zur Konstruktion von $V(f, \phi_0)$ benutzen wir eine obere Abschätzung für das Ausmaß, wie sich eine Änderung der Anfangsdaten zum Zeitpunkt t_0 auf den Zustand der Systems (also die Lösung) zu einem anderen Zeitpunkt t auswirken kann: Hat man eine um ε variierte Lösung ϕ mit

$$|\phi(t_0) - \phi_0(t_0)| \leqslant \varepsilon,$$

so kann die Abweichung zum Zeitpunkt t höchstens

$$|\phi(t) - \phi_0(t)| \leqslant \varepsilon \cdot e^{L|t-t_0|}$$

betragen, wobei L eine Lipschitz-Konstante für f auf einer Tubenumgebung um den Graphen von ϕ_0 ist. Für große L und große Zeitunterschiede $|t - t_0|$ bleibt der *Expansionsfaktor* $e^{L|t-t_0|}$ zwar endlich, kann aber ziemlich groß werden — was einerseits, wie wir gesehen haben, die stetige Abhängigkeit beweist, und andererseits einen Schmetterlingseffekt trotzdem nicht ausschließt.

7.6 Übungsaufgaben

Aufgabe 7.1

Gegeben seien eine offene Menge $W \subset \mathbb{R}^{1+N}$, ein Richtungsfeld $f : W \to \mathbb{R}^N$, das einer lokalen Lipschitz-Bedingung genügt, und eine Punktfolge $(t_n, x_n)_{n \in \mathbb{N}} \subset W$, die in W konvergiert. Folgern Sie aus Satz 7.1:

($\star$) *Existiert die Lösung ϕ des Anfangswertproblems*

$$\left\{ \dot{x} = f(t,x), \ x\left(\lim_{n \to \infty} t_n\right) = \lim_{n \to \infty} x_n \right\}$$

---

[2]Edward Norton Lorenz, * 1917 West Hartford, ab 1946 am MIT, Meteorologe

*auf einem kompakten Intervall $[a, b]$, so ist ab einem Index N_0 für jedes $n \geqslant N_0$
die Lösung ϕ_n des Anfangswertproblems $\{\dot{x} = f(t, x),\ x(t_n) = x_n\}$ auf $[a, b]$
definiert, und $(\phi_n)_{n \geqslant N_0}$ konvergiert gleichmäßig auf $[a, b]$ gegen ϕ.*

Aufgabe 7.2

Zeigen Sie anhand von Gegenbeispielen, dass die Aussage $(\star)$ aus Aufgabe 7.1 falsch
wird, wenn man anstelle des Intervalls $[a, b]$

   i) ein offenes Intervall (a, b) oder

   ii) ein unbeschränktes Intervall $[a, \infty)$

nimmt.

Aufgabe 7.3

Seien $W \subset \mathbb{R}^{1+N}$ offen und $f : W \to \mathbb{R}^N$ ein stetiges Richtungsfeld, das in der
zweiten Variablen $x \in \mathbb{R}^N$ stetig differenzierbar ist, und dessen partielle Ableitung
$\frac{\partial f}{\partial x}$ lokal eine Lipschitz-Bedingung erfüllt, und sei $(t_0, x_0) \in W$. Zeigen Sie, dass
dann die allgemeine Lösung $\Lambda : \Omega \to \mathbb{R}^N$ der zeitabhängigen Differentialgleichung
$\dot{x} = f(t, x)$ auch nach der Anfangszeit t_0 stetig differenzierbar ist, und dass die
partielle Ableitung

$$\frac{\partial \Lambda}{\partial t_0}(t, t_0, x_0)$$

die Lösung des folgenden N-dimensionalen Anfangswertproblems mit der Variationsgleichung ist:

$$\dot{y} = D_x f\big(t, \Lambda(t, t_0, x_0)\big) \cdot y, \quad y(t_0) = -f(t_0, x_0).$$

Aufgabe 7.4 (Differentialgleichungen mit Parameter)

a) Zeigen Sie, dass sich der hier vorgestellte Beweis von Satz 7.1 auf Differentialgleichungen mit Parameter erweitern läßt; beweisen Sie folgenden Satz:

Satz
Gegeben seien eine offene Menge $W \subset \mathbb{R}^{1+N}$, ein topologischer Raum A und
eine stetige Abbildung $f : W \times A \to \mathbb{R}^N$, die einer lokalen Lipschitz-Bedingung
folgender Form genügt: Zu jedem Punkt $(t_0, x_0, \alpha_0) \in W \times A$ gibt es eine Umgebung $U \subset W \times A$ und eine reelle Konstante $L_A > 0$ derart, dass

$$|f(t, x_1, \alpha) - f(t, x_2, \alpha)| \leqslant L_A |x_1 - x_2|$$
$$\text{für alle } (t, x_1, \alpha), (t, x_2, \alpha) \in W \times A.$$

Für jeden Parameterwert $\alpha \in A$ sei $\Omega_\alpha \subset \mathbb{R}^{2+N}$ der Definitionsbereich der
allgemeinen Lösung Λ_α der Differentialgleichung mit Parameter

$$\dot{x} = f(t, x, \alpha),$$

d.h., für $(t, t_0, x_0) \in \Omega_\alpha$ gilt

$$\frac{\partial \Lambda_\alpha}{\partial t}(t, t_0, x_0) = f\big(t, \Lambda_\alpha(t, t_0, x_0)\big), \quad \Lambda_\alpha(t_0, t_0, x_0) = x_0.$$

Dann ist der Definitionsbereich

$$\Omega := \bigcup_{\alpha \in A} \Omega_\alpha \times \{\alpha\} \subset \mathbb{R}^{2+N} \times A$$

der allgemeinen Lösung

$$\Lambda : \Omega \to \mathbb{R}^N, \quad \Lambda(t, t_0, x_0, \alpha) := \Lambda_\alpha(t, t_0, x_0)$$

der Differentialgleichung mit Parameter $\dot{x} = f(t, x, \alpha)$ offen, und $\Lambda : \Omega \to \mathbb{R}^N$ ist stetig.

b) Zeigen Sie, dass sich beim Differenzierbarkeitssatz 7.7 die Voraussetzung, dass die partielle Ableitung $D_x f$ einer lokalen Lipschitz-Bedingung genüge, erübrigt, wenn man im Beweis obigen Satz benutzt.

8 Dynamische Systeme und lokale Flüsse

Aus dem Studium der mathematischen Strukturen mechanischer Vorgänge hat sich im 20. Jahrhundert eine abstrakte mathematische Theorie entwickelt, die Theorie *dynamischer Systeme*. Die gewöhnlichen Differentialgleichungen bildeten dabei nicht nur den begrifflichen Ausgangspunkt; physikalisch (vor allem mechanisch) motivierte Überlegungen zur Stabilitätstheorie waren auch ein entscheidender Motor für die Entwicklung der abstrakten Theorie.

8.1 Globale dynamische Systeme

Ein *dynamisches System* besteht aus einem Phasenraum und einer Gruppe, die auf diesem Phasenraum operiert. Der Vollständigkeit halber sei hier erwähnt, was man unter einer Gruppe versteht:

Definition 8.1
Eine *Gruppe* $(G, *)$ besteht aus einer Menge G und einer *Verknüpfung*

$$* : G \times G \to G, \quad (a, b) \mapsto a * b := *(a, b),$$

mit folgenden Eigenschaften:

a) $*$ ist *assoziativ*: für alle $a, b, c \in G$ gilt $(a * b) * c = a * (b * c)$.

b) Es gibt ein *neutrales Element* $n \in G$: für alle $a \in G$ gilt $a * n = a = n * a$.

c) Zu jedem $a \in G$ gibt es ein *inverses Element* $a' \in G$, das heißt $a' * a = n$.

Aus diesen *Gruppenaxiomen* kann man weitere Rechengesetze für die Verknüpfung $*$ herleiten, z. B.:

1. Die Operation der Inversenbildung ist *involutiv*: für alle $a \in G$ gilt $a'' = a$.

   Beweis
   $$a'' = a'' * n = a'' * (a' * a) = (a'' * a') * a = n * a = a. \qquad \diamondsuit$$

2. Das (links-)inverse Element a' von $a \in G$ ist auch rechtsinvers, das heißt, es gilt auch $a * a' = n$.

   Beweis
   $$a * a' = a'' * a' = n. \qquad \diamondsuit$$

Bei den gewöhnlichen Differentialgleichungen spielt die additive Gruppe der reellen Zahlen $(\mathbb{R}, +)$ eine wichtige Rolle: sie ist ein Modell für den Ablauf der Zeit. Betrachtet man eine reelle Zahl $t \in \mathbb{R}$ als Abbild eines (gerichteten) Zeitintervalls der Länge t, so ist der Sinn der Verknüpfung $+$ ohne weiteres einsichtig, weil es eigentlich klar ist, wie man Zeitintervalle addiert. Mit dieser Idee im Hinterkopf wenden wir uns jetzt der mathematischen Beschreibung von Änderungen in einem Phasenraum zu.

> **Definition 8.2**
> Ein *(globales) dynamisches System* besteht aus einer Menge M, einer Gruppe $(G, *)$ und einer Abbildung $\Phi : G \times M \to M$ mit den Eigenschaften
>
> i) Für alle $x \in M$ gilt $\Phi(0, x) = x$.
>
> ii) Für alle $x \in M$ und alle $s, t \in G$ gilt $\Phi(s, \Phi(t, x)) = \Phi(s * t, x)$.
>
> Die Menge M bezeichnet man auch als *Phasenraum* des dynamischen Systems (M, G, Φ). Die Abbildung Φ nennt man auch *Operation* der Gruppe G auf M.

Beispiel 8.1

Ist A eine (reelle oder komplexe) $N \times N$ Matrix, so bilden die Lösungen des autonomen linearen Systems $\dot{x} = Ax$ ein globales dynamisches System. Der Phasenraum ist $M = \mathbb{R}^N$ oder $M = \mathbb{C}^N$, die Gruppe ist $G = (\mathbb{R}, +)$, und die Operation der Gruppe auf M ist durch

$$\Phi : \mathbb{R} \times M \to M, \quad \Phi(t, x) = x \exp(At)$$

gegeben.

Die Gültigkeit der beiden Bedingungen i) und ii) folgt aus Satz 6.1 zusammen mit der Konvention 6.2 im Fall der Bedingung i),

$$\Phi(0, x) = x \exp(A \cdot 0) = x \exp(0_N) = x E_N = x\,,$$

und aus Satz 6.5, Teil a), im Fall von Bedingung ii):

$$\Phi(s, \Phi(t, x)) = (x \exp(As)) \exp(At) = x \, (\exp(As) \exp(At))$$
$$= x \exp(As + At) = x \exp(A(s + t)) = \Phi(s + t, x)\,.\diamond$$

8.2 Allgemeine dynamische Systeme

Wie wir in den Kapiteln 2 und 3 gesehen haben, sind die Lösungen gewöhnlicher Differentialgleichungen nicht notwendigerweise auf ganz $\mathbb{R}$ definiert; es können endliche *Entweichzeiten* auftreten. Daher ist der Begriff des globalen dynamischen Systems hier zu speziell, man muss irgendwie zulassen, dass die Operation der Gruppe nicht global definiert ist.

Definition 8.3
Ein *(allgemeines) dynamisches System* besteht aus einem *Phasenraum* M (also
einer beliebigen Menge M), einer Gruppe $(G, *)$, einer Teilmenge $E \subset G \times M$
und einer Abbildung $\Phi : E \to M$ mit den Eigenschaften

  i) Für alle $x \in M$ ist $(0, x) \in E$, und es gilt $\Phi(0, x) = x$.

  ii) Für alle $x \in M$ und alle $s, t \in G$ gilt $\Phi(s, \Phi(t, x)) = \Phi(s * t, x)$, sofern beide
     Seiten definiert sind.

Ist bei einem dynamischen System der Definitionsbereich E der Abbildung Φ gleich
dem gesamten Produktraum $G \times M$, so fällt diese Definition mit Definition 8.2 zusammen
— insofern ist ein globales dynamisches System ein spezielles dynamisches System.

Der Ausdruck »sofern beide Seiten definiert sind« in der zweiten Bedingung ist so zu
verstehen, dass die Gleichung jedenfalls dann richtig sein soll, wenn die folgenden drei
Elementbeziehungen gelten:

$$(t, x) \in E, \quad (s, \Phi(t, x)) \in E \quad \text{und} \quad (s * t, x) \in E. \tag{8.1}$$

Beispiel 8.2 (Iteration einer Abbildung)
    Ist $A : M \to M$ eine beliebige Abbildung, so hat man *durch Iteration* von A
    schon ein dynamisches System

$$\Phi_A : \mathbb{N}_0 \times M \to M, \quad \Phi_A(k, x) := A^k(x) \, ;$$

hierbei bezeichnet $A^k : M \to M$ die k-fache Iteration von A, die induktiv
durch

$$A^0(x) := x, \quad A^{k+1}(x) := A\left(A^k(x)\right) \text{ für } k \in \mathbb{N}_0,$$

definiert ist. Es ist offensichtlich, dass das Quadrupel $(M, \mathbb{Z}, M \times \mathbb{N}_0, \Phi_A)$
die Bedingungen i) und ii) erfüllt, also ist dieses Quadrupel ein dynamisches
System.

Lemma 8.1
Seien $M \subset \mathbb{R}^N$ offen, $f : M \to \mathbb{R}^N$ ein lokal Lipschitz-stetiges Vektorfeld,
$\Lambda : \Omega \to M$ die allgemeine Lösung der Differentialgleichung $\dot{x} = f(x)$, und
bezeichne

$$E := \bigcup_{x_0 \in M} I_{\max}(0, x_0) \times \{x_0\} \subset \mathbb{R} \times M,$$

$$\Phi_f : E \to M, \quad \Phi_f(t, x_0) = \Lambda(t, 0, x_0).$$

Dann ist das Quadrupel $(M, \mathbb{R}, E, \Phi_f)$ ein dynamisches System.

Beweis

Nach Satz 7.1 ist der Definitionsbereich der allgemeinen Lösung von $\dot{x} = f(x)$ eine offene Menge

$$\Omega = \bigcup_{t_0 \in \mathbb{R}, x_0 \in M} I_{\max}(t_0, x_0) \times \{(t_0, x_0)\} \subset \mathbb{R} \times \mathbb{R} \times M \subset \mathbb{R}^{2+N} \,.$$

Die Menge E entsteht aus Ω, indem man $t_0 = 0$ setzt;

$$E \cong \{(t, t_0, x_0) \in \Omega : t_0 = 0\} \subset \Omega \,.$$

Damit ist Φ_f quasi die Einschränkung von Λ auf eine Hyperfläche.

Um die Bedingungen i) und ii) nachzuprüfen, ist zunächst zu bemerken, dass für gegebenes $x_0 \in M$ die Abbildung

$$\{t \in \mathbb{R} : (t, 0, x_0) \in \Omega\} \to M, \quad t \mapsto \Lambda(t, 0, x_0),$$

definitionsgemäß die Lösung des Anfangswertproblem $\dot{x} = f(x)$, $x(0) = x_0$, ist. Daraus folgt schon Bedingung i):

$$\Phi_f(0, x_0) = \Lambda(0, 0, x_0) = x_0 \,.$$

Zur Überprüfung der Gültigkeit von Bedingung ii) untersuchen wir zunächst die Elementbeziehungen (8.1). Sei $x \in M$ beliebig, und sei $I(0, x)$ das Existenzintervall der maximalen Lösung $\phi_x : I(0, x) \to M$ des Anfangswertproblems $\dot{z} = f(z)$, $z(0) = x$ (zur besseren Unterscheidung schreiben wir hier z anstelle von x). Ist nun $t \in I(0, x)$ fest, dann gilt

$$\phi_x(t) = \Lambda(t, 0, x) = \Phi_f(t, x) \,.$$

Also ist wegen der Eindeutigkeit der maximalen Lösung die Funktion ϕ_x auch die maximale Lösung des Anfangswerproblems $\dot{z} = f(z)$, $z(t) = \Phi_f(t, x)$. Daher fallen auch die maximalen Existenzintervalle zusammen, und es gilt

$$I(0, x) = I(t, \Phi_f(t, x)) \,.$$

Setzt man $y := \Phi_f(t, x)$, dann ergibt sich die maximale Lösung $\phi_y : I(0, y) \to M$ des Anfangswertproblems $\dot{z} = f(z)$, $z(0) = y$, durch Verschieben von ϕ_x:

$$I(0, y) = I(t, y) - t = I(0, x) - t, \quad \phi_y(\tau) = \phi_x(t + \tau) \,. \tag{8.2}$$

Insbesondere gilt $\tau \in I(0, y) \Leftrightarrow t + \tau \in I(0, x)$. Damit können wir klären, unter welchen Bedingungen die Elementbeziehungen (8.1) erfüllt sind, nämlich entweder wenn

$$t \in I(0, x) \quad \text{und} \quad s \in I(0, y) = I(0, \Phi_f(t, x)) \,,$$

oder wenn

$$t \in I(0, x) \quad \text{und} \quad s + t \in I(0, x).$$

Wegen (8.2) gilt dann

$$\Phi_f(s + t, x) = \phi_x(s + t) = \phi_y(s) = \Phi_f(s, y) = \Phi_f(t, \Phi_f(s, x)),$$

womit auch Bedingung ii) erfüllt ist. $\diamond$

Definition 8.4
Mit den Bezeichnungen von Lemma 8.1 nennt man Φ_f, bzw. das Quadrupel $(M, \mathbb{R}, E, \Phi_f)$, das vom Vektorfeld f oder von der autonomen Differentialgleichung $\dot{x} = f(x)$ *erzeugte* dynamische System.

Der Begriff *dynamisches System* beschreibt etwas, was implizit immer beim mathematischen Modellieren von Naturphänomenen mit Hilfe autonomer Differentialgleichungen eine Rolle spielt.

Beispiel 8.3
Am Beispiel des radioaktiven Zerfalls einer radioaktiven Substanz soll eine grundsätzliche Vorgehensweise beim mathematischen Modellieren von Naturphänomenen mit Hilfe von Differentialgleichungen illustriert werden.

Messung. Beim *radioaktiven Zerfall* hat sich in zahlreichen Messungen ergeben, dass die in einem festen Zeitintervall $[t, t + \Delta t]$ zerfallende Masse $|\Delta m(t)|$ ziemlich genau proportional zur zum Zeitpunkt t vorhandenen Masse $m(t)$ ist. Insbesondere gibt es zu jeder Substanz eine *Halbwertszeit*, die wir mit σ bezeichnen, mit der Eigenschaft

$$|\Delta m(t)| = \frac{m(t)}{2} \qquad \text{für } \Delta t = \sigma.$$

Differentialgleichung. Wir nehmen an, dass die Funktion $t \mapsto m(t)$ differenzierbar ist und betrachten die Ableitung

$$\dot{m}(t) = \lim_{\Delta t \searrow 0} \frac{m(t + \Delta t) - m(t)}{\Delta t} = \lim_{\Delta t \searrow 0} \frac{\Delta m(t)}{\Delta t}.$$

Diese Differenzierbarkeit bedeutet, dass *für infinitesimale Zeitintervalle* Δt (also im Grenzwert $\Delta t \to 0$) die negativ genommene zerfallende Masse $\Delta m(t) = m(t + \Delta t) - m(t) < 0$ auch proportional zur Länge des Zeitintervalls Δt ist. Damit haben wir die Proportionalität

$$\Delta m(t) \sim \Delta t \cdot m(t) \qquad \text{für infinitesimale } \Delta t. \tag{8.3}$$

Es gibt also eine positive reelle Konstante α mit der Eigenschaft

$$\Delta m(t) = -\alpha \cdot \Delta t \cdot m(t) \qquad \text{für infinitesimale } \Delta t. \qquad (8.4)$$

Daraus gewinnen wir die Differentialgleichung

$$\dot{m} = -\alpha\, m\,. \qquad (8.5)$$

Dynamisches System. Als Phasenraum für diese autonome Differentialglei\-chung kommt entweder das offene reelle Intervall $(0, \infty)$ oder das abge\-schlossene Intervall $[0, \infty)$ in Frage, weil wir Massen als nicht-negativ annehmen können. Wir entscheiden uns für das offene Intervall, weil die Hinzunahme des Nullpunkts kaum zusätzliche Information bringt. Die allgemeine Lösung der Differentialgleichung (8.5) ist

$$\Lambda : \mathbb{R}^2 \times (0, \infty) \to (0, \infty), \quad \Lambda(t, t_0, m_0) = e^{-\alpha(t-t_0)} m_0\,.$$

Dadurch erhält man das von (8.5) erzeugte dynamische System

$$\Phi : \mathbb{R} \times (0, \infty) \to (0, \infty), \quad \Phi(t, m) = e^{-\alpha t} m\,. \qquad (8.6)$$

Vergleich. Die Interpretation des dynamischen Systems Φ ist folgende: Ist m die zum Zeitpunkt $t = 0$ vorhandene Masse der zu untersuchenden radioaktiven Substanz, so ist $\Phi(t, m)$ die vorhandene Masse zu einem anderen Zeitpunkt $t \in \mathbb{R}$. Offenbar ergibt das die gemessene Proportio\-nalität zwischen der in einem festen Zeitintervall Δt zerfallenden Masse und der zu Beginn vorhandenen Masse:

$$|\Delta m| = m - \Phi(t, m) = \left(1 - e^{-\alpha \Delta t}\right) m\,;$$

der Proportionalitätsfaktor hängt natürlich von Δt ab. Die so gewon\-nenen Proportionalitätsfaktoren können mit den Messergebnissen ver\-glichen werden. Offenbar hängt die in der Differentialgleichung (8.5) benötigte Konstante $\alpha > 0$ mit der Halbwertszeit in folgender Weise zusammen:

$$\left(1 - e^{-\alpha \sigma}\right) = \frac{1}{2}, \qquad \text{also} \qquad \alpha = \frac{\sigma}{\ln 2}\,.$$

8.3 Trajektorien

Um präzisere Aussagen über die Wirkung der Operation einer Gruppe auf einen gegebe\-nen Zustand $x \in M$ in einem Phasenraum M formulieren zu können, benötigen wir noch mehr Begriffe.

Definition 8.5

Sei (M, G, E, Φ) ein dynamisches System.

a) Zu $x \in M$ bezeichne

$$\mathcal{T}(x) := \{\Phi(x, t) : t \in \mathbb{R} \text{ mit } (x, t) \in E\}$$

die *Trajektorie* oder den *Orbit* von x im Phasenraum M.

b) Eine Teilmenge $A \subset M$ heißt *invariant*, wenn $\mathcal{T}(x) \subset A$ für alle $x \in A$.

Das Ziel beim Studium allgemeiner dynamischer Systeme ist, möglichst viel und detaillierte Information über die Trajektorien zu sammeln. Dazu gehört insbesondere:

1. Identifikation von Trajektorien, die nur aus einem Punkt bestehen, den *kritischen Punkten* oder *Gleichgewichtslagen* (vgl. Aufgabe 8.2).

2. Identifikation von *periodischen Punkten*, d. h. solchen Punkten $x \in M$, zu denen es ein $T \neq 0$ mit $\Phi(T, x) = x$ gibt (vgl. Aufgabe 8.3).

3. Untersuchungen zur Stabilität und zum asymptotischen Verhalten der Trajektorien.

Bei allgemeinen dynamischen Systemen gibt es prinzipiell die Möglichkeit, dass verschiedene Trajektorien einen nicht-leeren Durchschnitt haben, vgl. Übungsaufgabe 8.1. Die folgenden Überlegungen zeigen, dass ein solcher Fall bei einem *globalen* dynamischen System nicht eintreten kann.

Lemma 8.2

Sei $(M, G, M \times G, \Phi)$ ein globales dynamisches System. Dann gilt für beliebige $x, y \in M$ die Äquivalenz:

$$\mathcal{T}(x) \cap \mathcal{T}(y) \neq \varnothing \quad \Longleftrightarrow \quad \mathcal{T}(x) = \mathcal{T}(y). \tag{8.7}$$

Beweis

Gilt $\mathcal{T}(x) \cap \mathcal{T}(y) \neq \varnothing$, so gibt es Elemente (Zeitpunkte) $s_0, t_0 \in G$ mit $\Phi(s_0, x) = \Phi(t_0, y)$. Ist nun $z \in \mathcal{T}(x)$, so gibt es ein $s_1 \in G$ mit $\Phi(s_1, x) = z$. Aus Bedingung ii) aus Definition 8.2 ergibt sich die Gleichungskette

$$z = \Phi(s_1, x) = \Phi(s_1 - s_0, \Phi(s_0, x)) = \Phi(s_1 - s_0, \Phi(t_0, y)) = \Phi(t_0 + s_1 - s_0, y).$$

Also gilt auch $z \in \mathcal{T}(y)$, und weil diese Argumentation für jedes $z \in \mathcal{T}(x)$ richtig ist, folgt $\mathcal{T}(x) \subset \mathcal{T}(y)$. Weil das für beliebige $x, y \in M$ gilt, folgt auch die umgekehrte Relation $\mathcal{T}(y) \subset \mathcal{T}(x)$, also die Gleichheit der beiden Trajektorien.

Gilt umgekehrt $\mathcal{T}(x) = \mathcal{T}(y)$, so gilt auch $\mathcal{T}(x) \cap \mathcal{T}(y) \neq \varnothing$, weil Trajektorien nach Bedingung i) nicht-leer sind. $\diamondsuit$

Will man die Disjunktheit verschiedener Trajektorien beweisen, so ist die Bedingung, dass das zugrundeliegende dynamische Systeme global definiert sei, zwar hinreichend, aber keineswegs notwendig, wie das folgende Resultat zeigt.

Lemma 8.3
Ist ein dynamisches System wie in Lemma 8.1 von einem Lipschitz-stetigen Vektorfeld erzeugt, so sind die Trajektorien disjunkt.

Beweis

Bezeichnen wir das Vektorfeld mit $f : M \to \mathbb{R}^N$ und das davon erzeugte dynamische System mit Φ_f, dann ist jede Trajektorie von Φ_f das Bild einer maximalen Lösung der Differentialgleichung $\dot{x} = f(x)$.

Fixiert man einen Punkt x_0 auf einer Trajektorie $\mathcal{T}$, so ist $\mathcal{T}$ das Bild der maximalen Lösung des Anfangswertproblems $\dot{x} = f(x)$, $x(0) = x_0$:

$$\mathcal{T} = \phi_{(0,x_0)}\big(I(0, x_0)\big) \, .$$

Aus der Eindeutigkeit der maximalen Lösung zu einem Anfangswertproblem folgt jetzt, dass zwei Trajektorien, die einen Punkt gemeinsam haben, zusammenfallen.   ◇

8.4 Flüsse

Der allgemeine Begriff *dynamisches System* in der obigen Form ist für Differentialgleichungen noch zu abstrakt. Uns interessieren hier insbesondere diejenigen dynamischen Systeme, die wie in Lemma 8.1 von einem Lipschitz-stetigen Vektorfeld erzeugt werden. Diese sind zwar nicht notwendigerweise global, haben aber dennoch die nützliche Eigenschaft der Stetigkeit.

Definition 8.6 (Lokaler Fluss)
Gegeben seien ein topologischer Raum M und zu jedem Punkt $x \in M$ ein offenes Intervall

$$I(x) = \big(I_-(x), I_+(x)\big) \subset \mathbb{R} \, .$$

Zur Abkürzung verwenden wir die Bezeichnung

$$E := \bigcup_{x \in M} I(x) \times \{x\} \subset \mathbb{R} \times M \, .$$

Eine Abbildung $\Phi : E \to M$ heißt *(lokaler) (Phasen-)Fluss* oder *lokales dynamisches System* auf M, wenn die folgenden *Flussaxiome* erfüllt sind:

i) $E \subset \mathbb{R} \times M$ ist offen.

ii) $\Phi : E \to M$ ist stetig.

iii) Für alle $x \in M$ gilt $0 \in I(x)$ und $\Phi(0, x) = x$.

iv) Für alle $x \in M$ und alle $t \in I(x)$ und $s \in I(\Phi(t, x))$ gilt $s + t \in I(x)$ und
$\Phi(s, \Phi(t, x)) = \Phi(s + t, x)$.

In Beispiel 8.1 haben wir gesehen, dass jede autonome Differentialgleichung, deren definierendes Vektorfeld lokal Lipschitz-stetig ist, ein allgemeines dynamisches System erzeugt — die wesentliche Bedingung für die Möglichkeit der Konstruktion eines dynamischen Systems Φ_f aus einem Vektorfeld $f : M \to \mathbb{R}^N$ ist die eindeutige Lösbarkeit der Differentialgleichung $\dot{x} = f(x)$. Aus dem Stetigkeitsresultat, Satz 7.1, und dem globalen Existenz- und Eindeutigkeitssatz 3.7 folgt ohne weiteres, dass ein von einem lokal Lipschitz-stetigen Vektorfeld erzeugtes allgmeines dynamisches System die Flussaxiome i)–iv) erfüllt. Weil das ein wichtiges Resultat ist, formulieren wir es nochmal als Satz:

Satz 8.4
Gegeben sei eine offene Menge $M \subset \mathbb{R}^N$ und ein Lipschitz-stetiges Vektorfeld $f : M \to \mathbb{R}^N$. Für $x_0 \in M$ bezeichne

$$\phi_{x_0} : I(x_0) \to M$$

die maximale Lösung des Anfangswertproblems $\dot{x} = f(x), x(0) = x_0$, und bezeichne

$$E := \bigcup_{x \in M} I(x) \times \{x\} \subset \mathbb{R} \times M.$$

Dann ist $\Phi_f : E \to M$, $\Phi_f(t, x) := \phi_x(t)$, ein lokaler Fluss auf M.

Ein lokaler Fluss, der von einer eindeutig lösbaren autonomen Differentialgleichung erzeugt ist, hat die Eigenschaft, dass für jeden Punkt $x \in M$ die *Flusslinie*

$$I(x) \to M, \quad t \mapsto \Phi(t, x), \tag{8.8}$$

differenzierbar ist — diese Abbildung ist ja die Lösung eines Anfangswertproblems. Andererseits setzt der Begriff *lokaler Fluss* nur die Stetigkeit von Φ voraus, ist also umfassender.

Definition 8.7
Geht ein lokaler Fluss Φ_f wie in Satz 8.4 aus den Lösungen einer autonomen Differentialgleichung $\dot{x} = f(x)$ mit einem Vektorfeld $f : M \to \mathbb{R}^N$ hervor, so nennt man f einen *infinitesimalen Generator* des Flusses Φ_f.

Ist ein lokaler Fluss Φ gegeben, so hat dieser höchstens dann einen infinitesimalen Generator, wenn für jeden Punkt x aus dem Phasenraum die Flusslinie (8.8) an der Stelle $t = 0$ differenzierbar ist. Ein möglicher infinitesimaler Generator $f : M \to \mathbb{R}^N$ muss dann für jedes $x \in M$ die folgende Gleichung erfüllen:

$$f(x) = \left.\frac{\partial \Phi(t, x)}{\partial t}\right|_{t=0},$$

also muss Φ schon mal an der Stelle $t = 0$ nach t partiell differenzierbar sein. Um nachzuprüfen, ob dieses f tatsächlich ein infinitesimaler Generator des Flusses Φ ist, sind aber noch zwei Bedingungen zu erfüllen:

i) Die Differentialgleichung $\dot{x} = f(x)$ besitzt zu jeder Anfangsbedingung $x(0) = x_0$ eine eindeutig bestimmte Lösung.

ii) Das Existenzintervall der maximalen Lösung eines Anfangswertproblems $\dot{x} = f(x)$, $x(0) = x_0$ stimmt mit dem Definitionsbereich $I(x_0)$ der Flusslinie durch x_0 überein.

In Aufgabe 8.5 wird dieses Problem beispielhaft von einer anderen Seite beleuchtet.

8.5 Endliche Entweichzeiten

Der Unterschied zwischen einem lokalen Fluss auf einem Phasenraum M und einer stetigen Operation einer Gruppe auf M ist, dass die Flusslinien nicht notwendigerweise auf ganz $\mathbb{R}$ definiert sein müssen, dass also bei einem lokalen Fluss endliche Entweichzeiten auftreten können. Dennoch lassen sich manche Eigenschaften der Operation einer Gruppe auch für lokale Flüsse beweisen.

Ist ein Punkt $x \in M$ fixiert, so ist der Definitionsbereich der Flusslinie durch x das Intervall

$$I(x) = \big(I_-(x), I_+(x)\big) \subset \mathbb{R}\,.$$

In Verallgemeinerung der Bezeichnungen bei Differentialgleichungen nennt man die untere Grenze

$$I_-(x) = \inf I(x) \in \{-\infty\} \cup \mathbb{R}$$

die *negative Entweichzeit* und die obere Grenze

$$I_+(x) = \sup I(x) \in \{-\infty\} \cup \mathbb{R}$$

die *positive Entweichzeit* der Trajektorie $\mathcal{T}(x)$ (oder des Punktes x). Eine wichtige Eigenschaft eines lokalen Flusses ist, dass die positive Entweichzeit unterhalbstetig ist —

und, analog dazu, die negative Entweichzeit oberhalbstetig (siehe Definition A.12 und Aufgabe A.6 im Anhang).

> **Lemma 8.5**
> Sei Φ ein Fluss auf einem topologischen Raum M. Dann sind die Abbildungen $I_+, -I_- : M \to (0, \infty]$ unterhalbstetig.

Beweis

Seien $x_0 \in M$ und $t_0 \in \left(I_+(x_0), I_-(x_0)\right)$. Nach dem Flussaxiom i) ist die Menge

$$E := \bigcup_{x \in M} I(x) \times \{x\} \subset \mathbb{R} \times M\,.$$

offen, also gibt es ein $\varepsilon > 0$ und eine Umgebung $U \subset M$ von x_0 mit

$$(t_0 - \varepsilon, t_0 + \varepsilon) \times U \subset E\,.$$

Daher gilt für alle $x \in U$ die Ungleichungskette

$$I_-(x) \leqslant t_0 - \varepsilon < t_0 < t_0 + \varepsilon \leqslant I_+(x)\,,$$

woraus nach Definition A.12 die Unterhalbstetigkeit der Funktionen I_+ und $-I_-$ folgt. $\diamond$

Betrachtet man Definition 8.6, so ist es auf den ersten Blick ziemlich erstaunlich, dass bei jedem lokalen Fluss die Trajektorien disjunkt sind. Letztendlich ist das eine Konsequenz der Halbstetigkeit der Entweichzeiten. Der erste Schritt zum Beweis ist das folgende Lemma; der Rest des Beweises der Disjunktheit der Trajektorien eines Flusses wird dann in Übungsaufgabe 8.4 erledigt.

> **Lemma 8.6**
> Sei Φ ein lokaler Fluss auf einem topologischen Raum M, und seien $x \in M$ und $t \in I(x)$. Dann gilt $I(\Phi(t,x)) = I(x) - t$.

Beweis

Nach Flussaxiom iv) gilt für jedes $s \in I(\Phi(t,x))$ die Beziehung $s + t \in I(x)$. Daher ist

$$I\big(\Phi(t,x)\big) \subset I(x) - t\,. \tag{8.9}$$

Angenommen, $I_+(\Phi(t,x)) < I_+(x) - t$. Wähle eine Folge $(t_n)_{n \in \mathbb{N}} \subset I(\Phi(t,x))$ mit $\lim_{n \to \infty} t_n = I_+(\Phi(t,x))$, und setze

$$x_n := \Phi(t_n + t, x) \quad \text{für } n \in \mathbb{N}. \tag{8.10}$$

Wegen der Stetigkeit von Φ konvergiert die Folge $(x_n)_{n\in\mathbb{N}}$. Des weiteren folgt aus (8.9) die Ungleichung

$$I_+(\Phi(t_n + t, x)) \leqslant I_+(\Phi(t, x)) - t_n \quad \text{für alle } n \in \mathbb{N}. \qquad (8.11)$$

Also gilt

$$
\begin{aligned}
0 < I_+\left(\lim_{n\to\infty} x_n\right) && \text{wegen der Konvergenz der } (x_n) \\
\leqslant \liminf_{n\to\infty} I_+(x_n) && \text{wegen Lemma 8.5} \\
= \liminf_{n\to\infty} I_+\left(\Phi\left(t_n + t, x\right)\right) && \text{nach (8.10)} \\
\leqslant \liminf_{n\to\infty}\left(I_+(\Phi(t, x)) - t_n\right) && \text{wegen (8.11)} \\
= I_+(\Phi(t, x)) - \lim_{n\to\infty} t_n && \text{wegen der Konvergenz der } (t_n) \\
= 0 && \text{nach Wahl der Folge } (t_n).
\end{aligned}
$$

Das ist offenbar ein Widerspruch, also muss $I_+(\Phi(t, x)) = I_+(x) - t$ gelten. In analoger Weise zeigt man $I_-(\Phi(t, x)) = I_-(x) - t$. $\qquad\qquad\Diamond$

Die im folgenden Lemma beschriebenen Eigenschaften eines lokalen Flusses sind Konsequenzen von Lemma 8.6, also letztlich Konsequenzen deer Halbstetigkeit der Entweichzeiten.

Lemma 8.7

Seien M ein topologischer Raum und $\Phi : E \to M$ ein lokaler Fluss auf M, und sei $t \in \mathbb{R}$ beliebig. Bezeichne $E_t := \{x \in M : (t, x) \in E\}$ und $\Phi_t : E_t \to M$, $\Phi_t(x) := \Phi(t, x)$. Dann gilt:

a) $E_t \subset M$ ist offen.

b) $\Phi_t(E_t) = E_{-t}$.

c) $\Phi_t : E_t \to E_{-t}$ ist bijektiv und in beiden Richtungen stetig, die Umkehrabbildung ist Φ_{-t}.

Beweis

a)   folgt sofort aus Flussaxiom i) (Offenheit der Menge E).

b)   Sei $y \in \Phi_t(E_t)$, also $y = \Phi(t, x)$ für ein $x \in E_t$. Nach Lemma 8.6 ist $I(y) = I(x) - t$, also $-t \in I(y)$ wegen $0 \in I(x)$ (Flussaxiom iii), und daher gilt $y \in E_{-t}$.

Ist umgekehrt $y \in E_{-t}$, dann setze $x := \Phi(-t, y)$. Wieder nach Lemma 8.6 gilt $I(x) = I(y) + t$, also $t \in I(x)$ (wegen Flussaxiom iii). Durch Anwendung der Flussaxiome iii) und iv) erhält man daraus die Gleichungskette

$$\Phi(t, x) = \Phi(t, \Phi(-t, y)) = \Phi(0, y) = y,$$

also $y \in \Phi_t(E_t)$.

c)   Die Stetigkeit von Φ_t folgt aus der Stetigkeit von Φ. Ersetzt man in b) t durch $-t$, so folgt die Wohldefiniertheit der Abbildung $\Phi_{-t} : E_{-t} \to E_t$. Die Umkehreigenschaft

$$\Phi_{-t}(\Phi_t(x)) = \Phi(-t, \Phi(t, x)) = \Phi(0, x) = x$$

folgt aus den Flussaxiomen iii) und iv). $\diamond$

Wir beweisen als nächstes, dass bei einem lokalen Fluss eine endliche Entweichzeit insofern wörtlich zu nehmen ist, als im Fall $I_+(x) > \infty$ die *positive Halbtrajektorie*

$$\mathcal{T}_+(x) := \{\Phi(t, x) : 0 \leqslant t < I_+(x)\}$$

aus dem Phasenraum *entweicht*, indem sie jede kompakte Teilmenge verläßt.

Satz 8.8
Sei Φ ein lokaler Fluss auf einem topologischen Raum M, und sei $x \in M$. Ist $I_+(x) < \infty$, dann verläßt die Halbtrajektorie $\mathcal{T}_+(x)$ jede kompakte Teilmenge von M.

Beweis
Angenommen, es gäbe ein Kompaktum $K \subset M$ mit $\mathcal{T}_+(x) \subset K$. Sei $(t_n)_{n \in \mathbb{N}} \subset (0, I_+(x))$ eine gegen $I_+(x)$ konvergente Folge. Wegen $\mathcal{T}_+(x) \subset K$ gilt $\Phi(t_n, x) \in K$ für alle $n \in \mathbb{N}$, also hat die Folge $(\Phi(t_n, x))_{n \in \mathbb{N}}$ einen Häufungspunkt $z \in K$. Weil nach Lemma 8.5 die Funktion $I_+ : M \to \mathbb{R} \cup \{\infty\}$ unterhalbstetig ist, gibt es zu jedem $\alpha < I_+(x)$ eine Umgebung U_α von z derart, dass $I_+(y) > \alpha$ für alle $y \in U_\alpha$ gilt. Weil die Folge $(t_n)_{n \in \mathbb{N}}$ gegen $I_+(x)$ konvergiert, gibt es ein $N(\alpha) \in \mathbb{N}$ derart, dass

$$t_n + \alpha > I_+(x) \quad \text{für alle } n \geqslant N(\alpha).$$

Weil z ein Häufungspunkt von $(\Phi(t_n, x))_{n \geqslant N(\alpha)}$ ist, gibt es ein $m \geqslant N(\alpha)$ mit $\Phi(t_m, x) \in U_\alpha$. Wegen Lemma 8.6 gilt

$$I_+(x) = I_+(\Phi(t_m, x)) + t_m > \alpha + t_m > I_+(x)$$

was ein Widerspruch ist und damit die Annahme ad absurdum führt. $\diamond$

Analog zu diesem Beweis kann man auch zeigen, dass im Fall einer endlichen negativen Entweichzeit $I_-(x) > -\infty$ die *negative Halbtrajektorie*

$$\mathcal{T}_-(x) := \{\Phi(t, x) : I_-(x) < t \leqslant 0\}$$

für $t \to I_-(x)$ jedes Kompaktum $K \subset M$ verläßt. Dieses »Entweichen« von Trajektorien mit endlicher Entweichzeit hat ein paar einfache aber interessante Konsequenzen, die dieses Kapitel abschließen.

Folgerung 8.9

Sei Φ ein lokaler Fluss auf einem topologischen Raum M.

a) Ist für einen Punkt $x \in M$ die positive Halbtrajektorie $\mathcal{T}_+(x) \subset M$ relativ kompakt, so ist $I_+(x) = \infty$.

b) Ist M kompakt, so ist Φ ein globaler Fluss.

8.6 Übungsaufgaben

Aufgabe 8.1

Seien M eine beliebige Menge und $T : M \to M$ eine Abbildung. Für $k \in \mathbb{N}_0$ bezeichne T^k die k-fache Iteration von T. Zeigen Sie:

a) Durch das Quadrupel $(M, \mathbb{Z}, \mathbb{N}_0 \times M, \Phi)$ mit $\Phi(k, x) = T^k(x)$ ist ein (allgemeines) dynamisches System gegeben.

b) Die Trajektorien dieses dynamischen Systems sind genau dann disjunkt, wenn f injektiv ist.

Aufgabe 8.2

Gegeben sei ein lokaler Fluss Φ auf einem topologischen Raum M.

a) Folgern Sie aus der Unterhalbstetigkeit der positiven Entweichzeit, dass die Menge der kritischen Punkte von Φ abgeschlossen ist.

b) Zeigen Sie, dass ein Punkt $x \in M$ genau dann kritisch ist, wenn jede Umgebung von x eine positive oder negative Halbtrajektorie enthält.

Aufgabe 8.3

Gegeben sei ein lokaler Fluss Φ auf einem topologischen Raum M. Zeigen Sie für einen gegebenen Punkt $x \in M$ die Äquivalenz folgender Aussagen:

a) Es gibt ein $T \neq 0$ mit $\Phi(T, x) = x$.

b) Es gibt ein $T \neq 0$ derart, dass für alle $t \in I(x)$ auch $T + t \in I(x)$ ist und $\Phi(T + t, x) = \Phi(t, x)$ gilt.

Aufgabe 8.4

Seien M ein topologischer Raum und Φ ein lokaler Fluss auf M. Dann besitzt jeder Punkt $x \in M$ eine Φ-Trajektorie $\mathcal{T}(x)$. Beweisen Sie, dass durch

$$x \sim y \quad :\Leftrightarrow \quad y \in \mathcal{T}(x)$$

eine Äquivalenzrelation auf M gegeben ist, und folgern Sie, dass jeder lokale Fluss die Eigenschaft hat, dass seine Trajektorien disjunkt sind.

Aufgabe 8.5

Bezeichne

$$w : \mathbb{R} \setminus \{0\} \to \mathbb{R}, \quad w(x) := \sqrt{|x|}$$

die Wurzelfunktion mit nicht-verschwindendem Argument, und sei

$$\widetilde{w} : \mathbb{R} \to \mathbb{R}, \qquad \widetilde{w}(x) := \sqrt{|x|}$$

die stetige Fortsetzung von w auf ganz $\mathbb{R}$. Beweisen Sie:

a) w ist der infinitesimale Generator eines lokalen Flusses Φ_w.

b) Für jedes reelle $x > 0$ gilt $\displaystyle\lim_{t \to I_-(x)} \Phi_w(t, x) = 0$.

c) Es gibt keinen lokalen Fluss mit $\widetilde{w}$ als infinitesimalen Generator.

Aufgabe 8.6

Seien M ein topologischer Raum und Φ ein lokaler Fluss auf M. Man zeige mit den Bezeichnungen von Lemma 8.7, dass für jedes $t \in \mathbb{R}$ die Abbildung

$$\Phi_t : E_t \to E_{-t}$$

bijektiv ist und Φ_{-t} als Umkehrabbildung hat.

Aufgabe 8.7

Sei $f : \mathbb{R}^N \to \mathbb{R}^N$ ein Lipschitz-stetiges Vektorfeld, dessen *Träger*

$$K := \mathrm{supp}(f) = \overline{\{x \in \mathbb{R}^N : f(x) \neq 0\}} \subset \mathbb{R}^N$$

kompakt ist. Zeigen Sie:

a) f erzeugt einen globalen Fluss.

b) Der Träger K ist eine invariante Menge dieses Flusses.

9 Langzeitverhalten von Lösungen

Bei vielen Anwendungen gewöhnlicher Differentialgleichungen interessiert man sich insbesondere dafür, wie sich die Lösungskurven (oder eine spezielle Schar von Lösungskurven) in der Zukunft entwickeln. Zu dieser Art von Fragestellungen gehören z. B. alle Überlegungen zur Stabilität, wie wir sie in den Kapiteln 4 und 6 angestellt haben. In diesem Kapitel verwenden und verfeinern wir die in Kapitel 8 entwickelten Begriffe, um mehr Information über das Langzeitverhalten von Trajektorien beschreiben zu können.

9.1 Positiv invariante Teilmengen

Gegeben sei ein lokaler Fluss auf einem Phasenraum. Wir betrachten zunächst Teilmengen des Phasenraums mit der Eigenschaft, dass alle darin startenden positiven Halbtrajektorien in der Teilmenge verbleiben.

Definition 9.1
Seien M ein topologischer Raum und Φ ein lokaler Fluss auf M. Eine Teilmenge $A \subset M$ heißt *positiv invariant*, wenn für alle $x \in A$ die positive Halbtrajektorie $\mathcal{T}_+(x) = \{\Phi(t,x) : 0 \leqslant t < I_+(t)\}$ eine Teilmenge von A ist.

Nach dieser Definition ist eine Teilmenge $A \subset M$ genau dann positiv invariant, wenn sie eine Vereinigung von Halbtrajektorien ist.

Beispiel 9.1
Bei dem lokalen Fluss auf der Halbgeraden $[0, \infty) \subset \mathbb{R}$, der durch Verhulst's *logistische Differentialgleichung*

$$\dot{p} = \mu p - \nu p^2 = p(\mu - \nu p)$$

mit zwei positiven reellen Konstanten μ, ν definiert ist (vgl. Beispiel 1.2), können wir alle positiv invarianten Intervalle $A \subset [0, \infty)$, die nicht nur aus einem Punkt bestehen, ermitteln:

$$A \text{ ist positiv invariant} \quad \Leftrightarrow \quad \frac{\mu}{\nu} \in \overline{A}. \tag{9.1}$$

Beweis
Wir können jedes Anfangswertproblem $\dot{p} = \mu p - \nu p^2$, $p(0) = p_0 \geqslant 0$, explizit lösen (vgl. Übungsaufgabe 1.4):

$$\phi : \mathbb{R} \to [0, \infty), \quad \phi(t) = \frac{\mu}{\nu} \cdot \frac{p_0}{p_0 + e^{-\mu t}}.$$

Daraus folgt

$$\lim_{t \to \infty} \phi(t) = \begin{cases} 0 & \text{für } p_0 = 0, \\ \frac{\mu}{\nu} & \text{für } p_0 > 0. \end{cases} \tag{9.2}$$

Ist I positiv invariant, und enthält I außer dem Nullpunkt noch irgendeinen anderen Punkt, so muss wegen (9.2) jedenfalls $\frac{\mu}{\nu} \in \overline{I}$ sein.

Ist umgekehrt $\frac{\mu}{\nu} \in \overline{I}$, so ist I wegen der Monotonie der Lösungen ϕ auch positiv invariant. $\diamond$

Positive Invarianz einer Teilmenge A des Phasenraums bedeutet, dass jede in A startende Halbtrajektorie in A verbleibt. Ist A abgeschlossen, so folgt positive Invarianz bereits dann, wenn man nur weiss, dass alle Halbtrajektorien anfänglich in A bleiben; das ist der Inhalt des folgenden Lemmas.

Lemma 9.1
Seien M ein topologischer Raum, $(M, \mathbb{R}, E, \Phi)$ ein lokaler Fluss und $A \subset M$ eine abgeschlossene Teilmenge. Dann sind die folgenden Aussagen äquivalent

a) A ist positiv invariant.

b) Zu jedem Punkt $x \in A$ gibt es ein $\varepsilon > 0$ derart, dass für alle $t \in [0, \varepsilon)$ die Relationen $(x, t) \in E$ und $\Phi(x, t) \in A$ gelten.

Beweis

Die Implikation a) $\Rightarrow$ b) ist sofort klar: man wähle etwa $\varepsilon = I_+(x)$.

Zum Beweis der Implikation b) $\Rightarrow$ a) nehmen wir an, A wäre nicht positiv invariant. Dann gibt es ein $x \in A$ und ein reelles $t_0 > 0$ derart, dass $(x, t_0) \in E$ und $\Phi(x, t_0) \notin A$ gelten. Sei t_1 die erste Austrittszeit von x aus A, also

$$t_1 := \inf\{t \in [0, t_0) : \Phi(x, t) \notin A\}.$$

Dann ist jedenfalls $\Phi_f(x, t) \in A$ für alle $t \in [0, t_1)$, also wegen der Abgeschlossenheit von A auch $x_1 := \Phi_f(x, t_1) \in A$. Nach Bedingung b) gibt es dann aber ein $\varepsilon > 0$ derart, dass für alle $s \in [0, \varepsilon)$ die Relationen $(x_1, t) \in E$ und $\Phi_f(x_1, s) \in A$ gelten. Daraus folgt aber nach dem Flussaxiom ii) für alle $s \in [0, \varepsilon)$:

$$\Phi_f(x, t_1 + s) = \Phi(\Phi(x, t_1), s) = \Phi(x_1, s) \in A$$

im Widerspruch zur Definition von t_1 als Infimum. $\diamond$

Dieser Beweis würde offensichtlich nicht funktionieren, wenn die Menge A nicht abgeschlossen wäre. In der Tat ist wegen der Stetigkeit des Flusses für jede *offene* Menge A die Bedingung b) aus Lemma 9.1 erfüllt, auch wenn A nicht positiv invariant ist.

9.2 Die Subtangentialbedingung

Gegeben seien ein Vektorfeld $f : M \to \mathbb{R}$ und der davon erzeugte lokale Fluss Φ_f. Intuitiv klingt es ziemlich einleuchtend, dass eine Menge $A \subset M$ genau dann positiv invariant ist, wenn das erzeugende Vektorfeld in jedem Randpunkt von A »nicht nach außen zeigt«, also sozusagen »unterhalb der Tangente liegt«, wenn man sich die Menge A »unten« und das Äußere von A »oben« vorstellt. Die folgenden Resultate präzisieren diese Intuition.

Ist ein Fluss Φ_f wie in Satz 8.4 von einem Vektorfeld erzeugt, dann ist das erzeugende Vektorfeld gerade die Ableitung der Flusslinien:

$$f(x) = \frac{\partial}{\partial t} \Phi_f(x, t)\Big|_{t=0} \qquad \text{für alle } x \in M.$$

Also gilt für Φ_f eine Gleichung der Form

$$\Phi_f(x, t) = x + t\, f(x) + \rho(t), \tag{9.3}$$

wobei das *Restglied* ρ die folgende Bedingung erfüllt:

$$\lim_{t \to 0} \frac{\rho(t)}{t} = 0. \tag{9.4}$$

Ist nun eine positiv invariante Teilmenge $A \subset M$ gegeben, und ist $x \in A$, so ist jedenfalls auch $\Phi_f(x, t) \in A$ für $t \in (0, I_+(x))$. Nach (9.3) gilt also für solche t:

$$x + t\, f(x) + \phi(t) = \Phi_f(x, t) \in A \quad \Rightarrow \quad d_A(x + t\, f(x)) \leqslant |\phi(t)|.$$

Dividiert man beide Seiten durch $t > 0$, so folgt aus dem Vorigen und (9.4) die Implikation

$$A \text{ positiv invariant} \quad \Rightarrow \quad \lim_{t \downarrow 0} \frac{d_A(x + tf(x))}{t} = 0. \tag{9.5}$$

Das Interessante dabei ist nun, dass auch die Umkehrung gilt, und dass man die Grenzwertbedingung sogar noch abschwächen kann.

Satz 9.2 (Subtangentialbedingung)
Seien $M \subset \mathbb{R}^N$ eine offene Menge, $f : M \to \mathbb{R}^N$ ein lokal Lipschitz-stetiges Vektorfeld und Φ_f der davon erzeugte lokale Fluss auf M. Für eine abgeschlossene Menge $A \subset M$ sind äquivalent:

a) A ist positiv invariant.

b) Jeder Punkt $x \in A$ erfüllt die *Subtangentialbedingung*

$$\liminf_{t \downarrow 0} \frac{d_A(x + tf(x))}{t} = 0.$$

Zum Beweis ist zunächst zu bemerken, dass die Implikation a) $\Rightarrow$ b) eine unmittelbare Folge aus (9.5) ist. Damit ist nur noch zu zeigen, dass die Erfülltheit der Subtangentialbedingung in jedem Punkt von A hinreichend für die positive Invarianz von A ist.

Hierzu betrachtet man zu einem beliebig gewählten Punkt $x \in A$ die *Abstandsfunktion* der Trajektorie,

$$\phi : \big(t^-(x), t^+(x)\big) \to M, \quad \phi(t) = d_A(\Phi_f(x,t))\,. \tag{9.6}$$

Ist die Subtangentialbedingung an der Stelle x erfüllt, dann werden wir mit einer trickreichen Rechnung zeigen, dass ihre *untere, rechtsseitige Dini-Ableitung*

$$D_+\phi(t) := \liminf_{s \downarrow 0} \frac{\phi(t+s) - \phi(t)}{s} \tag{9.7}$$

auf einem gewissen Intervall $[0, \varepsilon)$ die folgende *Differentialungleichung* erfüllt:

$$D_+\phi(t) \leqslant L\phi(t)\,, \tag{9.8}$$

wobei L eine positive, reelle Konstante ist. Anstelle dieser Differentialungleichung kann man nun die Differential*gleichung*

$$\dot{x} = Lx$$

betrachten, von der wir alle Lösungen kennen, und zum Abschätzen von ϕ den nun folgenden Satz anwenden.

> **Satz 9.3 (Vergleichssatz)**
> Gegeben seien ein offenes Intervall $J \subset \mathbb{R}$, ein Phasenraum $M \subset \mathbb{R}$, eine stetige Funktion $f : J \times M \to \mathbb{R}$, die eine lokale Lipschitz-Bedingung erfüllt, sowie eine Lösung $\phi : J \to M$ der Differentialgleichung $\dot{x} = f(t,x)$. Sind $t_0 \in J$ und $\psi : J \to M$ eine Funktion mit den Eigenschaften
>
> $$\psi(t_0) \leqslant \phi(t_0) \quad \text{und} \quad D_+\psi(t) \leqslant f(t, \phi(t)) \quad \text{für alle } t \in J \cap [t_0, \infty),$$
>
> dann ist $\psi \leqslant \phi$ auf $J \cap [0, \infty)$.

Beweis

Seien $t_1 \in J$ mit $t_1 > 0$ und $a_0 > 0$ so klein, dass es zu jedem $a \in (0, a_0)$ eine auf $[t_0, t_1]$ existierende Lösung ϕ_a des zweidimensionalen Anfangswertproblems

$$\begin{cases} \dot{x} = f(t,x) + y, & x(t_0) = \phi(t_0) \\ \dot{y} = 0, & y(t_0) = a \end{cases}$$

gibt; nach dem Stetigkeitssatz 7.1 muss ein solches a_0 exisitieren, da für $a = 0$ die Lösung auf dem größeren Intervall $J \supset [t_0, t_1]$ existiert.

Nehmen wir an, es gäbe ein $a \in (0, a_0)$ und ein $t_2 \in (t_0, t_1)$ mit $\psi(t_2) > \phi_a(t_2)$. Dann müßte auch ein $t_3 \in [t_0, t_2)$ mit den Eigenschaften

$$\psi(t_3) = \phi_a(t_3) \quad \text{und} \quad \psi(t) > \phi_a(t) \quad \text{für } t \in (t_3, t_2]$$

existieren. Daraus folgte aber

$$D_+\psi(t_3) \geqslant \dot{\phi}_a(t_3) = f(t_3, \phi_a(t_3)) + a > f(t_3, \psi(t_3)),$$

was der Voraussetzung $D_+\psi \leqslant \phi$ widerspräche.

Daher gilt $\psi(t) \leqslant \phi_a(t)$ für alle $a \in (0, a_0)$ und alle $t \in [t_0, t_1]$. Mit $a \to 0$ erhalten wir wegen dem Stetigkeitssatz 7.1 die Gültigkeit der Ungleichung $\psi \leqslant \phi$ auf $[t_0, t_1]$. Weil $t_1 \in J \cap (t_0, \infty)$ beliebig war, folgt jetzt die Behauptung des Satzes. $\diamond$

Beweis zu Satz 9.2

Die Implikation a) $\Rightarrow$ b) folgt aus (9.5).

Zum Beweis der Umkehrung b) $\Rightarrow$ a) sei $x \in A$ beliebig. Nach Lemma 9.1 und der Charakterisierung abgeschlossener Mengen in Übungsaufgabe A.3 genügt es zu zeigen, dass ein $\varepsilon > 0$ derart existiert, dass die in (9.6) schon erwähnte Abstandsfunktion der Trajektorie

$$\phi : \bigl(t^-(x), t^+(x)\bigr) \to M, \quad \phi(t) = d_A(\Phi_f(x, t)).$$

auf dem Intervall $[0, \varepsilon)$ konstant verschwindet.

Sei nun $r > 0$ so gewählt, dass $\overline{B(x, 4r)} \subset M$ gilt; das ist möglich, weil M offen ist. Weiter sei $\varepsilon > 0$ so klein, dass die Flusslinie von x für Zeiten $t \in [0, \varepsilon]$ in $\overline{B(x, r)}$ verläuft. Wegen der Kompaktheit von $A_{2r}(x) := \overline{B(x, 2r)} \cap A$ gibt es zu jedem solchen t einen »Fußpunkt« $p_t \in A_{2r}(x)$ mit der Eigenschaft

$$\phi(t) = |\Phi(x, t) - p_t|. \tag{9.9}$$

Zu festem $t \in [0, \varepsilon)$ gilt nun für alle

$$s \in \left(0, \min\left\{\varepsilon - t, \frac{r}{|f(p_t)| + 1}\right\}\right)$$

die Ungleichungskette

$$|p_t + sf(p_t) - x| \leqslant |p_t - x| + |sf(p_t)| \leqslant 3r.$$

Wegen $p_t \in A$ gilt jedenfalls

$$d_A(p_t + sf(p_t)) \leqslant r,$$

also gibt es zu $p_t + sf(p_t)$ wieder einen »Fußpunkt« $q_{s,t} \in A \cap \overline{B(x, 4r)}$ mit

$$|p_t + sf(p_t) - q_{s,t}| = d_A(p_t + sf(p_t)). \tag{9.10}$$

Dann folgt aus der Dreiecksungleichung die Ungleichungskette

$$\begin{aligned}
\phi(t + s) &= d_A(\Phi_f(x, t + s)) \\
&\leqslant |\Phi_f(x, t + s) - q_{s,t}| \\
&\leqslant |\Phi_f(x, t + s) - \Phi_f(x, t) - sf(\Phi_f(x, t))| + |\Phi_f(x, t) - p_t| + \\
&\quad + s|f(\Phi_f(x, t)) - f(p_t)| + |p_t + sf(p_t) - q_{s,t}|.
\end{aligned}$$

Nach (9.9) ist der zweite Summand auf der rechten Seite gleich $\phi(t)$, daher ergibt sich eine Abschätzung des Differenzenquotienten

$$\frac{\phi(t+s)-\phi(t)}{s} \leqslant s^{-1}|\Phi_f(x,t+s)-\Phi_f(x,t)-sf(\Phi_f(x,t))|+ \tag{9.11}$$

$$+\,|f(\Phi_f(x,t))-f(p_t)|+ \tag{9.12}$$

$$+\,s^{-1}|p_t+sf(p_t)-q_{s,t}|\,. \tag{9.13}$$

Für $s\downarrow 0$ geht der Term (9.11) gegen 0, wie man mittels einer Restgliedabschätzung wie in (9.3) und (9.4) verifiziert. Bzgl. des Terms (9.13) erhalten wir aus (9.10) und der Subtangentialbedingung b)

$$\liminf_{s\downarrow 0} s^{-1}|p_t+sf(p_t)-q_{s,t}| = \liminf_{s\downarrow 0} s^{-1}d_A(p_t+sf(p_t)) \leqslant 0\,.$$

Zum Abschätzen des zweiten Terms (9.12) verwenden wir Satz 7.4: weil die Menge A_{2r} kompakt ist, gibt es eine Lipschitz-Konstante $L>0$ für f, die auf ganz A_{2r} gilt, also gilt für alle $t\in[0,\varepsilon)$ die Ungleichung

$$|f(\Phi_f(x,t))-f(p_t)| \leqslant L\,|\Phi_f(x,t)-p_t| = L\phi(t)\,.$$

Insgesamt erhalten wir also die Ungleichung

$$\liminf_{s\downarrow 0} \frac{\phi(t+s)-\phi(t)}{s} \leqslant L\phi(t)\,. \tag{9.14}$$

Ist nun $\phi_0:\mathbb{R}\to\mathbb{R}$ die Lösung des Anfangswertproblems

$$\dot{x}=Lx,\quad x(0)=\phi(0)=0,$$

also $\phi_0\equiv 0$, so sind die Bedingungen des Vergleichssatzes 9.3 auf dem Intervall $[0,\varepsilon)$ erfüllt, und es gilt für alle $t\in[0,\varepsilon)$

$$\phi(t) \leqslant \phi_0(t)=0\,.$$

Daraus folgt, dass die Subtangentialbedingung hinreichend für die positive Invarianz ist. $\diamond$

Bei gewissen Teilmengen $A\subset M\subset\mathbb{R}^N$ des Phasenraums M läßt sich die Subtangentialbedingung leicht auswerten. Als Beispiel betrachten wir ein Rechteck

$$A=[a_1,b_1]\times[a_2,b_2]\subset\mathbb{R}^2$$

für vier reelle Zahlen $a_1<b_1$ und $a_2<b_2$, wobei wir annehmen, dass der den lokalen Fluss erzeugende infintesimale Generator $f=(f_1,f_2)$ auf einer Umgebung $U\supset A$ definiert und lokal Lipschitz-stetig ist. In diesem Fall ist die Subtangentialbedingung

$$\liminf_{t\downarrow 0} \frac{d_A(x+tf(x))}{t}=0 \quad\text{für alle } x\in A \tag{9.15}$$

äquivalent zu den insgesamt vier Bedingungen (vgl. Übungsaufgabe 9.2)

$$f_1(a_1, x_2) \geqslant 0 \geqslant f_1(b_1, x_2) \quad \text{für alle } x_2 \in [a_2, b_2], \tag{9.16}$$

$$f_2(x_1, a_2) \geqslant 0 \geqslant f_2(x_1, b_2) \quad \text{für alle } x_1 \in [a_1, b_1]. \tag{9.17}$$

Beispiel 9.2 (Konkurrenz zweier Arten)

Das folgende System von Differentialgleichungen findet man bei Volterra [9].
Es handelt sich um ein mathematisches Modell für die Entwicklung der Populationszahlen zweier Arten von Lebewesen, die sich von der gleichen Ressource ernähren und um diese in Konkurrenz stehen.

$$\frac{dN_1}{dt} = (\varepsilon_1 - \gamma_1 F(N_1, N_2)) N_1, \qquad \frac{dN_2}{dt} = (\varepsilon_2 - \gamma_2 F(N_1, N_2)) N_2. \tag{9.18}$$

Hierbei beschreibt die Funktion $F : [0, \infty) \times [0, \infty) \to \mathbb{R}$ die Menge von Ressourcen, die in einem festen Zeitintervall verbraucht werden, wenn die Populationszahlen in diesem Zeitintervall durch N_1 und N_2 gegeben sind; wir nehmen an, sie habe folgende Eigenschaften:

i) für jedes feste $N_1 \in [0, \infty)$ ist die Abbildung $\nu_2 \mapsto F(N_1, \nu_2)$ streng monoton wachsend mit $\lim\limits_{\nu_2 \to \infty} F(N_1, \nu_2) = \infty$,

ii) für jedes feste $N_2 \in [0, \infty)$ ist die Abbildung $\nu_1 \mapsto F(\nu_1, N_2)$ streng monoton wachsend mit $\lim\limits_{\nu_1 \to \infty} F(\nu_1, N_2) = \infty$,

iii) F ist auf $[0, \infty)^2$ lokal Lipschitz-stetig.

Die Funktion $F : [0, \infty)^2 \to \mathbb{R}$ lässt sich ganz natürlich zu einer auf $\mathbb{R}^2$ definierten und lokal Lipschitz-stetigen Funktion fortsetzen:

$$\widetilde{F} : \mathbb{R}^2 \to \mathbb{R}, \quad \widetilde{F}(x, y) := F(|x|, |y|) \quad \text{für alle } (x, y) \in \mathbb{R}^2.$$

Das zweidimensionale System (9.18) definiert einen lokalen Fluss auf dem Phasenraum $\mathbb{R}^2$ mit dem infinitesimalen Generator

$$f(N_1, N_2) = \begin{pmatrix} f_1(N_1, N_2) \\ f_2(N_1, N_2) \end{pmatrix} = \begin{pmatrix} \left(\varepsilon_1 - \gamma_1 \widetilde{F}(N_1, N_2)\right) N_1 \\ \left(\varepsilon_2 - \gamma_2 \widetilde{F}(N_1, N_2)\right) N_2 \end{pmatrix}.$$

Wir nehmen zunächst die Urbilder unter F,

$$S_1 := F^{-1}\left(\frac{\varepsilon_2}{\gamma_2}, 0\right) \quad \text{und} \quad S_2 := F^{-1}\left(0, \frac{\varepsilon_1}{\gamma_1}\right), \tag{9.19}$$

und betrachten das abgeschlossene Rechteck

$$A := [0, S_1] \times [0, S_2]$$

im Phasenraum $[0, \infty)^2$. Um unter Verwendung von Satz 9.2 nachzuweisen, dass A positiv invariant ist, müssen wir nur die Bedingungen (9.16) und (9.17) für $a_1 = a_2 = 0$, $b_1 = S_1$ und $b_2 = S_2$ nachprüfen:

1. Für $y \in [0, S_2]$ gilt $f_1(0, y) = (\varepsilon_1 - \gamma_1 F(0, y)) \cdot 0 = 0 \geqslant 0$.

2. Für $y \in [0, S_2]$ gilt

$$
\begin{aligned}
f_1(S_1, y) &= (\varepsilon_1 - \gamma_1 F(S_1, y)) \cdot S_1 \\
&\geqslant (\varepsilon_1 - \gamma_1 F(S_1, S_2)) \cdot S_1 && \text{wegen Bedingung i),} \\
&\geqslant (\varepsilon_1 - \gamma_1 F(S_1, 0)) \cdot S_1 && \text{wegen Bedingung ii),} \\
&= \left(\varepsilon_1 - \gamma_1 \cdot \frac{\varepsilon_1}{\gamma_1} \right) S_1 && \text{wegen (9.19),} \\
&= 0 \, .
\end{aligned}
$$

3. Für $x \in [0, S_1]$ gilt $f_2(x, 0) = (\varepsilon_1 - \gamma_1 F(x, 0)) \cdot 0 = 0 \geqslant 0$.

4. Für $x \in [0, S_1]$ gilt

$$
\begin{aligned}
f_2(x, S_2) &= (\varepsilon_2 - \gamma_2 F(x, S_2)) \cdot S_2 \\
&\geqslant (\varepsilon_2 - \gamma_2 F(S_1, S_2)) \cdot S_2 && \text{wegen Bedingung ii),} \\
&\geqslant (\varepsilon_2 - \gamma_2 F(0, S_2)) \cdot S_2 && \text{wegen Bedingung i),} \\
&= \left(\varepsilon_2 - \gamma_2 \cdot \frac{\varepsilon_2}{\gamma_2} \right) S_2 && \text{wegen (9.19),} \\
&= 0 \, .
\end{aligned}
$$

Damit ist nachgewiesen, dass das Rechteck $[0, S_1] \times [0, S_2]$ im vom infinitesimalen Generator f erzeugten lokalen Fluss auf $\mathbb{R}^2$ positiv invariant ist. Diese Aussage lässt sich noch wesentlich verschärfen, siehe Übungsaufgabe 9.3.

9.3 Limesmengen und Attraktoren

Positive Halbtrajektorien und invariante Mengen sind Mittel, um Stabilitätseigenschaften dynamischer Systeme zu studieren. In diesem Abschnitt bauen wir darauf weitere Begriffe auf, die eine präzisere Beschreibung des Grenzverhaltens von Trajektorien erlauben. Die ersten solchen Begriffe sind *Anziehung* und *Anziehungsbereich*: eine Teilmenge des Phasenraums *zieht* einen Punkt x des Phasenraums *an*, wenn sich die positive Halbtrajektorie $\mathcal{T}_+(x)$ immer mehr an besagte Teilmenge annähert. Hier eine formale Definition.

Definition 9.2
Seien M ein topologischer Raum, Φ ein lokaler Fluss auf M und $G \subset M$ eine nicht-leere Teilmenge.

a) Man sagt, ein Punkt x werde von G *angezogen*, wenn gilt:

    i) $I_+(x) = \infty$,

    ii) $\lim\limits_{t\to\infty} d\big(\Phi(t,x),G\big) = 0$.

b) Die Menge
$$\mathcal{A}(G) := \{x \in M : x \text{ wird von } G \text{ angezogen}\}$$
bezeichnet man als *Anziehungsbereich* von G.

Bemerkung 9.1

    a) Jeder Anziehungsbereich ist eine invariante Menge.

    b) Ist $G \subset M$ eine Teilmenge, deren Abschluß $\overline{G}$ nicht positiv invariant ist, so ist $\mathcal{A}(G) = \varnothing$.

    c) Ist $x_0 \in M$ ein asymptotisch stabiler kritischer Punkt eines lokal Lipschitzstetigen Vektorfelds (vgl. Definition 4.8), so ist der Anziehungsbereich $\mathcal{A}(\{x_0\})$ eine Umgebung von x_0.

Definition 9.3
Seien M ein topologischer Raum und Φ ein lokaler Fluss mit Phasenraum M. Eine Teilmenge $\Lambda \subset M$ heißt *Attraktor* des Flusses, wenn

    i) der Anziehungsbereich $\mathcal{A}(\Lambda)$ eine Umgebung von Λ ist,

    ii) für genügend große $t \in \mathbb{R}$ die Relation $\Lambda \subset \Phi(t,\Lambda)$ gilt.

Beispiel 9.3

Zur Illustration des Begriffs *Attraktor* betrachten wir die autonome lineare Differentialgleichung

$$\begin{pmatrix} x_1 \\ x_2 \end{pmatrix}^{\bullet} - \begin{pmatrix} 1 & 0 \\ 0 & -1 \end{pmatrix} \begin{pmatrix} x_1 \\ x_2 \end{pmatrix} . \tag{9.20}$$

Die maximale Lösung zu einem Anfangspunkt $\begin{pmatrix} c_1 \\ c_2 \end{pmatrix} \in \mathbb{R}^2$ dieser Differentialgleichung ist

$$\phi : \mathbb{R} \to \mathbb{R}^2 , \quad \phi(t) = \begin{pmatrix} c_1 e^t \\ c_2 e^{-t} \end{pmatrix} .$$

Daraus folgen sofort die folgenden Aussagen:

a) Der kritische Punkt $0 = \begin{pmatrix} 0 \\ 0 \end{pmatrix}$ besitzt als Anziehungsbereich die x_2-Achse

$$\mathcal{A}(\{0\}) = \left\{ \begin{pmatrix} 0 \\ x_2 \end{pmatrix} : x_2 \in \mathbb{R} \right\}.$$

b) Die x_1-Achse

$$X := \left\{ \begin{pmatrix} x_1 \\ 0 \end{pmatrix} : x_1 \in \mathbb{R} \right\}$$

ist der einzige Attraktor des von (9.20) erzeugten Flusses.

Lemma 9.4
Sei Φ ein Fluss auf einem topologischen Raum M, und $\Lambda \subset M$ ein Attraktor dieses Flusses. Dann ist $\mathcal{A}(\Lambda) \subset \mathbb{M}$ offen.

Beweis

Bezeichne $U := \mathcal{A}(\Lambda)^\circ$ das offene Innere von $\mathcal{A}(\Lambda)$.

Sei $x \in \mathcal{A}(\Lambda)$. Dann gibt es ein $t \geqslant 0$ mit $\Phi(t, x) \in U$. Weil der Definitionsbereich $E \subset \mathbb{R} \times M$ des Flusses Φ eine offen Teilmenge von $\mathbb{R} \times M$ ist, ist auch die Menge $E_t := \{y \in M : (t, y) \in E\}$ in M offen. Weil der Fluss Φ und damit auch seine Einschränkung Φ_t auf E_t stetig sind, ist die Menge

$$W := (\Phi_t)^{-1}(U) \subset M$$

offen und eine Umgebung von x. Für $y \in W$ gilt $\Phi(t, y) = \Phi_t(y) \in U$, also insbesondere auch $y \in \mathcal{A}(\Lambda)$. Daher ist $W \subset \mathcal{A}(\Lambda)$, also ist $\mathcal{A}(\Lambda)$ eine Umgebung von x.

Weil $x \in \mathcal{A}(\Lambda)$ beliebig war, ist damit $\mathcal{A}(\Lambda)$ offen. $\Diamond$

Die Begriffe *Anziehungsbereich* und *Attraktor* beschreiben die Situation aus der Sicht des Phasenraums: Gegeben eine Teilmenge des Phasenraums, also eine Menge von Zuständen, sagen diese Begriffe etwas darüber aus, wie sich Trajektorien des Flusses in Bezug auf diese Teilmenge verhalten. Möchte man umgekehrt die Situation aus Sicht einer Trajektorie beschreiben, frägt man sich z. B. »Welche Zustände nimmt ein gegebener Anfangszustand nach langer Zeit, also für große t, an?«, so ist zunächst der Begriff der *Limesmenge* natürlicher.

Definition 9.4
Sei Φ ein lokaler Fluss auf einem topologischen Raum M. Für $x \in M$ heißt

$$\omega(x) := \bigcap \left\{ \overline{\mathcal{T}_+(\Phi(x,t))} : 0 \leqslant t < I_+(x) \right\} \subset M$$

die *positive Limesmenge* oder *ω-Limesmenge* von x bzgl. des Flusses Φ.

Beispiel 9.4
Die ω-Limesmengen im Beispiel 9.3 sind:

$$\omega \begin{pmatrix} x \\ y \end{pmatrix} = \begin{cases} \{0\} & \text{falls } x = 0, \\ \varnothing & \text{ansonsten.} \end{cases}$$

Wir beweisen zum Abschluss dieses Kapitels einige Tatsachen über die Verbindungen einer positiven Halbtrajektorie mit ihrer ω-Limesmenge.

Lemma 9.5
Sei Φ ein Fluss auf einem lokalkompakten metrischen Raum (M, d), und sei $x \in M$ beliebig. Dann gilt:

a) Ist die Entweichzeit von x endlich, so ist $\omega(x) = \varnothing$.

b) Hat x eine unendliche Entweichzeit, so ist

$$\omega(x) = \left\{ x_\infty \in M \,\middle|\, \begin{array}{l} \text{es gibt eine Folge } (t_n)_{n \in \mathbb{N}} \subset I(x) \\ \text{mit } \lim_{n \to \infty} t_n = \infty \text{ und } \lim_{n \to \infty} \Phi(t_n, x) = x_\infty \end{array} \right\}$$

c) $\overline{\mathcal{T}_+(x)} = \mathcal{T}_+(x) \cup \omega(x)$.

Beweis

a) Angenommen, es gäbe einen Punkt $x_1 \in \omega(x)$. Weil M lokalkompakt ist, gibt es eine kompakte Umgebung K von x_1. Nach Satz 8.8 verläßt die Halbtrajektorie $\mathcal{T}_+(x)$ das Kompaktum K irgendwann, also gibt es ein $t_K > 0$ derart, dass $\Phi(t, x) \notin K$ für $t > t_K$ gilt. Also ist

$$x_1 \notin \overline{\mathcal{T}_+(\Phi(t, x))} \quad \text{für } t > t_K.$$

Daraus folgt $\bigcap \left\{ \overline{\mathcal{T}_+(\Phi(x,t))} : 0 < t < I_+(x) \right\} = \varnothing$.

b) Ist $x_1 \in \omega(x)$, so gilt nach Definition 9.4 wegen $I_+(x) = \infty$

$$x_1 \in \overline{\mathcal{T}_+(\Phi(t, x))} \quad \text{für jedes } t \in (0, \infty).$$

Also gibt es zu jedem $n \in \mathbb{N}$ ein $t_n \in (n, \infty)$ mit

$$d(x_1, \Phi(t_n, x)) < \frac{1}{n}.$$

Daraus folgt sowohl $\lim_{n \to \infty} t_n = \infty$ als auch $\lim_{n \to \infty} t_n = x_1$.

Gibt es umgekehrt eine Folge $(t_n)_{n \in \mathbb{N}} \subset (0, \infty)$ mit

$$\lim_{n \to \infty} t_n = \infty \quad \text{und} \quad \lim_{n \to \infty} t_n = x_1 \in M \,,$$

so gibt es jedenfalls für jedes $t \in (0, \infty)$ ein $N(t) \in \mathbb{N}$ mit

$$t_n \geqslant t \quad \text{für} \quad n \geqslant N(t) \,.$$

Daraus folgt $\{\Phi(t_n, x) : n \geqslant N(t)\} \subset \mathcal{T}_+(\Phi(t, x))$, also nach Aufgabe A.3 a) auch

$$x_1 \in \overline{\{\Phi(t_n, x) : n \geqslant N(t)\}} \subset \overline{\mathcal{T}_+(\Phi(t, x))} \,.$$

Weil dies für jedes $t \in (0, \infty)$ richtig ist, folgt $x_1 \in \omega(x)$.

c)   Die Inklusion $\supset$ folgt sofort aus Definition 9.4.

Zum Beweis der anderen Inklusion $\subset$ sei $x_1 \in \overline{\mathcal{T}_+(x)}$. Nach (A.2) gilt damit entweder $x_1 \in \mathcal{T}_+(x)$, oder x_1 ist ein Häufungspunkt von $\mathcal{T}_+(x)$. Im ersten Fall ist nichts mehr zu zeigen. Im zweiten Fall gibt es eine Folge $(t_n)_{n \in \mathbb{N}} \subset (0, \infty)$ mit

$$x_1 = \lim_{n \to \infty} \Phi(t_n, x) \,.$$

Im Fall $\lim_{n \to \infty} t_n = \infty$ ergibt sich die Aussage c aus Teil b).

Sei also die Aussage $\lim_{n \to \infty} t_n = \infty$ falsch. Dann gibt es ein $T > 0$ derart, dass

$$t_n \in [0, T] \quad \text{für unendlich viele Indizes } n$$

gilt. Nach einer Konsequenz des Satzes von Bolzano-Weierstrass, Folgerung A.3, gibt es dann eine konvergente Teilfolge $(t_{n_k})_{k \in \mathbb{K}}$ mit einem Grenzwert

$$t_\infty = \lim_{k \to \infty} t_{n_k} \in [0, T] \,.$$

Wegen der Stetigkeit des Flusses Φ ist damit

$$x_1 = \lim_{n \to \infty} \Phi(t_n, x) = \lim_{k \to \infty} \Phi(t_{n_k}, x) = \Phi(t_\infty, x) \in \mathcal{T}_+(x) \,. \Diamond$$

9.4 Übungsaufgaben

Aufgabe 9.1

Seien $M \subset \mathbb{R}^N$ offen, $f : M \to \mathbb{R}^N$ ein lokal Lipschitz-stetiges Vektorfeld und $V : D \to \mathbb{R}$ eine Ljapunow-Funktion für f. Zeigen Sie, dass für jedes $\alpha \in \mathbb{R}$ die Menge

$$\{V \leqslant \alpha\} := \{x \in M : V(x) \leqslant \alpha\}$$

im von f erzeugten lokalen Fluss positiv invariant ist.

Aufgabe 9.2

Für jedes $j \in \{1, \ldots, N\}$ seien zwei reelle Zahlen $a_j < b_j$ gegeben, und sei $f : U \to \mathbb{R}^N$ ein Vektorfeld, das auf einer Umgebung U des Hyperquaders

$$Q := \prod_{j=1}^{N} [a_j, b_j] \subset \mathbb{R}^N$$

definiert ist. Man zeige: Die Subtangentialbedingung

$$\liminf_{t \downarrow 0} \frac{d_A(x + t f(x))}{t} = 0 \quad \text{für alle } x \in Q$$

ist äquivalent zu den Bedingungen

$$\left(\begin{array}{l} f_j(a_1, \ldots, a_{j-1}, x_j, a_{j+1}, \ldots, a_N) \geqslant 0 \geqslant f_j(b_1, \ldots, b_{j-1}, x_j, b_{j+1}, \ldots, b_N) \\ \text{für alle } x_j \in [a_j, b_j] \text{ and alle } j \in \{1, \ldots, N\}. \end{array} \right)$$

Aufgabe 9.3 (Konkurrenz zweier Arten)

Wir betrachten das zweidimensionale System aus Beispiel 9.2,

$$\frac{dN_1}{dt} = (\varepsilon_1 - \gamma_1 F(N_1, N_2)) N_1 , \qquad \frac{dN_2}{dt} = (\varepsilon_2 - \gamma_2 F(N_1, N_2)) N_2 ,$$

und nehmen zusätzlich an, dass die vier positiven, reellen Parameter $\varepsilon_1, \varepsilon_2, \gamma_1, \gamma_2$ die Ungleichung

$$\frac{\varepsilon_1}{\gamma_1} > \frac{\varepsilon_2}{\gamma_2} \tag{9.21}$$

erfüllen.

a) Zeigen Sie, dass das System (9.18) auf dem ersten Quadranten

$$Q_1 := [0, \infty)^2 \subset \mathbb{R}^2$$

einen globalen Fluss Φ erzeugt.

b) Beweisen Sie, dass die Menge

$$A := \left\{ \begin{pmatrix} N_1 \\ N_2 \end{pmatrix} \in [0, \infty)^2 \;\middle|\; \frac{\varepsilon_2}{\gamma_2} \leqslant F(N_1, N_2) \leqslant \frac{\varepsilon_2}{\gamma_2} \right\}$$

positiv invariant ist.

c) Folgern Sie aus (9.18) die Gleichung

$$\frac{d}{dt}\left(\gamma_2 \ln N_1 - \gamma_1 \ln N_2\right) = \varepsilon_1\gamma_2 - \varepsilon_2\gamma_1\,,$$

und ermitteln Sie daraus eine Ljapunow-Funktion für (9.18), die zumindest auf dem offenen Inneren Q_1° definiert ist.

d) Bestimmen Sie alle Attraktoren des von (9.18) erzeugten Flusses auf Q_1.

Aufgabe 9.4

Seien M ein topologischer Raum und Φ ein lokaler Fluss auf M. Zeigen Sie:

a) Ist $A \subset M$ positiv invariant, so ist auch der topologische Abschluss $\overline{A}$ positiv invariant.

b) Jede ω-Limesmenge ist abgeschlossen und invariant.

c) Wird ein Punkt $x \in M$ von einer nicht-leeren Teilmenge $G \subset M$ angezogen, so gilt $\omega(x) \subset \overline{G}$.

d) Besitzt ein Punkt $x \in M$ eine relativ kompakte Halbtrajektorie $\mathcal{T}_+(x)$, so ist $\omega(x) \neq \varnothing$.

10 Die Liouvillesche Volumenformel

Ein interessantes Ergebnisse der Theorie dynamischer Systeme ist, dass die Änderung des Phasenraumvolumens unter einem lokalen Fluss mit der Divergenz des infinitesimalen Generators des Flusses zusammenhängt — der genaue Zusammenhang ist der Inhalt der *Liouvilleschen Volumenformel.* Verschwindet die Divergenz des Vektorfelds, das den Fluss erzeugt, so besagt die Liouvillesche Volumenformel, dass das Phasenraumvolumen unter der Wirkung des Flusses invariant bleibt.

Diese Tatsache impliziert eine merkwürdige Wiederkehreigenschaft eines jeden globalen Flusses mit divergenzfreiem infinitesimalen Generator: Falls der Fluss auf ein endliches Phasenraumvolumen einschränkbar ist, gibt es in jeder offenen Teilmenge U des Phasenraums einen Punkt, dessen Trajektorie immer wieder nach U zurückkehrt. Die entscheidende Voraussetzung dieses von Poincaré stammenden Wiederkehrsatzes, die Divergenzfreiheit des infinitesimalen Generators des Flusses, ist nichts Ungewöhnliches: Z. B. führt die Hamiltonsche Formulierung der klassischen Mechanik automatisch auf eine Differentialgleichung mit einem divergenzfreien Vektorfeld auf der rechten Seite (siehe z. B. Sommerfeld [7]). Damit folgen aus dem Poincaréschen Wiederkehrsatz interessante Aussagen über gewisse physikalische Systeme, z. B. über die Bewegung des Doppelpendels.

10.1 Das Jordansche Volumen im euklidischen Raum

Das eindimensionale Volumen eines Intervalls $[\alpha, \beta] \subset \mathbb{R}$ ist dessen Länge $\beta - \alpha$, das zweidimensionale Volumen eines Rechtecks ist Länge mal Breite, das dreidimensionale Volumen eines Quaders ist Länge mal Breite mal Höhe. Um diese Idee für beliebige Dimension N zu formulieren, definieren wir zunächst eine Ordnungsrelation $\leqslant$ auf Vektoren

$$a = (\alpha_1, \ldots, \beta_N), \quad b = (\beta_1, \ldots, \beta_n) \quad \in \mathbb{R}^N$$

durch

$$a \leqslant b \quad :\Leftrightarrow \quad \alpha_j \leqslant \beta_j \quad \text{für alle } j \in \{1, \ldots, N\}.$$

Ein *kompaktes N-dimensionales Intervall* ist dann eine Menge der Form

$$[a, b] := [a_1, b_1] \times \ldots \times [a_N, b_N] = \left\{ x \in \mathbb{R}^N : a \leqslant x \leqslant b \right\}. \tag{10.1}$$

Das *Volumen* eines N-dimensionalen Intervalls ist definiert als das Produkt

$$\mathrm{vol}([a, b]) := \prod_{j=1}^{N} (b_j - a_j).$$

Das ist die Grundlage des Jordanschen Volumenbegriffs im N-dimensionalen euklidischen Raum.

Definition 10.1
Sei $M \subset \mathbb{R}^N$ eine beschränkte Teilmenge. Das *äußere Jordansche Volumen* von M ist definiert durch

$$\mathrm{vol}^*(M) := \inf \left\{ \sum_{k=0}^{m} \mathrm{vol}(Q_k) \,\middle|\, \begin{array}{l} Q_1, \ldots, Q_m \subset \mathbb{R}^N \\ \text{kompakte } N\text{-dimensionale Intervalle} \\ \text{mit} \quad M \subset Q_1 \cup \ldots \cup Q_m \end{array} \right\}.$$

Im Fall $\mathrm{vol}^*(M) = 0$ nennt man M eine *Jordan-Nullmenge.*

Diese Definition ordnet jeder beschränkten Teilmenge des $\mathbb{R}^N$ ein endliches äußeres Volumen zu; unbeschränkte Teilmengen lassen sich nicht mit endlich vielen kompakten N-dimensionalen Intervallen überdecken und haben daher kein äußeres Jordansches Volumen.

Als Volumenbegriff ist das äußere Volumen jedoch noch unbefriedigend, weil es nicht additiv ist, siehe Übungsaufgabe 10.1. Etwas besser wird die Sache, wenn man in Analogie zu (10.1) auch *offene* N-dimensionale Intervalle einführt,

$$(a,b) := (\alpha_1, \beta_1) \times \ldots \times (\alpha_N, \beta_N)$$
$$= \left\{ (\xi_1, \ldots, \xi_N) \in \mathbb{R}^N : \alpha_j < \xi_j < \beta_j \text{ für alle } j \in \{1, \ldots, N\} \right\}, \tag{10.2}$$

und mit deren Hilfe das innere Jordansche Volumen definiert.

Definition 10.2
Sei $M \subset \mathbb{R}^N$ eine beliebige Teilmenge. Das *innere Jordansche Volumen* von M ist definiert durch

$$\mathrm{vol}_*(M) := \sup \left\{ \sum_{k=0}^{m} \mathrm{vol}(Q_k) \,\middle|\, \begin{array}{l} Q_1, \ldots, Q_m \subset \mathbb{R}^N \\ \text{paarweise disjunkte} \\ \text{offene } N\text{-dimensionale Intervalle} \\ \text{mit} \quad Q_1 \cup \ldots \cup Q_m \subset M \end{array} \right\}.$$

Weil gemäß (10.2) die leere Menge auch ein offenes N-dimensionales Intervall ist (für jedes $N \in \mathbb{N}$), hat man für jede beschränkte Teilmenge $M \subset \mathbb{R}^N$ die Ungleichungskette

$$0 \leqslant \mathrm{vol}_*(M) \leqslant \mathrm{vol}^*(M). \tag{10.3}$$

Ist $M \subset \mathbb{R}^N$ ein kompaktes oder offenes N-dimensionales Intervall, also $M = [a,b]$ oder $M = (a,b)$ für Punkte $a, b \in \mathbb{R}^N$, so kann man die Gleichheit

$$\mathrm{vol}_*(Q) = \mathrm{vol}^*(Q)$$

beweisen. Diese Gleichung ist auch für endliche Vereinigungen N-dimensionaler Intervalle richtig.

Definition 10.3
Eine Teilmenge $M \subset \mathbb{R}^N$ heißt *Jordan-messbar*, wenn sie beschränkt ist und

$$\mathrm{vol}_*(M) = \mathrm{vol}^*(M)$$

gilt. Man nennt diese Zahl das *Jordansche Volumen* von M.

Ein sinnvoller Volumenbegriff sollte die Eigenschaft haben, dass das Volumen einer disjunkten Vereinigung endlich vieler messbarer Mengen gleich der Summe der einzelnen Mengen ist. Das folgende Lemma zeigt, dass dies für das Jordansche Volumen der Fall ist.

Lemma 10.1
Seien $M_1, M_2 \subset \mathbb{R}^N$ Jordan-messbar und disjunkt, also $M_1 \cap M_2 = \varnothing$. Dann ist die Vereinigung $M_1 \cup M_2$ Jordan-messbar, und es gilt

$$\mathrm{vol}(M_1 \cup M_2) = \mathrm{vol}(M_1) + \mathrm{vol}(M_2).$$

Beweis

Weil M_1 und M_2 Jordan-messbar sind, sind beide Menge und damit auch deren Vereinigung beschränkt. Es ist also nur noch zu zeigen, dass das äußere Jordansche Volumen mit dem inneren Jordanschen Volumen übereinstimmt.

Seien $\{[a_1, b_1], \ldots, [a_k, b_k]\}$ eine Überdeckung von M_1 durch kompakte N-dimensionale Intervalle und $\{[c_1, d_1], \ldots, [c_\ell, d_\ell]\}$ eine ebensolche von M_2, dann ist deren Vereinigung eine Überdeckung von $M_1 \cup M_2$. Daraus folgt

$$\mathrm{vol}^*(M_1 \cup M_2) \leqslant \mathrm{vol}^*(M_1) + \mathrm{vol}^*(M_2). \tag{10.4}$$

Sind umgekehrt $\{(a_1', b_1'), \ldots, (a_m', b_m')\}$ paarweise disjunkte N-dimensionale Intervalle mit $\bigcup_{j=1}^m (a_j', b_j') \subset M_1$, und sind $\{(c_1', d_1'), \ldots, (c_n', d_n')\}$ paarweise disjunkte N-dimensionale Intervalle mit $\bigcup_{j=1}^n (c_j', d_j') \subset M_2$, so gilt wegen $M_1 \cap M_2 = \varnothing$ auch

$$(a_i', b_i') \cap (c_j', d_j') = \varnothing \quad \text{für alle } i \in \{1, \ldots, m\} \text{ und alle } j \in \{1, \ldots, n\}.$$

Daraus folgt

$$\mathrm{vol}_*(M_1 \cup M_2) \geqslant \mathrm{vol}_*(M_1) + \mathrm{vol}_*(M_2). \tag{10.5}$$

Die Ungleichungen (10.4) und (10.5) ergeben zusammen mit den Voraussetzungen $\mathrm{vol}_*(M_1) = \mathrm{vol}^*(M_1)$ und $\mathrm{vol}_*(M_2) = \mathrm{vol}^*(M_2)$ die andere Ungleichung

$$\mathrm{vol}^*(M_1 \cup M_2) \leqslant \mathrm{vol}_*(M_1 \cup M_2). \diamondsuit$$

10.2 Integration auf Jordan-messbaren Mengen

Neben dem Begriff des Volumens Jordan-messbarer Teilmengen des $\mathbb{R}^N$ benötigen wir zur Aussage der Liouvilleschen Volumenformel auch das Integral einer stetigen Funktion über einer Jordan-messbarer Teilmenge. Die Definition des Integrals schließt sich ganz natürlich an die des Jordanschen Volumens an.

Definition 10.4

Die *charakteristische Funktion* einer beliebigen Teilmenge $A \subset \mathbb{R}^N$ ist definiert als

$$\chi_A : \mathbb{R}^N \to \mathbb{R}, \quad \chi_A(x) := \begin{cases} 1 & \text{für } x \in A, \\ 0 & \text{für } x \in \mathbb{R}^N \setminus A. \end{cases}$$

Seien $n \in \mathbb{N}$ eine natürliche Zahl, Q_j für jedes $j \in \{1, \ldots, n\}$ ein beschränktes N-dimensionales Intervall, und $\lambda_1, \ldots, \lambda_n \in \mathbb{R}$ reelle Zahlen. Dann nennt man die Linearkombination charakteristischer Funktionen

$$\sum_{j=1}^{n} \lambda_j \chi_{Q_j} : \mathbb{R}^N \to \mathbb{R}$$

eine *N-dimensionale Treppenfunktion*. Der Raum der N-dimensionalen Treppenfunktionen wird mit $\mathbb{T}_c(\mathbb{R}^N)$ bezeichnet.

Das Integral der charakteristischen Funktion eines beschränkten N-dimensionalen Intervalls Q definiert man als das Jordansche Volumen von Q,

$$\int_{\mathbb{R}^N} \chi_Q = \int_{\mathbb{R}^N} \chi_Q(x)\, dx := \mathrm{vol}(Q)\,.$$

Durch lineare Fortsetzung kann man damit auch Treppenfunktionen integrieren:

$$\int_{\mathbb{R}^N} \sum_{j=1}^{n} \lambda_j \chi_{Q_j} := \sum_{j=1}^{n} \lambda_j \int_{\mathbb{R}^N} \chi_{Q_j} = \sum_{j=1}^{n} \lambda_j \, \mathrm{vol}(Q_j)\,.$$

Durch Abschätzen mit Treppenfunktionen ergeben sich daraus für reelle Funktionen auf dem $\mathbb{R}^N$ die Begriffe Ober- und Unterintegral. Um diese Begriffe für beliebige reelle Funktionen erklären zu können, verwenden wir die Konventionen $\inf \varnothing := +\infty$ und $\sup \varnothing := -\infty$.

Definition 10.5
Sei $f : \mathbb{R}^N \to \mathbb{R}$ eine beliebige reelle Funktion. Dann ist das *Oberintegral* von f definiert durch

$$\int^* f := \inf\left\{ \int \tau \,\middle|\, \tau \in \mathbb{T}_c(\mathbb{R}^N), \tau \geqslant f \right\} \in \overline{\mathbb{R}},$$

und das *Unterintegral* von f ist definiert durch

$$\int_* f := \sup\left\{ \int \tau \,\middle|\, \tau \in \mathbb{T}_c(\mathbb{R}^N), \tau \leqslant f \right\} \in \overline{\mathbb{R}}.$$

Wenn Ober- und Unterintegral beide endlich sind und übereinstimmen, so nennt man f *(Riemann-)integrierbar (auf dem $\mathbb{R}^N$)*[1] und bezeichnet die reelle Zahl

$$\int_{\mathbb{R}^N} f(x)\,dx := \int_* f = \int^* f$$

als *(Riemann-)Integral* von f. Den Raum der auf dem $\mathbb{R}^N$ Riemann-integrierbaren reellen Funktionen bezeichnet man mit

$$\mathcal{R}\left(\mathbb{R}^N, \mathbb{T}_c(\mathbb{R}^N)\right) :=$$
$$:= \left\{ f : \mathbb{R}^N \to \mathbb{R} \,\middle|\, -\infty < \int_* f(x)\,dx = \int^* f(x)\,dx < +\infty \right\}.$$

Dieser Begriff enthält einige Spezialfälle, für die sich eigene Bezeichnungen eingebürgert haben:

1. Will man eine reelle Funktion f integrieren die nur auf einer Teilmenge des $A \subset \mathbb{R}^N$ definiert ist, so denkt man sich f auf $\mathbb{R}^N$ durch Null fortgesetzt, also

$$\tilde{f} := \begin{cases} f(x) & \text{für } x \in A, \\ 0 & \text{für } x \in \mathbb{R}^N \setminus A, \end{cases}$$

und wendet obigen Integralbegriff auf die fortgesetzte Funktion $\tilde{f}$ an.

2. Will man eine reelle Funktion f nur über eine Teilmenge $B \subset \mathbb{R}^N$ integrieren, so

---

[1] Georg Friedrich Bernhard Riemann, * 17.9.1826 Breselnz bei Danneberg, † 20.7.1866 Selasca (am Lago Maggiore), Sohn eines protestantischen Pfarrers, promovierte 1851 bei Gauß, habilitierte sich 1854 und wurde ab 1859 Professor in Göttingen. Riemann schrieb einflußreiche Arbeiten zu mehreren Gebieten der Mathematik, z. B. zur Theorie komplexwertiger Funktionen (*Riemannsche Flächen*), zur Differentialgeometrie (*Riemannsche Geometrie*), 1859 seine einzige Arbeit zur Zahlentheorie, in der er die Riemannsche Vermutung über die Verteilung der Nullstellen der Riemannschen Zetafunktion formulierte. Seine Definition des Integralbegriffs findet sich in seiner Habilitationsschrift *» Über die Darstellbarkeit einer Funktion durch eine trigonometrische Reihe «*.

integriert man anstelle von f das Produkt $f\chi_B$ und schreibt

$$\int_B f(x)\,dx := \int_{\mathbb{R}^N} f(x)\chi_B(x)\,dx\,.$$

Satz 10.2
Seien $M \subset \mathbb{R}^N$ Jordan-messbar und $f : \overline{M} \to \mathbb{R}$ stetig. Dann ist f über M Riemann-integrierbar.

Beweis

Zum Beweis des N-dimensionalen Fall kann man den Beweis in einer Dimension, der als bekannt vorausgesetzt wird, fast wörtlich übernehmen. Hier eine Skizze:

Weil M Jordan-messbar ist, ist M eine beschränkte Menge. Also ist ihr Abschluss $\overline{M}$ kompakt. Daraus folgt, dass f beschränkt und gleichmäßig stetig ist; bezeichne $B := \sup_{x \in M} |f(x)|$.

Sei jetzt $\varepsilon > 0$ beliebig. Zur Approximation von unten wählt man zunächst endlich viele paarweise disjunkte offene N-dimensionale Intervalle, die das Volumen von M genau genug approximieren:

$$\mathrm{vol}(M) - \sum_j \mathrm{vol}(Q_j) \leqslant \frac{\varepsilon}{2B}\,.$$

Wegen der gleichmäßigen Stetigkeit von f kann man dann durch Unterteilen diese Intervalle so klein machen, dass die Schwankung von f auf jedem der N-dimensionalen Teilintervalle Q_j die folgende Ungleichung erfüllt:

$$\mathrm{osc}_f(Q_j) \leqslant \frac{\varepsilon}{2\,\mathrm{vol}(M)}\,.$$

Analog approximiert man M von oben durch genügend kleine paarweise disjunkte kompakte N-dimensionale Intervalle K_ℓ, auf denen die Schwankung von f ebenfalls obige Ungleichung erfüllt.

Man erhält so zunächst für alle $x \in M$ die Ungleichungskette

$$\sum_j \left(\inf_{y \in Q_j} f(y) \right) \cdot \chi_{Q_j}(x) \leqslant f(x) \leqslant \sum_\ell \left(\sup_{y \in K_\ell} f(y) \right) \cdot \chi_{K_\ell}(x)\,,$$

dann daraus die Ungleichungskette

$$\sum_j \left(\inf_{y \in Q_j} f(y) \right) \cdot \mathrm{vol}(Q_j) \leqslant \int_* f \leqslant \int^* f \leqslant \sum_\ell \left(\sup_{y \in K_\ell} f(y) \right) \cdot \mathrm{vol}(K_\ell)$$

und schließlich nach Konstruktion der Q_j und der K_ℓ die Abschätzung

$$\left| \sum_\ell \left(\sup_{y \in K_\ell} f(y) \right) \cdot \mathrm{vol}(K_\ell) - \sum_j \left(\inf_{y \in Q_j} f(y) \right) \cdot \mathrm{vol}(Q_j) \right| \leqslant \varepsilon . \Diamond$$

Um uns zu vergewissern, dass das so definierte Integral sinnvoll ist, stellen wir zunächst ein paar leicht zu verifizierende Eigenschaften der durch Integration gegebenen Abbildung zusammen.

Satz 10.3
Die Abbildung

$$\mathcal{R}\left(\mathbb{R}^N ; \mathbb{T}_c \right) \to \mathbb{R}, \quad f \mapsto \int f := \int_{\mathbb{R}^N} f(x)\, dx ,$$

die jeder Riemann-integrierbaren Funktion ihr Integral zuordnet, hat die Eigenschaften

a) *Linearität*: für $f, g \in \mathcal{R}\left(\mathbb{R}^N ; \mathbb{T}_c \right)$ und $\alpha, \beta \in \mathbb{R}$ ist

$$\int (\alpha f + \beta g) = \alpha \int f + \beta \int g ,$$

b) *Positivität*: für $f \in \mathcal{R}\left(\mathbb{R}^N ; \mathbb{T}_c \right)$ mit $f \geqslant 0$ ist $\int f \geqslant 0$,

c) und *Translationsinvarianz*: für jeden Vektor $a \in \mathbb{R}^N$ ist

$$\int_{\mathbb{R}^N} f(x + a)\, dx = \int_{\mathbb{R}^N} f(x)\, dx . \Diamond$$

Bemerkung 10.1
Die Werte des Ober- und des Unterintegrals einer reellen Funktion hängen sehr stark davon ab, welche Funktionen bei der Bildung des Infimums bzw. des Supremums mit einbezogen werden. Die hier verwendeten Treppenfunktionen liefern das N-dimensionale Riemann-Integral.

Beginnt man stattdessen mit einer σ-Algebra messbarer Mengen, definiert *elementare Funktionen* als endliche Linearkombinationen charakteristischer Funktionen von messbaren Mengen, und verwendet diese zur Definition von Ober- und Unterintegral, so gelangt man zum allgemeineren Lebesgue-Integral.

10.3 Die Liouvillesche Volumenformel

Nachdem wir jetzt das N-dimensionale Jordansche Volumen und das N-dimensionale Riemann-Integral definiert haben, benötigen wir nur noch den Begriff der *Divergenz* eines differenzierbaren Vektorfelds, um die Aussage der Liouvilleschen Volumenformel verstehen zu könnnen.

Definition 10.6
Seien $U \subset \mathbb{R}^N$ offen und $f : U \to \mathbb{R}^N$ ein differenzierbares Vektorfeld. Die Abbildung

$$\operatorname{div} f : U \to \mathbb{R}, \quad \operatorname{div} f(x) := \sum_{j=1}^{N} \frac{\partial f_j}{\partial x_j}(x),$$

nennt man die *Divergenz* des Vektorfelds f.

Ist nun ein lokaler Phasenfluss Φ auf einer offenen Menge $U \subset \mathbb{R}^N$ gegeben, so kann man die Verschiebung einer Teilmenge $J \subset U$ unter dem Phasenfluss Φ untersuchen. Sei $t \in \mathbb{R}$ ein Zeitpunkt mit der Eigenschaft, dass $\Phi(t,x)$ für jedes $x \in J$ definiert ist, dann beschreibt

$$\Phi(t,J) := \{\Phi(t,x) : x \in J\} \subset D$$

die entlang des Flusses durch das Zeitintervall $[0,t]$ verschobene Menge J.

Der nun folgende Satz geht auf Liouville[2] zurück und setzt die Änderung des Phasenraumvolumens mit der Divergenz des infinitesimalen Generators des Flusses in Beziehung.

Satz 10.4 (Liouvillesche Volumenformel)
Seien $M \subset \mathbb{R}^N$ offen, $f : M \to \mathbb{R}^N$ ein stetig differenzierbares Vektorfeld und Φ der davon erzeugte lokale Fluss auf M. Dann ist für jede Jordan-messbare Menge $J \subset M$ die Funktion

$$t \mapsto \operatorname{vol}(\Phi(t,J))$$

auf einem offenen Intervall um 0 definiert und differenzierbar, und es gilt

$$\frac{d}{dt}\operatorname{vol}(\Phi(t,J)) = \int_{\Phi(t,J)} \operatorname{div} f(x)\, dx.$$

Bevor wir den Beweis dieses Satzes beginnen, veranschaulichen wir seine Aussage erstmal anhand eines physikalischen Beispiels.

Beispiel 10.1
Betrachten wir das Fließen eines Gases durch ein Rohr, und machen wir die stark vereinfachende und unrealistische Annahme, dass jedes der Gasteilchen sich geradelinig und mit konstanter Geschwindigkeit bewegt, dass also keine Zusammenstöße mit der Wand oder mit anderen Teilchen stattfinden. Als gemeinsamen Phasenraum aller Gasteilchen nehmen wir die Euklidische Ebene

---

[2]nach Joseph Liouville, * 24.3.1809 Saint-Omer, † 8.9.1882 Paris. Ab 1838 Professor für Analysis und Mechanik an der École Polytechnique. Erzielte bedeutende Beiträge in mehreren Gebieten,z. B. Funktionentheorie, Zahlentheorie, Algebra, mathematische Physik.

$\mathbb{R}^2$: eine reelle x-Koordinate als Ort und eine reelle v-Koordinate als Geschwindigkeit. Als Anfangszustand nehmen wir, wieder stark vereinfachend, eine Gleichverteilung von Orten und Geschwindigkeiten in einem Rechteck

$$S_0 := [\xi_a, \xi_e] \times [\eta_a, \eta_e] \subset \mathbb{R}^2 \, .$$

Außerdem nehmen wir an, dass die Bewegung des Gases von einem externen Kraftfeld F beeinflusst werde. Dieses Kraftfeld wird im Folgenden präzisiert; zunächst lassen wir zu, dass es von Ort, Geschwindigkeit und auch explizit von der Zeit abhängen darf: $F = F(x, v, t)$. Die Bewegung eines Gasteilchens wird dann durch die eindimensionale zeitabhängige Differentialgleichung zweiter Ordnung

$$\ddot{x} = F(x, v, t) \tag{10.6}$$

beschrieben, wobei wir die Masse der Einfachheit halber $= 1$ gesetzt haben.

a) Bei Abwesenheit aller Kräfte, also $F \equiv 0$, reduziert sich die Differentialgleichung (10.6) auf das zweidimensionale System

$$\dot{x} = v \, , \quad \dot{v} = 0 \, . \tag{10.7}$$

Dieses hat zu einer Anfangsbedingung (x_0, v_0) die Lösung

$$\xi(t) = x_0 + v_0 t \, , \quad \eta(t) = v_0 \, , \quad \text{für alle } t \in \mathbb{R} \, .$$

Daraus folgt folgende zeitliche Entwicklung des Anfangsrechtecks:

$$R_0(t) = \left\{ \begin{pmatrix} x_0 + v_0 t \\ v_0 \end{pmatrix} \in \mathbb{R}^2 \middle| \, \xi_a \leqslant x_0 \leqslant \xi_e \, , \, \eta_a \leqslant v_0 \leqslant \eta_e \right\} \, .$$

Geometrisch gesehen ist $R_0(t) \subset \mathbb{R}^2$ das Parallelogramm mit den Ecken:

$$\begin{pmatrix} \xi_a + \eta_a t \\ \eta_a \end{pmatrix} , \quad \begin{pmatrix} \xi_e + \eta_a t \\ \eta_a \end{pmatrix} , \quad \begin{pmatrix} \xi_a + \eta_e t \\ \eta_e \end{pmatrix} , \quad \begin{pmatrix} \xi_e + \eta_e t \\ \eta_e \end{pmatrix} \, .$$

Die Länge der Grundlinie dieses Parallelogramms ist

$$(\xi_e + \eta_a t) - (\xi_a - \eta_a t) = \xi_e - \xi_a \, ,$$

die Höhe ist $\eta_e - \eta_a$. Also ist die Fläche unabhängig von t:

$$\mathrm{vol}(R_0(t)) = (\xi_e - \xi_a)(\eta_e - \eta_a) \quad \text{für alle } t \in \mathbb{R} \, .$$

Obwohl sich das Gas im Rohr bis zum Zeitpunkt t auf das Intervall $[\xi_a + \eta_a t, \xi_e + \eta_e t]$ ausgedehnt hat, ist im zweidimensionalen *Phasenraum* das Volumen konstant. $\diamond$

b) Das Kraftfeld $F(x, v, t) = -kv$ für eine reelle Konstante $k > 0$ modelliert das Abbremsen der Bewegung durch eine Reibungskraft, die proportional zur Geschwindigkeit ist.

Wir kommen so zu dem System

$$\dot{x} = v, \quad \dot{v} = -kv, \tag{10.8}$$

was wir wieder explizit lösen können:

$$\left.\begin{aligned} \eta(t) &= v_0\, e^{-kt}, \\ \xi(t) &= x_0 + \int_0^t \eta(s)\, ds = x_0 + \frac{v_0}{k}\left(1 - e^{-kt}\right) \end{aligned}\right\} \quad \text{für alle } t \in \mathbb{R}.$$

Wieder verfolgen wir die zeitliche Entwicklung des Anfangsrechtecks R_0:

$$R_k(t) = \left\{ \begin{pmatrix} x_0 + \frac{v_0}{k}\left(1 - e^{-kt}\right) \\ v_0\, e^{-kt} \end{pmatrix} \in \mathbb{R}^2 \,\middle|\, \xi_a \leqslant x_0 \leqslant \xi_e,\ \eta_a \leqslant v_0 \leqslant \eta_e \right\}.$$

Geometrisch ist $R_k(t)$ auch hier wieder ein Parallelogramm; die Länge seiner Grundlinie ist

$$\left(\xi_e + \frac{v_0}{k}\left(1 - e^{-kt}\right)\right) - \left(\xi_a + \frac{v_0}{k}\left(1 - e^{-kt}\right)\right) = \xi_e - \xi_a,$$

die Höhe ist aber $e^{-kt}(\eta_e - \eta_a) < \eta_e - \eta_a$. Also gilt für die zeitliche Entwicklung der Fläche:

$$\mathrm{vol}(R_k(t)) = e^{-kt}(\xi_e - \xi_a)(\eta_e - \eta_a) = e^{-kt}\,\mathrm{vol}(R_0) \quad \text{für alle } t \in \mathbb{R}.$$

Durch Differentiation nach der Zeitvariablen t erhält man

$$\frac{d}{dt}\,\mathrm{vol}(R_k(t)) = -k\,e^{-kt}\,\mathrm{vol}(R_0). \tag{10.9}$$

Auf der anderen Seite berechnen wir die Divergenz des Vektorfelds

$$F : \mathbb{R}^2 \to \mathbb{R}^2, \quad F\begin{pmatrix} x \\ v \end{pmatrix} = \begin{pmatrix} F_1(x, v) \\ F_2(x, v) \end{pmatrix} := \begin{pmatrix} 0 \\ -kv \end{pmatrix},$$

das auf der rechten Seite der zweidimensionalen Differentialgleichung (10.8) steht, zu

$$\mathrm{div}\, F\begin{pmatrix} x \\ v \end{pmatrix} = \frac{\partial F_1(x, v)}{\partial x} + \frac{\partial F_2(x, v)}{\partial v} = -k.$$

Durch Integration der Divergenz über $R_k(t)$ erhält man

$$\begin{aligned} \int_{R_k(t)} \mathrm{div}\, F\begin{pmatrix} x \\ v \end{pmatrix} dx\, dv &= \int_{R_k(t)} (-k)\, dx\, dv \\ &= -k\,\mathrm{vol}(R_k(t)) \\ &= -k\,e^{-kt}\,\mathrm{vol}(R_0). \end{aligned}$$

Damit ist die Liouvillesche Volumenformel in diesem Beispiel bestätigt.$\diamond$

c) Ein stetiges Kraftfeld F, das weder vom Ort noch von der Geschwindigkeit, sondern nur von der Zeit abhängt, modelliert z. B. eine zeitlich begrenzten Kraft, die gleichmäßig auf alle im Rohr befindlichen Gasteilchen einwirkt. Um die Differentialgleichung (10.6) auch in diesem Fall autonom und damit der Theorie der lokalen Flüsse zugänglich zur machen, benennen wir die Zeitvariable mit s und nehmen sie als zusätzliche unabhängige Variable, betrachten also das System

$$\dot{s} = 1, \quad \dot{x} = v, \quad \dot{v} = F(s). \tag{10.10}$$

Mit den Bezeichnungen

$$g(s) := \int_0^s F(\tau)\,d\tau \quad \text{und} \quad G(s) := \int_0^s g(\tau)\,d\tau \quad \text{für } s \in \mathbb{R}$$

können wir auch dieses System zu den Anfangsbedingung (t_0, x_0, v_0) explizit lösen:

$$\left.\begin{aligned}
\sigma(t) &= t_0 + t, \\
\xi(t) &= x_0 + \int_{t_0}^t \eta(s)\,ds = x_0 + v_0(t - t_0) + G(t) - G(t_0), \\
\eta(t) &= v_0 + \int_{t_0}^t F(s)\,ds = v_0 + g(t) - g(t_0).
\end{aligned}\right\} \tag{10.11}$$

Damit können auch hier die zeitliche Entwicklung von Volumina im (dreidimensionalen) Phasenraum des Systems (10.10) untersuchen. Ein Anfangsvolumen

$$Q_0 := [\sigma_a, \sigma_e] \times [\xi_a, \xi_a] \times [\eta_a, \eta_e] = [\sigma_a, \sigma_e] \times R_0 \subset \mathbb{R}^3$$

entwickelt sich zeitlich wie folgt:

$$Q(t) = \left\{ \begin{pmatrix} t_0 + t \\ x_0 + v_0(t - t_0) + G(t) - G(t_0) \\ v_0 + g(t) - g(t_0) \end{pmatrix} \in \mathbb{R}^3 \;\middle|\; \begin{pmatrix} t_0 \\ x_0 \\ v_0 \end{pmatrix} \in Q_0 \right\}.$$

Um das Volumen von $Q(t)$ zu einem festen Zeitpunkt t zu berechnen, betrachten wir zunächst zweidimensionale Schnitte

$$Q_{t_0}(t) := \left\{ \begin{pmatrix} x_0 + v_0(t - t_0) + G(t) - G(t_0) \\ v_0 + g(t) - g(t_0) \end{pmatrix} \subset \mathbb{R}^2 \;\middle|\; \begin{matrix} \xi_a \leqslant x_0 \leqslant \xi_e, \\ \eta_a \leqslant v_0 \leqslant \eta_e \end{matrix} \right\}.$$

Geometrisch gesehen ist zu jedem festen Paar (t_0, t) der Schnitt $Q_{t_0}(t) \subset \mathbb{R}^2$ ein Parallelogramm mit der Fläche

$$\mathrm{vol}(Q_{t_0}(t)) = (\xi_e - \xi_a)(\eta_e - \eta_a);$$

daraus folgt mit dem Cavalierischen Prinzip die Gleichung

$$\mathrm{vol}(Q(t)) = (\sigma_e - \sigma_e)(\xi_e - \xi_a)(\eta_e - \eta_a) = \mathrm{vol}(Q_0) \quad \text{für alle } t \in \mathbb{R}.$$

Damit ist auch hier das Volumen im Phasenraum invariant. $\diamond$

10.4 Diffeomorphismen und Transformationsformel

Die Liouvillesche Volumenformel bezieht sich auf die zeitliche Entwicklung einer Teilmenge $K \subset D$ des Phasenraums D eines lokalen Flusses. Dabei sind Abbildungen (Transformationen) zu untersuchen, die differenzierbar und umkehrbar sind, und deren Umkehrung wieder differenzierbar ist. Dafür hat sich ein eigener Begriff herausgebildet.

Definition 10.7
Seien $U, V \subset \mathbb{R}^N$ zwei beliebige Teilmengen. Eine Abbildung $\Psi : U \to V$ heißt *Diffeomorphismus*, wenn sie differenzierbar und bijektiv und ihre Umkehrung Ψ^{-1} ebenfalls differenzierbar ist. Ist $k \in \mathbb{N} \cup \{\infty\}$, so heißt eine bijektive Abbildung Ψ ein *C^k-Diffeomorphismus*, wenn Φ und die Umkehrung Ψ^{-1} beide k-mal stetig differenzierbar sind.

Beispiel 10.2
Seien Φ ein lokaler Fluss auf einem Phasenraum $M \subset \mathbb{R}^N$, also eine Abbildung

$$\Phi : \Omega \to M, \quad (t, x) \mapsto \Phi(t, x),$$

und nehmen wir an, Φ sei nach der Variablen $x \in M$ stetig differenzierbar. Sind nun eine Zeit $t \in \mathbb{R}$ und eine offene Teilmenge $U \subset M$ derart gewählt, dass $\Phi(t, x)$ für jedes $x \in U$ definiert ist, und bezeichne

$$U_t := \{\Phi(t, x) : x \in U\},$$

dann ist die Abbildung

$$\Psi := \Phi_t : U \to U_t, \quad \Phi_t(x) := \Phi(t, x),$$

ein C^1-Diffeomorphismus. Das folgt aus der Formel für die Umkehrabbildung

$$(\Phi_t)^{-1} = \Phi_{-t},$$

die ihrerseits eine Konsequenz der Flussaxiome ist. $\diamondsuit$

Seien $U \subset \mathbb{R}^N$ eine offene Menge und $f : U \to \mathbb{R}^N$ ein differenzierbares Vektorfeld mit Komponentenfunktionen $f_1, \ldots, f_N : U \to \mathbb{R}$. Die *Ableitung* des Vektorfelds f ist die Abbildung

$$Df : U \to \mathbb{R}^{N \times N}, \quad Df(x) = \begin{pmatrix} \frac{\partial f_1}{\partial x_1}(x) & \cdots & \frac{\partial f_1}{\partial x_N}(x) \\ \vdots & & \vdots \\ \frac{\partial f_N}{\partial x_1}(x) & \cdots & \frac{\partial f_N}{\partial x_N}(x) \end{pmatrix},$$

die jedem $x \in U$ die Jacobi-Matrix von f an der Stelle x zuordnet. Ist das Vektorfeld ein Diffeomorphismus $\Psi : U \to V$, so ist auch die Umkehrabbildung $\Psi^{-1} : V \to U$

differenzierbar. Für die Jacobi-Matrizen von Ψ und Ψ^{-1} gilt gemäß der Kettenregel der allgemeinen Differentialrechnung die Formel

$$D\left(\Psi^{-1}\right)\left(\Psi(x)\right) \cdot D\Psi(x) = E_N \quad \text{für alle } x \in U.$$

Daraus folgt die Matrizengleichung

$$D\left(\Psi^{-1}\right)(y) = \left(D\Psi(x)\right)^{-1} \quad \text{für } y = \Psi(x) \in V.$$

Satz 10.5
Seien $U, V \subset \mathbb{R}^N$ zwei offene Mengen, $\Psi : U \to V$ ein C^1-Diffeomorphismus und $S \subset \overline{S} \subset U$ eine Jordan-Nullmenge. Dann ist auch $\Psi(S) \subset V$ eine Jordan-Nullmenge.

Beweis

Sei $K \subset U$ eine kompakte Obermenge der Jordan-Nullmenge S, und bezeichne

$$E := \max_{x \in K} \|D\Psi(x)\|.$$

Nach Definition der Operatornorm ist dann E eine obere Schranke für den Expansionsfaktor des Diffeomorphismus Ψ auf der Menge K. Bezeichne

$$r_K := \max_{x \in K} d(x, J).$$

Dann ist jedenfalls

$$\Psi(K) \subset \overline{B(J, E \cdot r_K)}.$$

Satz 10.6
Seien $U, V \subset \mathbb{R}^N$ zwei offene Mengen, $\Psi : U \to V$ ein C^1-Diffeomorphismus und $S \subset \overline{S} \subset U$ Jordan-messbar. Dann ist auch $\Psi(S)$ Jordan-messbar.

Beweis

$\quad S$ ist Jordan-messbar

$\Rightarrow \partial S$ ist eine Jordan-Nullmenge (nach Übungsaufgabe 10.1, Teil c)

$\Rightarrow \Psi(\partial S)$ ist eine Jordan-Nullmenge (nach Satz 10.5)

$\Rightarrow \partial \Psi(S)$ ist eine Jordan-Nullmenge: weil Ψ ein Homöomorphismus ist, gilt $\Psi(\partial S) = \partial \Psi(S)$ (siehe Übungsaufgabe A.4)

$\Rightarrow \Psi(S)$ ist Jordan-messbar (nach Übungsaufgabe 10.1, Teil c). $\qquad \diamond$

Eine lineare Abbildung $A : \mathbb{R}^N \to \mathbb{R}^N$ ist durch eine Matrix

$$A = \begin{pmatrix} a_{11} & \cdots & a_{1N} \\ \vdots & & \vdots \\ a_{N1} & \cdots & a_{NN} \end{pmatrix}$$

gegeben. Die Spaltenvektoren der Matrix sind dabei die Bilder der Einheitsvektoren $e_1, \ldots, e_N \in \mathbb{R}^N$; wir bezeichnen diese mit

$$v_j := A\,e_j = \begin{pmatrix} a_{1j} \\ \vdots \\ a_{Nj} \end{pmatrix} \in \mathbb{R}^N\,.$$

Das Bild des N-dimensionalen Einheitswürfels $[0,1]^N \subset \mathbb{R}^N$ unter der linearen Abbildung A ist gerade das N-dimensionale *Parallelepiped*

$$P(v_1, \ldots, v_N) := \left\{ \sum_{j=1}^{N} \lambda_j v_j \,\middle|\, \lambda_1, \ldots, \lambda_N \in [0,1] \right\}\,,$$

das von den N Vektoren $v_1, \ldots, v_N$ aufgespannt wird. Man kann zeigen, dass das Jordansche Volumen dieses Parallelepipeds durch die Determinante der Matrix A gegeben ist:

$$\mathrm{vol}\,(P(v_1, \ldots, v_N)) = \det(v_1, \ldots, v_N)\,. \tag{10.12}$$

Dieser Sachverhalt ist die Grundlage der folgenden Transformationsformel.

Satz 10.7 (Transformationsformel)
Gegeben seien offene Mengen $U, V \subset \mathbb{R}^N$, eine Funktion $f : V \to \mathbb{R}$ und ein C^1-Diffeomorphismus $\Psi : U \to V$. Dann sind äquivalent:

a) f ist auf V Riemann-integrierbar,

b) $(f \circ \Psi)|\det D\Psi| : U \to \mathbb{R}$ ist auf U Riemann-integrierbar.

Ist a) oder b) der Fall, dann gilt

$$\int_V f(x)\,dx = \int_U f(\Psi(y))|\det D\Psi(y)|\,dy\,.$$

Zum Beweis approximiert man den Diffeomorphismus Ψ in einer Umgebung einer Stelle $a \in U$ durch eine affine Abbildung,

$$\Psi(x) \approx \Psi(a) + D\Psi(a)(x - a)\,,$$

und verwendet anschließend Formel 10.12. Die stetige Differenzierbarkeit von Ψ impliziert dann, dass diese Approximation genau genug ist, um damit die Transformationsformel zu beweisen; nähere Details findet man bei Forster [3], § 2.

10.5 Beweis der Liouvilleschen Volumenformel

Da die positive Entweichzeit $I_+ : M \to \mathbb{R} \cup \{\infty\}$ unterhalbstetig ist, nimmt sie auf der kompakten Menge K ihr Minimum an. Analog nimmt die oberhalbstetige negative Entweichzeit $I_- : M \to \{-\infty\} \cup \mathbb{R}$ auf K ihr Maximum an. Also gilt die Ungleichungskette

$$I_-(K) := \max_{x \in K} I_-(x) < 0 < \min_{x \in K} I_+(x) =: I_+(K) \,.$$

Für jedes $t \in \big(I_-(K), I_+(K)\big) = I(K)$ ist

$$\Phi_t : K \to K_t := \Phi(t, K) = \{\Phi(t, x) : x \in K\}$$

ein Diffeomorphismus — falls die Ableitung Df des den Fluss Φ erzeugenden Vektorfelds $f : M \to \mathbb{R}^N$ selbst wieder lokal Lipschitz-steig ist, folgt das aus dem Differenzierbarkeitssatz 7.7; ohne diese Voraussetzung folgt das aus dem in Übungsaufgabe 7.4 behandelten allgemeineren Differenzierbarkeitssatz.

Aus der Transformationsformel folgt jetzt:

$$V_K(t) := \mathrm{vol}(\Phi(t, K)) = \int_{\Phi(t,K)} 1 \, dx = \int_K |\det D_x \Phi(t, x)| \, dx \,, \qquad (10.13)$$

wobei $D_x \Phi(t, x)$ die partielle Ableitung nach der N-dimensionalen x-Variablen bezeichnet; Für festes $t \in I(K)$ ist $D_x \Phi(t, x)$ die Jacobi-Matrix der durch $x \mapsto \Phi(t, x)$ gegebenen Abbildung.

Aus dem Flussaxiom iii) folgt $\Phi(0, x) = x$, also ist

$$D_x \Phi(0, x) = E_N = \begin{pmatrix} 1 & & 0 \\ & \ddots & \\ 0 & & 1 \end{pmatrix} \qquad (10.14)$$

die N-dimensionale Einheitsmatrix. Da die Matrix $D_x \Phi(t, x)$ immer, wenn sie definiert ist, auch invertierbar ist, kann ihre Determinante nirgends verschwinden. Also ist

$$\det D_x \Phi(t, x) > 0$$

für alle (t, x) im Definitionsbereich von Φ. Daher können wir auf der rechten Seite von (10.13) die Betragstriche weglassen.

Wir fixieren jetzt einen Zeitpunkt $t_0 \in I(K)$ und berechnen die Zeitableitung der Volumenfunktion $t \mapsto V_K(t)$ an der Stelle t_0:

$$\dot{V}_K(t_0) = \lim_{h \to 0} \frac{1}{h} \left(V_K(t_0 + h) - V_K(t_0) \right)$$

$$= \lim_{h \to 0} \frac{1}{h} \left(\int_{\Phi(t_0+h,K)} dx - \int_{\Phi(t_0,K)} dx \right)$$

$$= \lim_{h \to 0} \frac{1}{h} \left(\int_{\Phi(t_0,K)} \det D_x \Phi(h, x) \, dx - \int_{\Phi(t_0,K)} dx \right) \,, \qquad (10.15)$$

wobei wir beim letzten Gleichheitszeichen die Transformationsformel auf den Diffeomorphismus

$$\Phi(h, \cdot) : \Phi(t_0, K) \to \Phi(t_0 + h, K)$$

angewandt haben. Weil der Integrationsbereich $\Phi(t_0, K)$ kompakt ist, kann man die Grenzwertbildung unters Integral ziehen und erhält als Fortführung von (10.15):

$$\ldots = \int_{\Phi(t_0,K)} \lim_{h \to 0} \frac{\det D_x \Phi(h, x) - 1}{h}\, dx\ .$$

Unter Verwendung von (10.14) ergibt sich

$$\ldots = \int_{\Phi(t_0,K)} \lim_{h \to 0} \frac{\det D_x \Phi(h, x) - \det D_x \Phi(0, x)}{h}\, dx$$

$$= \int_{\Phi(t_0,K)} \frac{\partial}{\partial t} \det D_x \Phi(t, x)\Big|_{t=0}\, dx \tag{10.16}$$

Für die N reellen Komponenten des lokalen Flusses Φ benutzen wir die Bezeichnung

$$\Phi(t, x) = (\Phi_1(t, x), \ldots, \Phi_N(t, x)) \in M \subset \mathbb{R}^N\ .$$

Mit dieser Bezeichnung ist $D_x \Phi_j(t, x) = \operatorname{grad} \Phi_j(t, x)$ der Gradient der j-ten Komponente von $\Phi(t, x)$ (für festes t). Damit erhalten wir für die Ableitung der Determinantenfunktion die Gleichung

$$\frac{\partial}{\partial t} \det D_x \Phi(0, x) =$$

$$= \sum_{j=1}^{N} \det \left(\operatorname{grad} \Phi_1(0, x), \ldots, \operatorname{grad} \frac{\partial}{\partial t} \Phi_j(0, x), \ldots, \operatorname{grad} \Phi_N(0, x) \right)\ . \tag{10.17}$$

Weil f ein infinitesimaler Generator des Flusses Φ ist, gilt $\frac{\partial}{\partial t} \Phi(0, x) = f(x)$ für alle $x \in M$. Verwendet man nochmal (10.14), und bezeichnet man die Komponenten f mit f_j, so erhält man für den j-ten Summanden von (10.17):

$$\det \left(\operatorname{grad} \Phi_1(0, x), \ldots, \operatorname{grad} \frac{\partial}{\partial t} \Phi_j(0, x), \ldots, \operatorname{grad} \Phi_N(0, x) \right) =$$

$$= \det \begin{pmatrix} 1 & 0 & 0 & 0 & \cdots & 0 \\ & \ddots & & \vdots & \vdots & \vdots \\ 0 & 1 & 0 & 0 & \cdots & 0 \\ \dfrac{\partial f_j}{\partial x_1}(x) & \cdots & \cdots & \dfrac{\partial f_j}{\partial x_j}(x) & \cdots & \cdots & \dfrac{\partial f_j}{\partial x_N}(x) \\ 0 & \cdots & 0 & 0 & 1 & 0 \\ \vdots & & \vdots & \vdots & & \ddots \\ 0 & \cdots & 0 & 0 & 0 & 1 \end{pmatrix} = \frac{\partial f_j}{\partial x_j}(x)\ .$$

Setzt man das in (10.17) ein, so kommt man zu

$$\frac{\partial}{\partial t} \det D_x \Phi(0, x) = \sum_{j=1}^{N} \frac{\partial f_j}{\partial x_j}(x) = \operatorname{div} f(x).$$

Diese Gleichung, eingesetzt in (10.16), führt zur Liouvilleschen Volumenformel. $\diamond$

10.6 Der Poincarésche Wiederkehrsatz

Die folgende Beobachtung über die Iterierten $g^n := g \circ g^{n-1}$ einer volumenerhaltenden Abbildung $g : M \to M$ geht auf Poincaré[3] zurück. Dabei nennt man eine Abbildung $g : M \to M$ *volumenerhaltend*, wenn für jede Jordan-messbare Teilmenge $J \subset M$ die folgende Gleichung gilt:

$$\operatorname{vol}\big(g^{-1}(J)\big) = \operatorname{vol}(J).$$

Nach der Liouvilleschen Volumenformel ist z. B. für einen globalen Fluss Φ auf einem Phasenraum $M \subset \mathbb{R}^N$, der durch ein divergenzfreies Vektorfeld erzeugt wird, und jeden festen Zeitpunkt T, die Abbildung

$$g : M \to M, \quad x \mapsto g(x) = \Phi(T, x),$$

volumenerhaltend.

> **Satz 10.8 (Poincaréscher Wiederkehrsatz)**
> Gegeben seien eine Jordan-messbare Menge $M \subset \mathbb{R}^N$ und eine bijektive, stetige und volumenerhaltende Abbildung $g : M \to M$, deren Umkehrabbildung ebenfalls stetig ist. Dann gibt es in jeder offenen Jordan-messbaren Menge $U \subset M$ einen Punkt $x \in U$ und ein ganze Zahl $n \geqslant 1$ mit $g^n(x) \in U$.

Beweis

Weil M Jordan-messbar ist, ist $\operatorname{vol}(M) < \infty$. Deswegen, und wegen der Gleichheit

$$\operatorname{vol}(M) = \operatorname{vol}\big(g^n(U)\big) \quad \text{für alle } n \in \mathbb{N}$$

können die unendlich vielen $g^n(U)$, $n \geqslant 1$, nicht alle paarweise disjunkt sein, also gibt es Indizes $j > k \geqslant 1$ mit $g^j U \cap g^k U \neq \varnothing$. Daraus folgt

$$\varnothing \neq g^{-k}\big(g^j(U) \cap g^k(U)\big) = U \cap g^{j-k}(U).$$

Also gibt es für $n = j - k \geqslant 1$ einen Punkt $x \in U$ mit $g^n(x) \in U$. $\diamond$

---

[3]Henri Poincaré, * 29.4.1894 Nancy, † 17.7.1912 Paris, Sohn eines Medizinprofessors. Nach Studien an der École polytechnique und der École des Mines in Paris wurde er 1879 Lehrbeauftragter für Analysis in Caën und 1881 Professor an der Sorbonne. Er begründete ab 1881 die qualitative Theorie der Differentialgleichungen und arbeitete auf vielen Gebieten der Mathematik und Physik, und in der Philosophie der Mathematik und der Naturwissenschaften. Der Wiederkehrsatz findet sich in seinem Werk »*Les méthodes nouvelles de la mécanique céleste*«, das 1892–1899 in drei Bänden erschienen ist und durch das nach Weierstraß eine »neue Ära in der Himmelsmechanik« angebrochen ist.

Beispiel 10.3 (Das Doppelpendel)

Bezeichnen wir Masse, Länge und kartesische Koordinaten des oberen Pendels mit m_1, ℓ_1, x_1, x_2, die entsprechenden Größen des unteren Pendels mit m_2, ℓ_2, x_3, x_4 und die beiden Auslenkungswinkel mit q_1 und q_2, so erfüllen diese jedenfalls die Gleichungen

$$x_1 = \ell_1 \sin q_1\,, \qquad\qquad x_2 = \ell_1 \cos q_1\,,$$
$$x_3 = \ell_1 \sin q_1 + \ell_2 \sin q_2\,, \qquad x_4 = \ell_1 \cos q_1 + \ell_2 \cos q_2\,.$$

Hierbei zeigt die Achse zur Bestimmung der Koordinaten x_1 und x_3 vom Aufhängepunkt aus senkrecht nach unten, während die Achse zur Bestimmung der Koordinaten x_2 und x_4 waagrecht mit dem Aufhängepunkt als Nullpunkt verläuft. Um die Bewegungsgleichungen in den *Lagekoordinaten* q_1, q_2 herzuleiten, betrachten wir die einzelnen Kräfte, die auf die beiden Massen in Bewegungsrichtung wirken.

Auf das untere Pendel mit der Masse m_2 wirkt zunächst die Schwerkraft; deren Komponente in Bewegungsrichtung ist

$$F_2 = -m_2 \ell_2 \sin q_2\,.$$

Die andere Pendelmasse zieht (oder schiebt) nur entlang der Pendelstange, also senkrecht zur Richtung des relativen Auslenkungswinkels q_2.

Auf das obere Pendel mit der Masse m_1 wirkt wieder zunächst die Schwerkraft mit der Komponente

$$F_1 = -m_1 \ell_1 \sin q_1$$

in Bewegungsrichtung. Die Schwerkraft des unteren Pendels hat entlang der Pendelstange noch eine Komponente $m_2 \ell_2 \cos q_2$. Projeziert man diese auf die Bewegungsrichtung von q_1, so verbleibt noch die Kraft

$$F_{12} = m_2 \ell_2 \cos q_2 \sin(q_2 - q_1)\,.$$

Insgesamt ergeben sich daraus die folgenden Bewegungsgleichungen, wenn man sich die Einheiten so gewählt denkt, dass die Fallbeschleunigung $= 1$ ist:

$$\left.\begin{aligned} \ddot{q}_1 &= \frac{F_1 + F_{12}}{m_1} = -\ell_1 \sin q_1 + \frac{m_2}{m_1} \cos q_2\,\sin(q_2 - q_1) \\[2mm] \ddot{q}_2 &= \frac{F_2}{m_2} \qquad\ = -\ell_2 \sin q_2 \end{aligned}\right\} \tag{10.18}$$

— man beachte, dass sich die zweite Gleichung auf den relativen Auslenkungswinkel bezieht; der Abstand der unteren Pendelmasse von der Senkrechten durch den Aufhängepunkt ist

$$x_4 = \ell_1 \sin q_1 + \ell_2 \sin q_2\,.$$

Die Bewegungsgleichungen (10.18) bilden ein zweidimensionales System von Differentialgleichungen 2. Ordnung, lassen sich also in ein vierdimensionales System 1. Ordnung transformieren:

$$\left.\begin{aligned}
\dot{q}_1 &= w_1 \\
\dot{q}_2 &= w_2 \\
\dot{w}_1 &= -\ell_1 \sin q_1 + \frac{m_2}{m_1} \cos q_2 \, \sin(q_2 - q_1) \\
\dot{w}_2 &= -\ell_2 \sin q_2
\end{aligned}\right\} \qquad (10.19)$$

Um den Poincaréschen Wiederkehrsatz auf den vom System (10.19) erzeugten Fluss anwenden zu können, müssen wir zwei Dinge zeigen:

1. Das Vektorfeld auf der rechten Seite ist divergenzfrei.

2. Die Bewegung ist auf eine Teilmenge des Phasenraums von endlichem (vierdimensionalen) Volumen beschränkt.

Der Phasenraum besteht hierbei aus allen zulässigen Werten der Lagekoordinaten q_1, q_2 und deren Geschwindigkeiten w_1, w_2. Dass der infinitesimale Generator des Flusses divergenzfrei ist, sieht man den Gleichungen (10.19) sofort an: die bei der Berechnung der Divergenz benötigten partiellen Ableitungen sind allesamt Null.

Nun zur Beschränktheit der Bewegungsparameter: Da die q_1, q_2 Winkel bezeichnen, können wir sie als Werte aus dem Intervall $[0, 2\pi)$ betrachten; diese sind also schon beschränkt. Zur Beschränkung der Geschwindigkeiten betrachten wir die *kinetische Energie* des Doppelpendels, die sich wie folgt aus den Massen, den Pendellängen, den Lagekoordinaten und den Geschwindigkeiten ergibt:

$$\begin{aligned}
T &= \frac{1}{2} m_1 \left(\dot{x}_1^2 + \dot{x}_2^2 \right) + \frac{1}{2} m_2 \left(\dot{x}_3^2 + \dot{x}_4^2 \right) \\
&= \frac{1}{2} \left((m_1 + m_2)\ell_1^2 w_1^2 + m_2 \ell_2^2 w_2^2 \right) + m_2 \ell_1 \ell_2 \cos(q_1 - q_2) \, w_1 w_2 .
\end{aligned}$$

Die kinetische Energie T ist jedenfalls auf jeder Lösung des Systems (10.19) beschränkt (vgl. Übungsaufgabe 10.3). Da T (für beliebige Werte der Lagekoordinaten q_1, q_2) eine elliptische quadratische Form in w_1, w_2 ist, sind damit auch die Geschwindigkeiten w_1 und w_2 beschränkt.

10.7 Der Maxwellsche Dämon

Der Poincarésche Wiederkehrsatz hat eine interessante Beziehung zur kinetischen Gastheorie von Maxwell[4], der 1871 in seinem Buch über Wärmelehre [4] das folgende Gedankenexperiment beschrieb:

---

[4] James Clerk Maxwell, * 13.6.1831 Edinburgh, † 5.11.1879 Cambridge, ab 1856 Professor in Aberdeen, 1860–65 in London, danach Rückzug aufs ererbte Landgut Glenlair in Schottland, ab 1871 wieder

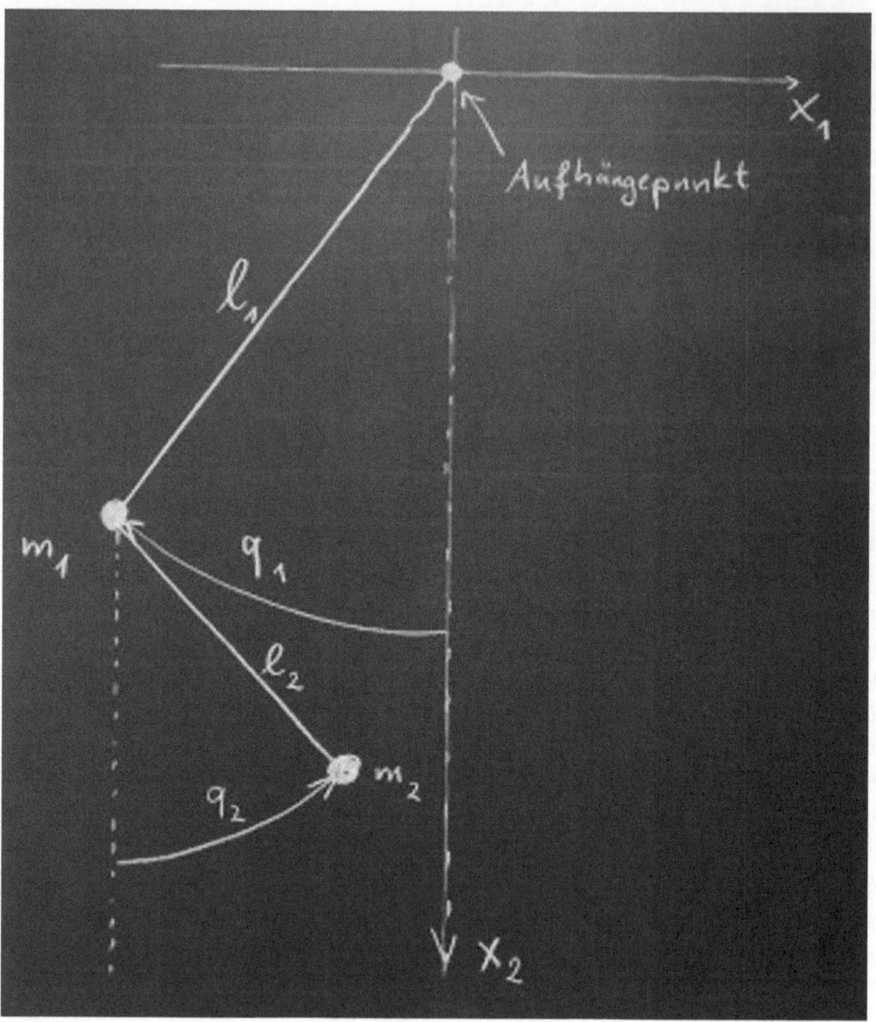

Bild 10.1: Skizze eines Doppelpendels.

Before I conclude, I wish to direct attention to an aspect of the molecular theory which deserves consideration.

One of the best established facts in thermodynamics is that it is impossible in a system enclosed in an envelope which permits neither change of volume nor passage of heat, and in which both the temperature and the pressure are everywhere the same, to produce any inequality of temperature without the expediture of work.

Professor in Cambridge. Publizierte bahnbrechende Arbeiten über Wärmelehre (*Theory of Heat*, 1871) und die Zusammenhänge zwischen Elektrizität und Magnetismus (*Treatise on Electricity and Magnetism*, 1873).

This is the second law of thermodynamics, and it is undoubtedly true as long as we can deal with bodies only in mass, and have no power of perceiving or handling the separate molecules of which they are made up. But if we conceive a being whose faculties are so sharpened that he can follow every molecule in its course, such a being, whose attributes are still as essentially finite as our own, would be able to do what is at present impossible to us. For we have seen that the molecules in a vessel full of air at uniform temperature are moving with velocities by no means uniform, though the mean velocity of any great number of them, arbitrarily selected, is almost exactly uniform. Now let us suppose that such a vessel is divided into two portions, A and B, by a division in which there is a small hole, and that a being, who can see the individual molecules, opens and closes the hole, so as to allow only the swifter molecules to pass from A to B, and only the slower ones to pass from B to A. He will thus, without expenditure of work, raise the temperature of B and lower that of A, in contradiction to the second law of thermodynamics.

Der Poincarésche Wiederkehrsatz ist so etwas wie ein Existenzbeweis für den Maxwellschen Dämon: Falls das System wirklich keine Energie verliert, ist das Vektorfeld, das den Fluss auf dem Phasenraum generiert, divergenzfrei. Und dann gibt es in jeder offenen Kugel B des Phasenraums (offene Kugeln sind Jordan-messbar) einen Punkt, dessen Trajektorie zu beliebig großen Zeiten wieder in die offene Kugel B zurückkehrt — man muß unter Umständen nur ziemlich lang warten.

10.8 Übungsaufgaben

Aufgabe 10.1

Sei $A \subset \mathbb{R}^N$ eine beliebige Teilmenge. Zeigen Sie:

a) $\mathrm{vol}^*(A) = \mathrm{vol}^*\left(\overline{A}\right)$.

b) $\mathrm{vol}_*(A) = \mathrm{vol}_*(A^\circ)$.

c) A ist genau dann Jordan-messbar, wenn der Rand $\partial A = \overline{A} \setminus A^\circ$ eine Jordan-Nullmenge ist, also wenn $\mathrm{vol}^*(\partial A) = 0$.

d) Es gibt Jordan-messbare Teilmengen $A, B \subset \mathbb{R}^N$ mit $A \cap B = \varnothing$ und $\mathrm{vol}(A) = \mathrm{vol}(B) = \mathrm{vol}(A \cup B) = 1$.

Aufgabe 10.2

Beweisen Sie, dass ein linearer Fluss genau dann volumenerhaltend ist, wenn die Spur der erzeugenden Matrix verschwindet.

Aufgabe 10.3

Bestimmen Sie ein erstes Integral des Systems (10.19).

Hinweis: Man ermittle Formeln für die kinetische und für die potentielle Energie des Systems — am einfachsten ist das, wenn man nicht gleich in den Lagekoordinaten q_1, q_2 beginnt, sondern zunächst im kartesischen Koordinatensystem rechnet.

Aufgabe 10.4

Man beweise die folgende Verschärfung des Wiederkehrsatzes:

Seien $M \subset \mathbb{R}^N$ offen und beschränkt, und sei Φ ein globaler Fluss auf M mit einem divergenzfreien infinitesimalen Generator. Dann gibt es in jeder offenen Teilmenge $U \subset M$ einen Punkt $x \in U$ und eine monoton aufsteigende Folge von Zeitpunkten $t_n \uparrow \infty$ mit $\Phi(t_n, x) \in U$ für alle $n \in \mathbb{N}$.

Anhang

A Topologische Grundlagen

Das Verhalten der Lösungen einer gewöhnlicher Differentialgleichung hängt eng mit topologischen Eigenschaften des (erweiterten) Phasenraums der Differentialgleichung zusammen, während Existenz und Stetigkeitseigenschaften von Lösungen Untersuchungen von Funktionenräumen erfordern. In diesem Abschnitt werden einige wichtige Begriffe zur mengentheoretischen Topologie und über metrische Räume vorgestellt und soweit entwickelt, wie es für die in diesem Buch behandelten Themen nötig ist.

A.1 Topologische Räume

Eine Topologie auf einer Menge X besteht darin, dass man gewisse Teilmengen von X als *offen* bezeichnet. Dahinter liegt die Vorstellung, dass eine Menge dann offen ist, wenn sie keinen *Rand* hat bzw. ihren *Rand* nicht enthält — und damit entweder leer ist oder irgendwie eine Art *Inneres* hat. Die folgende Formalisierung des Konzepts »offene Menge« hat sich als sehr fruchtbar für die Analysis erwiesen.

> **Definition A.1**
> Unter einer *Topologie* auf einer Menge X versteht man ein System $\mathcal{O}$ von Teilmengen von X mit folgenden Eigenschaften:
>
> (O1) $\varnothing \in \mathcal{O}$ und $X \in \mathcal{O}$.
>
> (O2) Sind $V \in \mathcal{O}$ und $W \in \mathcal{O}$, so ist auch $V \cap W \in \mathcal{O}$.
>
> (O3) Ist $\mathcal{S} \subset \mathcal{O}$ ein beliebiges Teilsystem, so ist $\bigcup \mathcal{S} \in \mathcal{O}$.

Ist eine Topologie $\mathcal{O}$ auf einer Menge X gegeben, so nennt man das Paar $(X, \mathcal{O})$ einen *topologischen Raum*. Geht die Definition der Topologie aus dem Kontext hervor, so bezeichnet man auch einfach X als topologischen Raum.

Die Elemente von $\mathcal{O}$ nennt man *offene Mengen*. Eine Teilmenge $A \subset X$ heißt *abgeschlossen*, wenn ihr Komplement $X \setminus A$ offen ist. Eine Menge $U \subset X$ heißt *Umgebung* eines Punktes $x \in X$, wenn es eine offene Menge $V \subset X$ gibt, die mit x und U in der Relation $x \in V \subset U$ steht. Mit diesen Benennungen lesen sich die drei Eigenschaften einer Topologie auf X wie folgt:

(O1) Die leere Menge $\varnothing$ und der Raum X selbst sind sowohl offen als auch abgeschlossen.

(O2) Der Durchschnitt zweier (und damit endlich vieler) offener Mengen ist offen.

(O3) Die Vereinigung beliebig vieler offener Mengen ist offen.

Ist $(X, \mathcal{O})$ ein topologischer Raum, und ist $Y \subset X$ eine beliebige Teilmenge, so erhält man durch

$$\mathcal{O}_Y := \{U \cap Y : U \in \mathcal{O}\} \tag{A.1}$$

eine Topologie auf Y, die sogenannte *relative Topologie* oder *Spurtopologie*.

A.2 Häufungspunkte, isolierte Punkte, innere Punkte

Gegeben sei nun eine beliebige Teilmenge $A \subset X$ eines topologischen Raums $(X, \mathcal{O})$. Ein Punkt $p \in X$ heißt *Häufungspunkt* von A (in X), wenn für jede Umgebung $U \subset X$ von p die Relation

$$A \cap (U \setminus \{p\}) \neq \varnothing$$

erfüllt ist. Für eine Umgebung U eines Punktes $p \in X$ nennt man die Menge $U \setminus \{p\}$ auch *punktierte Umgebung* von p. Damit ist ein Punkt $p \in X$ genau dann ein Häufungspunkt einer Teilmenge $A \subset X$, wenn jede punktierte Umgebung von p die Menge A trifft. Demgegenüber heißt ein Punkt $q \in A$ *isolierter Punkt* von A, wenn es eine punktierte Umgebung U^* von q in X gibt, die die Menge A nicht trifft, d. h. $U^* \cap A = \varnothing$.

Die Menge der Häufungspunkte einer Menge A bezeichnen wir wie üblich mit A', die Menge der isolierten Punkte mit A_s. Als *abgeschlossene Hülle* oder *(topologischen) Abschluß* einer Teilmenge $A \subset X$ eines topologischen Raums $(X, \mathcal{O})$ bezeichnet man die Vereinigung von A mit der Menge ihrer Häufungspunkte, in Zeichen

$$\overline{A} := A \cup A' = A_s \cup A' \, . \tag{A.2}$$

Ein Punkt $p \in A$ heißt *innerer Punkt*, wenn es eine offene Menge $U \in \mathcal{O}_X$ mit der Eigenschaft $p \in U \subset A$ gibt. Die Menge der inneren Punkte von A nennt man das *offene Innere* von A und bezeichnet es mit A°.

Hat ein Punkt $p \in X$ die Eigenschaft, dass jede Umgebung U von p sowohl die Menge A als auch deren Komplement $X \setminus A$ trifft, so nennt man p einen *Randpunkt* von A. Die Menge aller Randpunkte von A bezeichnet man mit

$$\partial A = \overline{A} \cap \overline{X \setminus A} = \overline{A} \setminus A^\circ \, .$$

A.3 Produkt zweier topologischer Räume

Sind $(X, \mathcal{O}_X)$ und $(Y, \mathcal{O}_Y)$ zwei topologische Räume, so kann man den Produktraum

$$X \times Y = \{(x, y) : x \in X, y \in Y\}$$

auf ziemlich natürliche Weise mit einer aus den Topologien $\mathcal{O}_X$ und $\mathcal{O}_Y$ entstehenden Topologie versehen. Um diese zu definieren, gehen wir von der vernünftigen Forderung aus, dass jedenfalls das Produkt zweier offener Mengen wieder offen sein soll. Die Definition der *Produkttopologie* ist also

$$
\mathcal{O}_{(X \times Y)} := \left\{ W \subset X \times Y \;\middle|\; \begin{array}{l} \text{zu jedem Punkt } (x,y) \in W \text{ gibt es Mengen } U, V \\ \text{derart, dass } x \in U \in \mathcal{O}_X \text{ und } y \in V \in \mathcal{O}_Y \\ \text{und } U \times Y \subset W \end{array} \right\} .
$$

Es ist leicht nachzuprüfen, dass das so definierte Mengensystem $\mathcal{O}_{(X \times Y)}$ die Bedingungen (O1), (O2) und (O3) erfüllt, also das Paar $(X \times Y, \mathcal{O}_{(X \times Y)})$ zu einem topologischen Raum macht.

A.4 Metrische Räume

Auf einer Geraden, in einer Ebene, und im dreidimensionalen Raum ist es sinnvoll, vom *Abstand* zwischen zwei Punkten als Proportion zu einer festgelegten Maßeinheit zu sprechen. Der Proportionalitätsfaktor ist eine reelle Zahl — und damit kann, nach Festlegung der Maßeinheit, der *Abstand* als eine Abbildung aufgefasst werden, die jedes Punktepaar auf eine reelle Zahl abbildet. Weil man eine Abbildung mit Werten in den reellen Zahlen (oder in einem reellen Vektorraum) häufig als *Funktion* bezeichnet, spricht man auch von der *Abstandsfunktion*. Auch hier ist es sinnvoll, den Begriff abstrakt zu fassen, um wenigstens Teile der Anschauung auch auf kompliziertere Situationen übertragen zu können.

> **Definition A.2**
> Unter einer *Metrik* oder *Abstandsfunktion* d auf einer Menge X versteht man eine Abbildung $d : X \times X \to \mathbb{R}$ derart, dass für beliebige Punkte $x, y, z \in X$ die folgenden Eigenschaften gelten:
>
> (M1) $d(x,y) = 0$ genau dann, wenn $x = y$ (*Definitheit*),
>
> (M2) $d(x,y) = d(y,x)$ (*Symmetrie*),
>
> (M3) $d(x,z) \leqslant d(x,y) + d(y,z)$ (*Dreiecksungleichung*).

Zu beachten ist, dass gemäß dieser Definition eine Metrik stets nicht-negative Werte annimmt, wie durch Kombination der Bedingungen (M1), (M3) und (M2) folgt:

$$
0 = d(x,x) \leqslant d(x,y) + d(y,x) = 2\,d(x,y) \; ;
$$

man muss die Nichtnegativität also nicht explizit fordern.

Ist eine Metrik d auf einer Menge X gegeben, so nennt man das Paar (X, d) einen *metrischen Raum*. Wenn es klar ist, mit welcher Metrik die Menge X zu versehen ist, so bezeichnet auch einfach X als metrischen Raum.

Als Verallgemeinerung des Abstands zwischen zwei Punkten definiert man in einem metrischen Raum den *Abstand eines Punkts x zu einer Teilmenge $A \subset X$* durch die

Formel

$$d_A(x) := d(x, A) := \inf_{a \in A} d(x, a) \,. \tag{A.3}$$

Mit dieser Definition gibt es in metrischen Räumen eine nette Charakterisierung der abgeschlossenen Hülle (Beweis siehe Übungsaufgabe A.3):

$$\overline{A} = \{x \in X : d(x, A) = 0\} \,. \tag{A.4}$$

Sind $x_0 \in X$ ein fester Punkt in einem metrischen Raum (X, d) und r eine positive reelle Zahl, so nennt man die Menge aller Punkte $x \in X$, die zu x_0 einen Abstand kleiner als r haben, in Zeichen

$$B(x_0, r) := \{x \in X : d(x, x_0) < r\} \,,$$

die *metrische Kugel* im Raum X um die Punkt x_0 mit Radius r.

Lemma A.1

Ist (X, d) ein metrischer Raum, und setzt man

$$U \in \mathcal{O}_d \quad :\Leftrightarrow \quad \text{für jedes } x \in U \text{ gibt es ein } r_x > 0 \text{ mit } B(x, r_x) \subset U,$$

so ist $\mathcal{O}_d$ eine Topologie auf X.

Im Falle eines metrischen Raums (X, d) nennt man die Topologie $\mathcal{O}_d$ die *von der Metrik erzeugte Topologie* oder die *metrische Topologie* auf X.

Beispiel A.1 (Der Euklidische Raum)

Ein Beispiel eines metrischen Raums ist, für eine natürliche Zahl N, der N-dimensionale *Euklidische Raum*, bestehend aus der Menge der N-Tupeln reeller Zahlen

$$\mathbb{R}^N = \{(x_1, \ldots, x_N) \mid x_\nu \in \mathbb{R} \text{ für } 1 \leqslant \nu \leqslant N\}$$

und der *Euklidischen Metrik*

$$d(x, y) = |x - y| := \sqrt{(x_1 - y_1)^2 + \ldots + (x_N - y_N)^2}$$
$$\text{für} \quad x = (x_1, \ldots, x_N), y = (y_1, \ldots, y_N) \in \mathbb{R}^N \,.$$

Die von dieser Metrik auf dem $\mathbb{R}^N$ erzeugt Topologie nennt man allgemein die *Euklidische Topologie*.

A.5 Konvergenz und metrische Vollständigkeit

Eine entscheidende Eigenschaft der reellen Zahlen ist ihre *Vollständigkeit*, womit man meint, dass jede (Cauchy-)konvergente Folge reeller Zahlen auch einen Grenzwert besitzt.

Die Konzepte *(Cauchy-)Konvergenz* und *Grenzwert* lassen sich indes auch in abstrakten metrischen Räumen entwickeln — und haben durch die Abstraktion an Bedeutung gewonnen.

Die mathematische Präzisierung des *mit wachsendem Index nahe Zusammenrückens* geht auf Untersuchungen zur Konvergenz von Reihen durch Cauchy[1] zurück. Danach *konvergiert* eine Reihe

$$a_0 + a_1 + a_2 + a_3 + \ldots + a_\nu + \ldots$$

genau dann, wenn beliebig lange Teilstücke

$$a_{n+1} + a_{n+2} + \ldots + a_{m-1} + a_m \tag{A.5}$$

für genügend große Anfangsindizes n beliebig klein werden. Nimmt man die Konvergenz einer Reihe $\sum a_\nu$ als äquivalent zur Konvergenz der Folge (s_n) ihrer Partialsummen

$$s_n := a_0 + a_1 + \ldots + a_n = \sum_{\nu=0}^{n} a_\nu \,,$$

so schreibt sich ein Teilstück der Form (A.5) gerade als Differenz

$$s_m - s_n \,.$$

Formuliert man das noch in der Weierstraß'schen[2] Epsilontik, so gelangt man zur heutigen Definition des Begriffs *Cauchy-Konvergenz* in metrischen Räumen, der formal nichts mehr mit Cauchy's Texten zu tun hat.

> **Definition A.3**
> Sei (X, d) ein metrischer Raum. Eine Folge $(x_n)_{n \in \mathbb{N}}$ von Punkten $x_n \in X$ heißt *Cauchy-Folge* oder *(Cauchy-)konvergent*, wenn es zu jeder reellen Zahl $\varepsilon > 0$ einen Index $N(\varepsilon) \in \mathbb{N}$ derart gibt, dass für alle Indizes $m \geqslant n > N(\varepsilon)$ die Ungleichung $d(x_n, x_m) < \varepsilon$ gilt.

Diese Definition der Konvergenz einer Folge in einem metrischen Raum ist vor allem deswegen interessant, weil sie ohne die Existenz eines *Grenzwerts* auskommt.

---

[1] Augustin Louis Cauchy, * 21.8.1789 Paris, † 23.5.1857 Sceaux (bei Paris). Cauchy begann nach Studien an der *École Polytechnique* und der *École des Ponts et Chaussées* im Jahr 1810 damit, als Ingenieur am Hafen von Cherbourg zu arbeiten, wobei er nebenbei noch Zeit für mathematische Forschung fand. 1815 wurde er Assistenzprofessor für Analysis an der *École Polytechnique* in Paris. Wegen politischer Wirren und seines katholischen Glaubens verlief seine weitere Karriere nicht besonders geradlinig. Als Mathematiker war Cauchy sehr produktiv, vielseitig und einflußreich; sein »*Oeuvres complètes*« umfaßt 27 Bände.

[2] Karl Theodor Wilhelm Weierstraß, * 31.10.1815 Ostenfelde (Westfalen), † 19.2.1897 Berlin, studierte ab 1834 zunächst Kameralistik in Bonn, danach in Münster auf das Lehrerexamen hin, dessen schriftlichen Teil er 1840 mit einer Arbeit über elliptische Funktionen bestand. Nach längerer Tätigkeit im Schuldienst erhielt er 1855 für seine Arbeit »*Theorie der Abelschen Functionen*« die Ehrendoktorwürde der Universität Königsberg; 1856 wurde er Professor in Berlin. Neben zahlreichen Einzelergebnissen leistete Weierstraß mit seiner *Weierstraßschen Strenge*, die sich in seiner »Epsilontik» ausdrückte, einen entscheidenden Beitrag zur Grundlegung der Analysis.

Definition A.4

Seien (X, d) ein metrischer Raum und $(x_n)_{n \in \mathbb{N}} \subset X$ eine Folge. Ein Punkt $x_\infty \in X$ heißt *Grenzwert* der Folge $(x_n)_{n \in \mathbb{N}}$, wenn es zu jeder reellen Zahl $\varepsilon > 0$ einen Index $N(\varepsilon) \in \mathbb{N}$ derart gibt, dass für alle Indizes $n > N(\varepsilon)$ die Ungleichung $d(x_n, x_\infty) < \varepsilon$ gilt.

Aus diesen Definitionen folgt sofort, dass jede Folge einem metrischen Raum, die dort einen Grenzwert besitzt, Cauchy-konvergent sein muss. Umgekehrt ist das nicht unbedingt richtig: im metrischen Raum $(\mathbb{Q}, d)$ mit der üblichen Abstandsfunktion

$$d : \mathbb{Q} \times \mathbb{Q} \to \mathbb{R}, \quad d(x, y) := |x - y|,$$

gibt es Cauchy-Folgen mit irrationalem Grenzwert, die also in $\mathbb{Q}$ keinen Grenzwert besitzen.

Definition A.5

Ein metrischer Raum (X, d) heißt (*metrisch* oder *Cauchy-*) *vollständig*, wenn jede Cauchy-konvergente Folge $(x_n)_{n \in \mathbb{N}} \subset X$ einen Grenzwert $x_\infty \in X$ besitzt.

Der nun folgende Satz, der mit den Namen Bolzano[3] und Weierstraß verbunden ist, ist einer der wichtigsten der Analysis. Er verbindet für eine unendliche Punktmenge in der reellen Geraden die metrische Eigenschaft der Beschränktheit mit der topologischen Eigenschaft der Existenz eines Häufungspunkts.

Satz A.2 (Bolzano, Weierstraß)

Jede beschränkte, unendliche Teilmenge von $\mathbb{R}$ besitzt mindestens einen Häufungspunkt in $\mathbb{R}$.

Der Satz von Bolzano und Weierstraß läßt sich leicht auf den N-dimensionalen euklidischen Raum verallgemeinern, indem man die Tatsache benutzt, dass es zu jedem Häufungspunkt a einer Menge $A \subset \mathbb{R}$ eine Folge von Punkten aus A gibt, die in der euklidischen Metrik von $\mathbb{R}$ gegen a konvergiert, und dann den reellen Satz von Bolzano und Weierstraß sukzessive in jeder Dimension anwendet.

Häufig benutzt wird eine Variante des Satzes für reelle Folgen:

---

[3] Bernhard Placidus Johann Nepomuk Bolzano, * 5.10.1781 Prag, † 18.12.1848 Prag. Studierte ab 1796 Philosophie, Physik und Mathematik und ab 1800 Theologie an der Karls-Universität in Prag, wo er 1804 mit einer Arbeit zur Geometrie promoviert und wenige Tage später zum katholischen Priester geweiht wurde. 1817 publizierte er eine Arbeit mit dem Titel »*Rein analytischer Beweis des Lehrsatzes, dass zwischen je zwey Werthen, die ein entgegengesetztes Resultat gewähren, wenigstens eine reelle Wurzel der Gleichung liege*«, worin er die heute so genannte Vollständigkeit der reellen Zahlen ziemlich auf den Punkt bringt — der »*Lehrsatz*« selbst ist heute als *Zwischenwertsatz* bekannt. Bolzano's Arbeit »*Paradoxien des Unendlichen*«, die eine der Grundlagen zu Cantor's Entwicklung der Mengenlehre darstellt, wurde 1851 von seinen Studenten publiziert.

Folgerung A.3

Jede beschränkte Folge im Euklidischen Raum besitzt eine konvergente Teilfolge.

A.6 Dichte Mengen und Überdeckungen

Eine Teilmenge D eines topologischen Raums X heißt *dichtliegend* oder *dicht* (in X), wenn $\overline{D} = X$ gilt, wenn also jeder Punkt von $X \setminus D$ ein Häufungspunkt von D ist. Z. B. liegt die Menge $\mathbb{Q}$ der rationalen Zahlen dicht im metrischen Raum $\mathbb{R}$ (mit der Euklidischen Metrik, die durch $d(x,y) = |x - y|$ gegeben ist).

Man nennt X *separabel*, wenn eine abzählbare dichte Teilmenge von X existiert. Z. B. ist die reelle Gerade $\mathbb{R}$ (als topologischer Raum mit der Euklidischen Topologie) separabel, da die abzählbare Menge $\mathbb{Q}$ darin dicht liegt. Nach der Definition der euklidischen Metrik folgt daraus auch, dass für jede natürliche Zahl N der N-dimensionale euklidische Raum $\mathbb{R}^N$ die abzählbare dichte Teilmenge $\mathbb{Q}^N$ besitzt und damit separabel ist.

Ein System $\mathcal{U} \subset \mathcal{O}$ offener Mengen in X heißt *offene Überdeckung* von A, wenn $A \subset \bigcup_{U \in \mathcal{U}} U$ gilt. Eine offene Überdeckung $\mathcal{U}$ heißt *endlich* (bzw. *abzählbar*), wenn das System $\mathcal{U}$ aus endlich (bzw. abzählbar) vielen offenen Mengen besteht.

Bemerkung A.1

Ist A separabel, so enthält jede offene Überdeckung von A eine abzählbare offene Überdeckung von A.

Mit diesem Begriff gibt es im euklidischen Raum $\mathbb{R}^N$ eine interessante Charakterisierung von Teilmengen, die sowohl beschränkt als auch abgeschlossen sind, durch eine Überdeckungseigenschaft.

Lemma A.4 (Überdeckungslemma)

Für eine Teilmenge $K \subset \mathbb{R}^N$ sind äquivalent:

a) K ist beschränkt und abgeschlossen.

b) Jede offene Überdeckung von K enthält eine endliche Überdeckung.

Beweis

a) $\Rightarrow$ b): Sei $K \subset \mathbb{R}^N$ beschränkt und abgeschlossen, und sei $\mathcal{U} = \{U_i : i \in I\}$ eine offene Überdeckung von K.

Ist $\mathcal{U}$ eine endliche offene Überdeckung von K, dann ist nichts zu beweisen. Ist $\mathcal{U}$ unendlich, so besitzt die Familie eine abzählbar unendliche Teilmenge $\mathcal{V} := \{U_n : n \in \mathbb{N}\} \subset \mathcal{U}$, die ebenfalls eine offene Überdeckung von K ist. Wir definieren jetzt

$$A_n := K \setminus (U_1 \cup \ldots \cup U_n) \quad \text{für } n \in \mathbb{N},$$

und erhalten eine absteigende Folge abgeschlossener Teilmengen von K. Weil $\mathcal{V}$ eine Überdeckung von K ist, gilt

$$\bigcap_{n\in\mathbb{N}} A_n = \varnothing. \tag{A.6}$$

Gäbe es einen Index $n_0 \in \mathbb{N}$ mit $A_{n_0} = \varnothing$, so wäre $K \subset U_1 \cup \ldots \cup U_{n_0}$, und Aussage b) wäre bewiesen. Also können wir annehmen, dass jede der Mengen A_n nichtleer ist. Nimmt man aus jeder Menge ein *ausgezeichnetes Element*[4] $a_n \in A_n$, so erhalten wir eine Folge $(a_n)_{n\in\mathbb{N}}$ mit der Eigenschaft

$$(a_n)_{n\geqslant k} \subset A_k \subset K \quad \text{für alle } k \in \mathbb{N}. \tag{A.7}$$

Weil $K \subset \mathbb{R}^N$ beschränkt ist, besitzt diese Folge nach dem Satz von Bolzano und Weierstraß einen Häufungspunkt $a_\infty \in K$. Wegen (A.7) und der Abgeschlossenheit der Mengen A_k liegt a_∞ in allen Mengen A_k, also auch im Durchschnitt, was im Widerspruch zu (A.6) steht.

b) $\Rightarrow$ a): Das System offener Kugeln vom Radius Eins

$$\mathcal{U}_1 := \left\{ B^N(x,1) : x \in K \right\}$$

ist eine offene Überdeckung von K, enthält also nach b) eine endliche offene Überdeckung

$$\mathcal{U}_2 := \left\{ B^N(x_1,1), \ldots, B^N(x_n,1) \right\} \subset \mathcal{U}_1.$$

Damit ist K eine Teilmenge einer endlichen Vereinigung von Kugeln vom Radius Eins, also beschränkt.

Wäre K nicht abgeschlossen, so gäbe es einen Häufungspunkt a von K, der nicht in K liegt. Damit könnte man dann folgendes Mengensystem definieren:

$$\mathcal{U}_3 := \left\{ B^N\left(x, r_a(x)\right) : x \in K \right\} \quad \text{mit } r_a(x) := \tfrac{1}{2}|x - a|; \tag{A.8}$$

wegen $a \notin K$ ist $\mathcal{U}_3$ eine offenen Überdeckung von K. Nach b) würden endlich viele der Kugeln aus $\mathcal{U}_3$ ausreichen, um K zu überdecken:

$$K \subset B^N(x_1, r_a(x_1)) \cup \ldots \cup B^N(x_n, r_a(x_n)). \tag{A.9}$$

Bezeichne $r := \min\{r_a(x_1), \ldots, r_a(x_n)\}$; als Minimum endlich vieler positiver Zahlen ist $r > 0$. Aufgrund der Definition der $r_a(x)$ in (A.8) gilt aber

$$B^N(x, r_a(x)) \cap B^N(a, r_a(x)) = \varnothing \quad \text{für alle } x \in K,$$

also folgt aus (A.9 die Relation $K \cap B^N(a, r) = \varnothing$, womit a kein Häufungspunkt von K sein könnte. Also ist K abgeschlossen. $\diamond$

---

[4]Hier wird das Auswahlaxiom für abzählbare Familien benutzt, siehe Abschnitt 2.5.

Motiviert insbesondere vom Überdeckungslemma ist die folgende Definition:

> **Definition A.6**
> Man nennt man einen topologischen Raum X *kompakt*, wenn jede offene Überdeckung von X eine endliche Überdeckung von X enthält. Eine Teilmenge $K \subset X$ heißt kompakt, wenn sie, versehen mit der von X geerbten Spurtopologie, ein kompakter topologischer Raum ist.

A.7 Stetigkeit

Der abstrakte Begriff des *topologischen Raums* macht es wünschenswert und möglich, auch den Begriff der *Stetigkeit* abstrakter zu formulieren.

> **Definition A.7**
> Sind X und Y topologische Räume, so heißt eine Abbildung $f : X \to Y$ *stetig*, wenn für jede in Y offene Menge $V \subset Y$ ihr Urbild
>
> $$f^{-1}V := \{x \in X : f(x) \in V\} \subset X$$
>
> in X offen ist.

Stetige Abbildung kann man als strukturerhaltende Abbildungen zwischen topologischen Räumen betrachten. Besonders klar wird das, wenn man bijektive Abbildungen, die in beiden Richtungen stetig sind, ins Auge fasst.

> **Definition A.8**
> Seien $(X, \mathcal{O}_X)$ und $(Y, \mathcal{O}_Y)$ topologische Räume. Eine bijektive stetige Abbildung $h : X \to Y$, deren Umkehrung auch stetig ist, nennt *topologisch* oder einen *Homöomorphismus*.

Ein Homöomorphismus $h : X \to Y$ hat ein paar leicht zu verifizierende Eigenschaften, was die Erhaltung der topologischen Struktur betrifft, siehe hierzu auch Übungsaufgabe A.4.

Wir haben jetzt eine Definition der Stetigkeit von Abbildungen zwischen topologischen Räumen, die auf den ersten Blick nichts mehr mit Grenzwerten und ε-δ zu tun hat — und gleichwohl für metrische Räume mit dem ε-δ-Kriterium äquivalent ist.

Satz A.5 (ε-δ-Kriterium)
Seien (X, d_X) und (Y, d_Y) metrische Räume und $f : X \to Y$ eine Abbildung.
Dann sind äquivalent:

a) f ist stetig bzgl. der metrischen Topologien auf X und Y.

b) Für jeden Punkt $x \in X$ und jede reelle Zahl $\varepsilon > 0$ gibt es ein $\delta >=$ derart,
   dass $f(B(x, \delta)) \subset B(f(x), \varepsilon)$ gilt.

Beweis

a) $\Rightarrow$ b): Seien $x \in X$ und $\varepsilon > 0$ gegeben. Weil f stetig ist, ist das Urbild der
offenen Menge $B(f(x), \varepsilon) \subset Y$, nämlich $V := f^{-1}B(f(x), \varepsilon) \subset X$ offen in der
metrischen Topologie von X. Nach Konstruktion der metrischen Topologie in
Lemma A.1 gibt es also zu jedem Punkt dieses Urbilds, also auch zu x, einen
Radius $d_x > 0$ mit $B(x, d_x) \subset V$. Man setzt jetzt einfach $\delta := d_x$.

b) $\Rightarrow$ a): Sei $U \subset Y$ eine offene Menge. Dann gibt es zu jedem $y \in U$ einen
Radius $d_y > 0$ mit $B(y, d_y) \subset Y$. Wählt man jeweils $\varepsilon = d_y$, so gibt es wegen
(b) zu jedem $x \in f^{-1}(y)$ einen Radius $d_x = \delta$ derart, dass $f(B(x, d_x)) \subset$
$B(y, d_y)$. Daher läßt sich das Urbild $f^{-1}U$ als Vereinigung offener Mengen
darstellen,

$$ f^{-1}U = \bigcup_{y \in U} \bigcup_{x \in f^{-1}(y)} B(x, d_x) , $$

und ist daher eine offene Menge im metrischen Raum (X, d_X). $\Diamond$

Beispiel A.2

In einem metrischen Raum ist der Abstand zu einem festen Punkt stetig.
Technisch ausgedrückt: Ist (X, d) ein metrischer Raum, und ist $a \in X$ ein
fester Punkt, dann ist die Funktion

$$ d_a : X \to \mathbb{R}, \qquad d_a(x) := d(x, a) $$

stetig.

Beweis

Seien $x \in X$ und $\varepsilon > 0$ gegeben. Für einen beliebigen Punkt $y \in B(x, \varepsilon) \subset X$
gilt:

$$ |d_a(x) - d_a(y)| = |d(x, a) - d(y, a)| \leqslant d(x, y) < \varepsilon , $$

also $d_a(y) \in (d_a(x) - \varepsilon, d_a(x) + \varepsilon)$. $\Diamond$

Lemma A.6
Seien (X, d) ein metrischer Raum und $A \subset X$ eine nicht-leere Teilmenge. Dann
ist die Abstandsfunktion $d_A : X \to \mathbb{R}_+$ stetig.

Beweis

Die Dreiecksungleichung der Metrik d impliziert für beliebige Punkte $x, y \in X$ die beiden Ungleichungen

$$d(x, A) \leqslant d(x, y) + d(y, A).$$
$$d(y, A) \leqslant d(y, x) + d(x, A).$$

Wegen der Symmetrie der Metrik folgt daraus $|d_A(x) - d_A(y)| \leqslant d(x, y)$, was nach dem ε-δ-Kriterium (mit $\delta := \varepsilon$) die Stetigkeit von d_A nach sich zieht. $\Diamond$

Die topologischen Definitionen von Stetigkeit (A.7) und Kompaktheit (A.6) erlauben einen ziemlich einfachen Beweis der Tatsache, dass Kompaktheit unter stetigen Abbildungen erhalten bleibt.

Satz A.7
Seien $(X, \mathcal{O}_X)$, $(Y, \mathcal{O}_Y)$ topologische Räume, $f : X \to Y$ eine stetige Abbildung und $K \subset X$ kompakt. Dann ist auch $f(K) \subset Y$ kompakt.

Beweis

Sei $\mathcal{U} \subset \mathcal{O}_Y$ eine beliebige offene Überdeckung von $f(K)$. Dann ist wegen $K \subset f^{-1}(K)$ das Mengensystem

$$f^{-1}(\mathcal{U}) := \left\{ f^{-1}(U) : U \in \mathcal{U} \right\} \subset \mathcal{U}_X$$

eine offene Überdeckung von K. Weil K kompakt ist, gibt es endlich viele Mengen $U_1, \ldots, U_n \in \mathcal{U}$ mit

$$K \subset f^{-1}(U_1) \cup \ldots \cup f^{-1}(U_n).$$

Daraus folgt $f(K) \subset U_1 \cup \ldots \cup U_n$, also reicht eine endliche Teilmenge von $\mathcal{U}$ aus, um $f(K)$ zu überdecken. $\hfill \Diamond$

Zusammen mit dem Überdeckungslemma A.4 ergibt dieser Satz das Weierstraßsche Prinzip vom Maximum und Minimum.

Folgerung A.8
Seien K ein kompakter topologischer Raum und $f : K \to \mathbb{R}$ eine stetige Funktion. Dann gibt es Punkte $x_0, x_1 \in K$ mit

$$f(x_0) = \min\{f(x) : x \in K\} \quad \text{und} \quad f(x_1) = \max\{f(x) : x \in K\}.$$

A.8 Funktionenräume

Die abstrakten Definitionen eines topologischen Raums $(X, \mathcal{O})$ und eines metrischen Raums (X, d) erlauben es, anstelle von X auch eine Menge von Funktionen einzusetzen — und dann Topologie und Metrik irgendwie geeignet zu definieren.

Der nun folgende Satz geht auf Weierstraß zurück, der in einer ca. 1840 verfaßten und erst 1875 publizierten Arbeit den Begriff der *gleichmäßgien Konvergenz* einführte. Dieser Satz öffnet die Tür für einen Abstandsbegriff auf Räumen stetiger Funktionen zwischen metrischen Räumen.

Satz A.9

Seien (X, d_X) und (Y, d_Y) metrische Räume und $(f_n)_{n \in \mathbb{N}}$ eine Folge stetiger Funktionen $f_n : X \to Y$, die gleichmäßig gegen eine Grenzfunktion $f_\infty : X \to Y$ konvergiert, d. h.:

$$\lim_{n \to \infty} \sup_{x \in X} d_Y(f_n(x), f_\infty(x)) = 0. \tag{A.10}$$

Dann ist f_∞ stetig.

Beweis

Seien $x_0 \in X$ und $\varepsilon > 0$. Wegen (A.10) gibt es einen Index $N_0 \in \mathbb{N}$ derart, dass

$$\sup_{x \in X} d_Y(f_n(x), f_\infty(x)) < \frac{\varepsilon}{3} \quad \text{für } n > N_0. \tag{A.11}$$

Man fixiere jetzt irgendein $n_0 > N_0$. Wegen der Stetigkeit von f_{n_0} gibt es ein $\delta > 0$ derart, dass

$$d_X(x_0 - x) < \delta \quad \Rightarrow \quad d_Y(f_{n_0}(x_0), f_{n_0}(x)) < \frac{\varepsilon}{3}. \tag{A.12}$$

Unter Anwendung der Dreiecksungleichung folgt daraus für $x \in B(x_0, \delta)$:

$$\begin{aligned}
|f_\infty(x_0) &- f_\infty(x)| \\
&\leqslant |f_\infty(x_0) - f_{n_0}(x_0)| + |f_{n_0}(x_0) - f_{n_0}(x)| + |f_{n_0}(x) - f_\infty(x)| \\
&< \varepsilon,
\end{aligned}$$

was nach dem ε-δ-Kriterium die Stetigkeit von f_∞ impliziert. $\diamond$

In der Theorie der Differentialgleichungen wenden wir diesen Satz in der folgenden Form an:

Folgerung A.10
Seien (X, d) ein metrischer Raum und $\mathcal{F}$ der Vektorraum der beschränkten stetigen Funktion $X \to \mathbb{R}$. Versieht man $\mathcal{F}$ mit der *Supremumsmetrik*

$$d_\infty : \mathcal{F} \times \mathcal{F} \to \mathbb{R}, \quad d_\infty(f, g) := \|f - g\|_\infty = \sup_{x \in X} |f(x) - g(x)|,$$

so ist $(\mathcal{F}, d_\mathcal{F})$ ein vollständiger metrischer Raum.

A.9 Der Banachsche Fixpunktsatz und eine Verallgemeinerung

Man nennt eine Abbildung $T : X \to X$, die einen metrischen Raum (X, d) in sich selbst abbildet und die Abstände mindestens mit einem Faktor < 1 verkleinert, eine *metrische Kontraktion*. Etwas formaler und präziser:

Definition A.9
Sei (X, d) ein metrischer Raum. Eine Abbildung $T : X \to X$ heißt *metrische Kontraktion* oder *kontrahierende Abbildung*, wenn es eine reelle Zahl $\theta < 1$ derart gibt, dass folgende *Kontraktionsungleichung* erfüllt ist:

$$d(Tx, Ty) \leqslant \vartheta \cdot d(x, y) \quad \text{für alle } x, y \in X. \tag{A.13}$$

Es ist eigentlich nicht verwunderlich, dass eine metrische Kontraktion eines metrischen Raums genau einen Fixpunkt besitzt, und dass, wenn man die metrische Kontraktion iteriert anwendet, dieser Fixpunkt der Grenzwert der Folge der Iterierten ist. Banach[5] hat diesen Sachverhalt auf den Picard-Operator angewandt, und so einen neuen, konzeptionell überzeugend einfachen, Existenz- und Eindeutigkeitssatz für gewöhnliche Differentialgleichungen bewiesen (vgl. Aufgabe 2.1).

Satz A.11 (Banachscher Fixpunktsatz)
Seien (X, d) ein vollständiger metrischer Raum und $T : X \to X$ eine kontrahierende Abbildung. Dann besitzt T genau einen Fixpunkt $x_\infty \in X$, und für jedes $\varphi \in X$ konvergiert die Folge der Iterierten $(T^n x)_{n \in \mathbb{N}}$ gegen x_∞.

---

[5]Stefan Banach, * 30.3.1892 Krakau (damals Österreich-Ungarn), † 31.8.1945 Lemberg (jetzt Ukraine). Der *Banachschen Fixpunktsatz* findet sich in seiner 1922 erschienen Dissertation. 1922–1939 hatte Banach den Lehrstuhl an der Jan-Kazimierz-Universität in Lemberg, nach dem Einmarsch der Roten Armee 1939–1941 und 1944–1945 Lehrstuhl für Mathematische Analysis an der Franka-Universität Lemberg. Er begründete die *Lemberger Schule der Funktionalanalysis*. Viele seiner mathematischen Arbeiten entstanden im *Szkocka Café* (dem *Schottischen Café*) in Lemberg. 1932 erschien sein Buch »*Théorie des opérations linéaires*«.

Beweis

Weil T kontrahierend ist, ist die Kontraktionsungleichung (A.13) für ein $\theta \in (0,1)$ erfüllt. Angenommen, T hätte zwei Fixpunkte $Ta = a$ und $Tb = b$. Dann gilt

$$d(a,b) = d(Ta,Tb) \leqslant \theta \cdot d(a,b),$$

also $d(a,b) = 0$ wegen $\theta < 1$, und daher $a = b$. Damit besitzt T höchstens einen Fixpunkt.

Aus der Kontraktionsungleichung folgt durch vollständige Induktion

$$d\left(T^n x, T^{n+1}x\right) \leqslant \theta^n\, d(x,Tx) \quad \text{für alle } n \in \mathbb{N}.$$

Also gilt für $m < n$ die Ungleichungskette

$$d\left(T^m x, T^n x\right) \leqslant \sum_{k=m}^{n-1} d\left(T^k x, T^{k+1}x\right) \leqslant \sum_{k=m}^{n-1} \theta^k\, d(x,Tx) \leqslant \frac{\theta^m\, d(x,Tx)}{1-\theta}.$$

Wählt man für gegebenes $\varepsilon > 0$ den Index $N(\varepsilon)$ so groß, dass

$$\theta^{N(\varepsilon)} < \frac{\varepsilon\,(1-\theta)}{d(x,Tx)},$$

dann gilt $d\left(T^m x, T^n x\right) < \varepsilon$ für $n > m \geqslant N(\varepsilon)$, also ist die Folge der Iterierten $(T^n x)_{n \in \mathbb{N}}$ eine Cauchy-Folge, die wegen der metrischen Vollständigkeit von X gegen ein $x_\infty \in X$ konvergiert.

Wir zeigen noch, dass x_∞ ein Fixpunkt von T ist: Aus der Kontraktionsungleichung folgt die Stetigkeit von T, also gilt

$$T(x_\infty) = T\left(\lim_{n \to \infty} T^n x\right) = \lim_{n \to \infty} T\left(T^n x\right) = \lim_{n \to \infty} T^{n+1}(x) = x_\infty. \diamondsuit$$

Mit essentiell der gleichen Methode läßt sich eine Verallgemeinerung des Banachschen Fixpunktsatzes beweisen, die meist als *Weissingerscher Fixpunktsatz*[6] bezeichnet wird. Zur Abkürzung nennen wir eine Folge $(\alpha_n)_{n \in \mathbb{N}}$ nicht-negativer reeller Zahlen *summierbar*, wenn die Reihe $\sum \alpha_n$ konvergiert.

Satz A.12 (Weissingerscher Fixpunktsatz)
Seien (X,d) ein vollständiger metrischer Raum, $T : X \to X$ eine Abbildung und $(\alpha_n)_{n \in \mathbb{N}} \subset \mathbb{R}$ eine summierbare Folge mit der Eigenschaft

$$d\left(T^n x, T^n y\right) \leqslant \alpha_n \cdot d(x,y) \quad \text{für alle } n \in \mathbb{N} \text{ und } x,y \in X.$$

Dann besitzt T genau einen Fixpunkt $x_\infty \in X$, und für jedes $x \in X$ konvergiert die Folge der Iterierten $(T^n x)_{n \in \mathbb{N}}$ gegen x_∞.

Der Beweis dieses Satzes ist eine sinngemäße Verallgemeinerung des Beweises des Banachschen Fixpunktsatzes, vgl. Aufgabe A.5.

---

[6]nach Johannes Weissinger, Emeritus der Universität Karlsruhe.

A.10 Lokalkompaktheit und kompakt-offene Ausschöpfungen

Man nennt einen topologischen Raum *lokalkompakt*, wenn jeder Punkt eine kompakte Umgebung besitzt. Das folgende Lemma ist eine Variante der Aussage, dass der Euklidische Raum lokalkompakt ist.

Lemma A.13
Seien $U \subset \mathbb{R}^N$ eine offene Menge und $K \subset U$ kompakt. Dann gibt es eine offene Menge V, deren Abschluß $\overline{V}$ kompakt ist, und die die Relationen $K \subset V \subset \overline{V} \subset U$ erfüllt.

Beweis

Nach dem Überdeckungslemma ist die kompakte Menge $K \subset \mathbb{R}^N$ beschränkt und abgeschlossen. Es gibt also einen Radius $R_K > 0$ mit $K \subset B(0, R_K)$.

Sei zunächst $U = \mathbb{R}^N$ oder $K = \varnothing$, dann kann man $V := B(0, R_K)$ wählen.

Im Falle $U \not\subset \mathbb{R}^N$ ist $A := \mathbb{R}^N \setminus U \neq \varnothing$, die Funktion $d_A : \mathbb{R}^N \to \mathbb{R}$ also wohldefiniert und nach Lemma A.6 stetig. Wegen $K \cap A = \varnothing$ ist $d_A(x) \neq 0$ für alle $x \in K$, weswegen wir aus Satz A.8 die Relationen

$$d(K, A) := \inf_{x \in K} d_A(x) = \min_{x \in K} d_A(x) > 0 \tag{A.14}$$

folgern können.

Die andere Abstandsfunktion $d_K : \mathbb{R}^N \to \mathbb{R}$ ist, gemäß Lemma A.6, ebenfalls stetig. Wähle jetzt

$$V := d_K^{-1}\left(-\infty, \frac{d(K, A)}{2}\right) ;$$

dann ist V wegen der Stetigkeit der Funktion d_K offen, und weil d_K auf K verschwindet gilt auch $K \subset V$. Nach Wahl der Kugel $B(0, R_K)$ gilt

$$V \subset B\left(0, R_K + \frac{d(K, A)}{2}\right) .$$

Damit ist auch die abgeschlossene Menge $\overline{V}$ beschränkt, also nach dem Überdeckungslemma kompakt.

Für $x \in K$, $y \in \overline{V}$ und $a \in A$ gilt jedenfalls nach der Dreiecksungleichung

$$d(y, a) \geqslant d(x, a) - d(x, y) \geqslant d(K, A) - d(x, y) .$$

Da $x \in K$ beliebig ist, folgt daraus, für alle $y \in \overline{V}$,

$$d(y, a) \geqslant \sup_{x \in K}(d(K, A) - d(x, y)) \geqslant d(K, A) - \inf_{x \in K} d(x, y)$$

$$\geqslant d(K, A) - \frac{d(K, A)}{2} = \frac{d(K, A)}{2} > 0 .$$

Also ist $\overline{V} \cap A = \varnothing$, und damit $\overline{V} \subset U$. $\Diamond$

Die Lokalkompaktheit des Euklidischen Raums, die eigentlich eine Verbindung des Überdeckungslemmas mit der Stetigkeit der Metrik darstellt, hat ihrerseits zur Konsequenz, dass sich jede offene Menge im $\mathbb{R}^N$ durch eine Folge kompakter Mengen »ausschöpfen« läßt.

Definition A.10

Sei $W \subset \mathbb{R}^N$ eine offene Menge. Eine *kompakt-offene Ausschöpfung* von W ist eine Folge $(K_n)_{n \in \mathbb{N}}$ kompakter Teilmengen von W mit den Eigenschaften

1. $K_n \subset K^{\circ}_{n+1} \subset K_{n+1} \subset W$ für alle $n \in \mathbb{N}$,

2. $\bigcup_{n \in \mathbb{N}} K_n = W$.

Das nun folgende Theorem ist der zentrale Schritt zur Globalisierung der lokalen Integrationssatzes von Peano.

Satz A.14

Zu jeder offenen Menge $W \subset \mathbb{R}^N$ gibt es eine kompakt-offene Ausschöpfung.

Beweis

Der Teilmenge $\mathbb{Q}^N \subset \mathbb{R}^N$ der rationalen Punkte im Euklidischen Raum $\mathbb{R}^N$ ist

1. abzählbar

2. dicht bzgl. der Euklidischen Topologie des $\mathbb{R}^N$.

Daher ist der Durchschnitt $A := \mathbb{Q}^N \cap W$ ebenfalls abzählbar (als Teilmenge einer abzählbaren Menge), und liegt dicht in W. Sei also eine Abzählung gegeben:

$$A = \{a_n : n \in \mathbb{N}\} \subset W.$$

Da W offen ist, gibt es zu jedem $n \in \mathbb{N}$ einen Radius $r_n > 0$ mit

$$a_n \in \overline{B(a_n, r_n)} \subset B(a_n, 2r_n) \subset W.$$

Die kompakt-offene Ausschöpfung von W wird jetzt wie folgt induktiv definiert:

1. $K_1 := \overline{B(a_1, r_1)}$,

2. Ist K_n gegeben, so gibt es nach Lemma A.13 eine offene Menge V, deren Abschluß $\overline{V}$ kompakt ist, mit der Eigenschaft $K_n \subset V \subset \overline{V} \subset W$. Daher ist die Menge

$$K_{n+1} := \overline{V} \cup \overline{B(a_{n+1}, r_{n+1})} \subset W$$

als Vereinigung zweier kompakter Teilmengen von W eine kompakte Teilmenge von W.

Nach Definition enthält, für jedes $n \in \mathbb{N}$, die Menge K_n um den Punkt a_n die offene Kugel $B(a_n, r_n)$, daher gilt die Inklusion

$$A = \{a_n : n \in \mathbb{N}\} \subset \bigcup_{n \in \mathbb{N}} (K_n^\circ) \, .$$

Weil $A \subset W$ dicht liegt, ist also $\bigcup K_n = W$. $\diamond$

A.11 Grenzwerte numerischer Funktionen

Die Untersuchung von Grenzwerten reeller Funktionen vereinfacht sich ein wenig, wenn man anstelle der reellen Zahlen die *erweiterte reelle Gerade*

$$\overline{\mathbb{R}} := \{-\infty\} \cup \mathbb{R} \cup \{+\infty\}$$

betrachtet. $\overline{\mathbb{R}}$ wird ganz natürlich eine angeordnete Menge, wenn man für $x, y \in \mathbb{R}$ die übliche Ordnungsrelation $\leqslant$ beibehält und für beliebige $x \in \mathbb{R}$ die Relationen $-\infty < x < \infty$ annimmt.

Definition A.11
Sei M eine beliebige Menge. Eine *numerische Funktion f* auf M ist eine auf M definierte Abbildung mit Werten in der erweiterten reellen Geraden, $f : M \to \overline{\mathbb{R}}$.

In Kapitel 8 spielt der Begriff *Unterhalbstetigkeit* numerischer Funktionen eine Rolle. Wir definieren diesen Begriff hier in Anlehnung der topologischen Definition der Stetigkeit A.7.

Definition A.12
Sei M ein topologischer Raum. Eine Funktion $f : M \to \mathbb{R} \cup \{+\infty\}$ heißt *unterhalbstetig im Punkt $x \in M$*, wenn es zu jedem $\alpha < f(x)$ eine Umgebung $U \subset M$ von x derart gibt, dass für alle $y \in U$ die Ungleichung $f(y) > \alpha$ erfüllt ist. Die Funktion f heißt einfach *unterhalbstetig*, wenn sie in jedem Punkt aus M unterhalbstetig ist. Man nennt die Funktion f *oberhalbstetig*, wenn $-f$ unterhalbstetig ist.

Bei numerischen Funktionen kann man Stetigkeit und Halbstetigkeit auch durch die Betrachtung von Grenzwerten der Funktionen in einem Häufungspunkt des Definitionsbereichs studieren.

Definition A.13
Seien $(X, \mathcal{O})$ ein topologischer Raum, $M \subset X$ eine Teilmenge, $f : M \to \overline{\mathbb{R}}$ eine numerische Funktion und a ein Häufungspunkt von M. Man nennt

$$\liminf_{x \to a, x \in M} f(x) = \sup \left\{ \inf_{x \in U} f(x) \mid U \text{ Umgebung von } a \right\} \in \overline{\mathbb{R}}$$

den *Limes inferior* oder den *unteren Grenzwert* der Funktion f an der Stelle a. Analog heißt

$$\limsup_{x \to a, x \in M} f(x) = \inf \left\{ \sup_{x \in U} f(x) \mid U \text{ Umgebung von } a \right\} \in \overline{\mathbb{R}}$$

Limes superior oder *oberer Grenzwert* der Funktion f an der Stelle a. Stimmen beide überein, so heißt

$$\lim_{x \to a, x \in M} f(x) = \limsup_{x \to a, x \in M} f(x) = \limsup_{x \to a, x \in M} f(x) \in \overline{\mathbb{R}}$$

der *Limes* oder *Grenzwert* von f an der Stelle a.

Der Zusammenhang zwischen den verschiedenen Grenzwerten und den Begriffen Stetigkeit und Halbstetigkeit wird in Übungsaufgabe A.6 genauer beleuchtet.

A.12 Übungsaufgaben

Aufgabe A.1 (Spurtopologie)

Gegeben seien ein topologischer Raum $(X, \mathcal{O})$ und ein Teilmenge $Y \subset X$.

a) Man zeige durch Verifikation der Bedingungen (O1), (O2), (O3), dass das Mengensystem $\mathcal{O}_Y := \{U \cap Y : U \in \mathcal{O}\}$ tatsächlich eine Topologie auf Y ist.

b) Man zeige: $\mathcal{O}_Y \subset \mathcal{O} \iff Y \in \mathcal{O}$.

c) Man zeige: Eine offene Teilmenge eines separablen Raums, versehen mit der Spurtopologie, ist wieder separabel.

d) Man beweise: Eine abgeschlossene Teilmenge eines kompakten topologischen Raums ist kompakt (in der Spurtopologie).

Aufgabe A.2 (Offene Mengen)

a) In einem topologischen Raum $(X, \mathcal{O})$ ist eine Teilmenge $A \subset X$ genau dann offen, wenn jeder Punkt $a \in A$ eine Umgebung U_a mit der Relation $a \in U_a \subset A$ besitzt.

b) In einem metrischen Raum (X, d) ist eine echte Teilmenge $A \subset X$ genau dann offen, wenn die Abstandsfunktion zum Komplement auf A strikt positiv ist, d. h., wenn $d_{X \setminus A}(a) > 0$ für alle $a \in A$ gilt.

Aufgabe A.3 (Zur abgeschlossenen Hülle)

Gegeben sei ein topologischer Raum $(X, \mathcal{O})$. Man beweise:

a) Ist $A \subset B \subset X$, so gilt $\overline{A} \subset \overline{B}$.

b) Für $A \subset X$ ist die Menge der Häufungspunkte A' eine abgeschlossene Menge; die Menge A_s der isolierten Punkte muss nicht unbedingt abgeschlossen sein.

c) Ist $B \subset X$ eine abgeschlossene Menge mit $A \subset B$, so gilt $\overline{A} \subset B$.

d) Ist die Topologie $\mathcal{O}$ von einer Metrik d erzeugt, so gilt für jede nicht-leere Teilmenge $A \subset X$ und jeden Punkt $x \in X$ die Äquivalenz

$$d(x, A) = 0 \quad \Leftrightarrow \quad x \in \overline{A}.$$

Aufgabe A.4

Seien $(X, \mathcal{O}_X)$ und $(Y, \mathcal{O}_Y)$ topologische Räume und $h : X \to Y$ ein Homöomorphismus. Beweisen Sie für jede beliebige Teilmenge $A \subset X$:

a) $A \in \mathcal{O}_X \Leftrightarrow h(A) \in \mathcal{O}_Y$.

b) A ist abgeschlossen $\Leftrightarrow h(A)$ ist abgeschlossen.

c) $\partial h(A) = h(\partial A)$.

Aufgabe A.5 (Weissingerscher Fixpunktsatz)

Man beweise Weissingerschen Fixpunktsatz A.12 in Analogie zum Beweis des Banachschen Fixpunktsatzes, indem man für gegebenes $x \in X$ die Cauchysche Konvergenzbedingung für die Folge der Iterierten $(T^n x)_{n \in \mathbb{N}}$ auf die Cauchy-Bedingung für die Reihe $\sum \alpha_n$ zurückführt.

Aufgabe A.6 (Zu Grenzwerten numerischer Funktionen)

Seien $(X, \mathcal{O})$ ein topologischer Raum, $f : X \to \overline{\mathbb{R}}$ eine numerische Funktion und $x_0 \in X'$ ein Häufungspunkt von X. Zeigen Sie:

a) f ist genau dann stetig an der Stelle x_0, wenn $\lim\limits_{x \to x_0, x \neq x_0} f(x) = f(x_0)$.

b) f ist genau dann unterhalbstetig an der Stelle x_0, wenn $\liminf\limits_{x \to x_0, x \neq x_0} f(x) \leqslant f(x_0)$.

c) f ist genau dann oberhalbstetig an der Stelle x_0, wenn $\limsup\limits_{x \to x_0, x \neq x_0} f(x) \geqslant f(x_0)$.

B Übersetzungen fremdsprachlicher Zitate

Vorwort, Newton:

Gesetz II. Die Änderung der Bewegung ist der Einwirkung der bewegenden Kraft proportional und geschieht nach der Richtung derjenigen geraden Linie, nach welcher jene Kraft wirkt.

Abschnitt 1.2, Beispiel 1.2, Verhulst:

Sei p die Bevölkerungszahl: wir bezeichnen mit dp den unendlich kleinen Zuwachs, den sie während einer unendlich kurzen Zeitspanne dt erfährt. Wenn die Bevölkerung nach einer geometrischen Progression wachsen würde, hätten wir die Gleichung $\frac{dp}{t} = mp$. Aber weil die Wachstumsgeschwindigkeit der Bevölkerung durch die Zunahme der Zahl der Einwohner selbst abgebremst wird, müssen wir von mp eine unbekannte Funktion von p abziehen; sodass die zu integrierende Formel so aussieht:

$$\frac{dp}{t} = mp - \phi(p)\,.$$

Die einfachste Hypothese über die Form der Funktion ϕ, die man machen könnte, ist, $\phi(p) = np^2$ anzunehmen. Man findet dann als Integral der obigen Gleichung

$$t = \frac{1}{m}\left(\log p - \log(m - np)\right) + \text{const.},$$

und es genügen drei Beobachtungen, um die zwei konstanten Koeffizienten m und n sowie die beliebige Integrationskonstante festzulegen.

Auflösen der letzten Gleichung nach p ergibt

$$p = \frac{mp'\,e^{mt}}{np'\,e^{mt} + m - np'}\,,$$

wobei p' die Bevölkerungszahl zum Zeitpunkt $t = 0$ und e die Basis der Napierschen Logarithmen bezeichnen. Setzt man $t = \infty$, so sieht man, dass $P = \frac{m}{n}$ der zugehörige Wert von p ist. Das ist daher die *obere Grenze der Bevölkerungszahl.*

Ich möchte nebenbei bemerken, dass die Frankreich betreffende Tabelle zu zeigen scheint, dass die Formel überaus genau ist, weil die Beobachtungen auf den größten Zahlen beruhen und mit der größten Sorgfalt gemacht sind. Im Übrigen wird uns nur die Zukunft die wahre Form der verzögernden Kraft, die wir mit ϕp bezeichnet haben, enthüllen können.

Abschnitt 2.5, Peano:

Da man aber nicht unendlich oft eine *beliebige* Regel, einer Klasse a ein Element dieser Klasse zuzuordnen, anwenden kann, wird hier eine *bestimmte* Regel angegeben, mit der man jeder Klasse a, unter geeigneten Bedingungen, ein Element dieser Klasse zuordnet: ...

Abschnitt 3.5, Laplace:

Wir müssen also den gegenwärtigen Zustand des Universums als Auswirkung seines vorhergehenden Zustands und als Ursache seines zukünftigen Zustands betrachten. Ein intelligentes Wesen, das für einen gegebenen Zeitpunkt alle Kräfte kennt, von denen die Natur belebt wird, und die gegenseitige Lage der Objekte, aus denen sie zusammengesetzt ist, wird, wenn es außerdem imstande ist, diese Gegebenheiten einer Analyse zu unterziehen, in derselben Formel die Bewegungen der größten Körper und diejenigen der kleinsten Atome umfassen: nichts wird für dieses Wesen unsicher sein, sowohl die Zukunft wie die Vergangenheit werden vor seinen Augen präsent sein.

Abschnitt 10.7, Maxwell:

Bevor ich schließe, möchte ich die Aufmerksamkeit auf einen Aspekt der molekularen Theorie lenken, der der Beachtung wert ist.

Eine der am besten überprüften Tatsachen der Thermodynamik ist die Unmöglichkeit, in einem System, das in ein Gefäß, das weder Volumenänderung noch Wärmetransport zulässt, eingeschlossen ist, ohne Energieaufwand unterschiedliche Temperaturen zu erzeugen. Das ist der zweite Hauptsatz der Thermodynamik, und es ist unzweifelhaft richtig, solange wir mit den Körpern nur als Ganze umgehen können und nicht die Fähigkeit haben, die einzelnen Moleküle, aus denen sie aufgebaut sind, wahrzunehmen und zu manipulieren. Aber wenn wir uns ein Wesen vorstellen, dessen Möglichkeiten so verbessert sind, dass es jedes Molekül in seinem Lauf verfolgen kann, dann könnte ein solches Wesen, dessen Eigenschaften ebenso wie die unseren im Wesentlichen beschränkt sind, Dinge tun, die für uns zur Zeit noch unmöglich sind. Denn wir haben gesehen, dass die Moleküle in einem Gefäß voll Luft bei gleicher Temperatur keineswegs alle die gleiche Geschwindigkeit haben, obwohl die mittlere Geschwindigkeit einer willkürlich ausgewählten großen Zahl von ihnen immer nahezu gleich ist. Jetzt nehmen wir an, ein solches Gefäß sei in zwei Teile A und B geteilt, mittels einer Trennwand mit einem kleinen Loch, und dass ein Wesen, das die einzelnen Moleküle sehen kann, dieses Loch öffnet und schließt, und dadurch nur den schnelleren Molekülen den Übergang von A nach B und nur den langsameren den Übergang von B nach A erlaubt. Dieses Wesen wird so, ohne Energie aufzuwenden, die Temperatur im Teil A erhöhen und im Teil B erniedrigen, im Widerspruch zum zweiten Hauptsatz der Thermodynamik.

C Lösungen ausgewählter Übungsaufgaben

C.1 Einführung

Lösung 1.2:   Beweis zum Separationsansatz

a) Sei x_0 eine Nullstelle von h, also $h(x_0) = 0$. Zu zeigen ist, dass die konstante Funktion

$$\phi : I \to \mathbb{R}, \quad \phi(t) \equiv x_0,$$

eine Lösung der Differentialgleichung (**S**) $\dot{x} = g(t)h(x)$ ist, nach Definition 1.1 also

$$\dot{\phi}(t) = g(t)h(\phi(t)) \quad \text{für alle } t \in I.$$

Das ist aber sofort klar: $\dot{\phi}(t) = 0$, weil ϕ konstant ist, und es ist $g(t)h(\phi(t)) = g(t)h(x_0) = 0$.

b) Weil h auf dem Intervall J_0 keine Nullstelle besitzt, ist die Stammfunktion $H : J_0 \to \mathbb{R}$ streng monoton (steigend oder fallend). Also ist die Umkehrfunktion $H^{-1} : H(J_0) \to J_0$ wohldefiniert, und damit auch $\phi_\alpha(t) = H^{-1}(G(t) + \alpha)$ für diejenigen $t \in \mathbb{R}$ mit $G(t) + \alpha \in H(J_0)$.

Sei jetzt I_0 ein Intervall, auf dem λ_α definiert ist. Zu zeigen ist

$$\dot{\phi}_\alpha(t) = g(t)h(\phi_\alpha(t)) \quad \text{für alle } t \in I_0.$$

Hierzu folgende Rechnung:

$$
\begin{aligned}
\dot{\phi}_\alpha(t) &= \frac{d}{dt} H^{-1}(G(t) + \alpha) \\
&= \left(H^{-1}\right)'(G(t) + \alpha) \cdot \frac{d}{dt}(G(t) + \alpha) && \text{(Kettenregel)} \\
&= \frac{1}{H'\left(H^{-1}(G(t) + \alpha)\right)} \cdot g(t) && \text{(Ableitung der Umkehrfunktion)} \\
&= \frac{1}{H'(\phi_\alpha)} \cdot g(t) \\
&= \frac{1}{h(\phi_\alpha)^{-1}} \cdot g(t) && \text{wegen } H' = h \\
&= h(\phi_\alpha)g(t) \, .
\end{aligned}
$$

c) Wegen $\phi(I_1) \subset J_0$ ist die Hintereinanderausführung

$$H \circ \phi : I_1 \to \mathbb{R}, \quad t \mapsto H(\phi(t)),$$

wohldefiniert. Für deren Ableitung nach t gilt gemäß der Kettenregel

$$\frac{d}{dt} H(\phi(t)) = \frac{dH}{dx}(\phi(t)) \cdot \dot\phi(t) = \frac{\dot\phi(t)}{h(\phi(t))}. \tag{C.1}$$

Weil $\phi : I_1 \to J_0$ eine Lösung der Differentialgleichung $\dot x = g(t)h(x)$ ist, gilt jedenfalls $\dot\phi(t) = g(t)h(\phi(t))$ für alle $t \in I_1$. Zusammen mit (C.1) folgt daraus für die Stammfunktion G von g und $t \in I_1$:

$$G(t) = \int_{t_1}^t g(\tau)\,d\tau = \int_{t_1}^t \frac{\dot\phi(\tau)}{h(\phi(\tau))}\,d\tau = H(\phi(t)) - H(\phi(t_1)) = H(\phi(t)) - H(x_1) = H(\phi(t)).$$

Also gilt $\phi(t) = H^{-1}(G(t))$ für alle $t \in I_1$.

Lösung 1.6:　　Mehrdeutigkeit von Lösungen

i) Die konstante Lösung $\phi : \mathbb{R} \to \mathbb{R}$, $\phi(t) \equiv 0$, ist offenbar eine Lösung des AWP's $\dot x = x^{2/3}$, $x(0) = 0$.

ii) Der Separationsansatz $x^{-2/3}dx = dt$ führt zur Gleichung

$$\int_0^x \xi^{-2/3}\,d\xi = \int_{t_0}^t d\tau, \quad \text{also} \quad 3x^{2/3} = t - t_0.$$

Löst man diese nach x auf und setzt anschließend $x = \phi_{t_0}(t)$, so erhält man die über $t_0 \geqslant 0$ parametrisierte Schar von Lösungen obigen AWP's:

$$\phi_{t_0}(t) = \begin{cases} 0 & \text{für } t \leqslant t_0, \\[2mm] \left(\dfrac{t - t_0}{3}\right)^3 & \text{für } t \geqslant t_0. \end{cases}$$

Lösung 1.8　　Variation der Konstanten

a) Nehmen wir an, $\phi : I \to \mathbb{R}$ sei eine Lösung des homogenen Teils $\dot x = a(t)x$ der zu untersuchenden Differentialgleichung. Wir schreiben nun eine (mögliche) Lösung λ der inhomogenen Differentialgleichung $(i\ell)$ $\dot x = a(t)x + b(t)$ in der Form

$$\psi(t) = c(t)\phi(t)$$

mit einer noch zu bestimmenden Funktion c. Durch Differenzieren von ψ erhalten wir

$$\dot{\psi}(t) = \dot{c}(t)\phi(t) + c(t)\dot{\phi}(t) \qquad \text{Produktregel}$$
$$= \dot{c}(t)\phi(t) + c(t)a(t)\phi(t) \quad \text{wegen } \dot{\phi}(t) = a(t)\phi(t).$$

Weil ψ eine Lösung von $(i\ell)$ werden soll, muss andererseits gelten

$$\dot{\psi}(t) = a(t)\psi(t) + b(t) = a(t)c(t)\phi(t),$$

also insgesamt $\dot{c}(t)\phi(t) = b(t)$. Daraus folgt $\dot{c}(t) = b(t)/\phi(t)$, also

$$c(t) = \int_{t_1}^{t} \phi(\tau)^{-1}b(\tau)\,d\tau + c_1$$

für beliebige $t_1 \in I$ und $c_1 \in \mathbb{R}$.

Ist $A : I \to \mathbb{R}$ eine Stammfunktion von $a : I \to \mathbb{R}$, dann ist nach Aufgabe 1.7 die Funktion $t \mapsto e^{A(t)}$ eine Lösung der homogenen Differentialgleichung $\dot{x} = a(t)x$, also ein geeigneter Kandidat für ϕ. Wir erhalten also die Aussage, dass die Funktion

$$\psi : I \to \mathbb{R}, \quad \psi(t) = c(t)\phi(t) = e^{A(t)}\left(\int_{t_1}^{t} e^{-A(\tau)}b(\tau)\,d\tau + c_1\right)$$

für beliebiges $t_1 \in I$ und beliebiges $c_1 \in \mathbb{R}$ eine Lösung der Differentialgleichung $(i\ell)$ ist.

b) Seien $t_0 \in I$ und $x_0 \in \mathbb{R}$ gegeben, betrachte das AWP

$$\dot{x} = a(t)x + b(t), \quad x(t_0) = x_0. \tag{$\star$}$$

Setzt man $A(t) := \int_{t_0}^{t} a(\tau)\,d\tau$, so gilt $A(t_0) = 0$, und die Funktion

$$\psi_0 : I \to \mathbb{R}, \quad \psi_0(t) = e^{A(t)}\left(x_0 + \int_{t_0}^{t} e^{-A(\tau)}b(\tau)\,d\tau\right),$$

ist eine Lösung des AWP $(\star)$. Ist $\psi : I \to \mathbb{R}$ eine weitere Lösung dieses AWP's, so ist die Differenz $\psi - \psi_0$ eine Lösung des homogenen AWP's

$$\dot{x} = a(t)x, \quad x(t_0) = 0. \tag{h}$$

Offensichtlich ist die Nullfunktion $\phi(t) \equiv 0$ eine Lösung von (h); weil diese nach Aufgabe 1.7 b) eindeutig bestimmt ist, gilt $\psi(t) - \psi_0(t) \equiv 0$, also $\psi = \psi_0$.

Lösung 1.9

Wir betrachten das AWP $\dot{x} = a(t)x + f(t)$, $x(0) = x_0$, die Stammfunktion $A(t) := \int_0^t a(\tau)\,d\tau$ und setzen zur Abkürzung

$$a_0 := -\sup_{t \in \mathbb{R}} a(t) > 0 \quad \text{also} \quad a(t) \leqslant -a_0 \text{ für alle } t \in \mathbb{R}. \tag{C.2}$$

Nach Aufgabe 1.8 gibt es eine eindeutig bestimmte Lösung $\phi : [0, \infty) \to \mathbb{R}$, und diese ist durch folgende Formel gegeben:

$$\phi(t) = e^{A(t)} \left(x_0 + \int_0^t e^{-A(\tau)} f(\tau)\, d\tau \right). \tag{C.3}$$

Zu zeigen ist, dass aus der Voraussetzung $\lim\limits_{t\to\infty} f(t) = 0$ für jeden beliebigen Anfangswert $x_0 \in \mathbb{R}$ die Aussage $\lim\limits_{t\to\infty} \phi(t) = 0$ folgt.

Wegen (C.2) ist $A(t) \leqslant -a_0 t$ für alle $t \geqslant 0$, also gilt

$$\lim_{t\to\infty} e^{A(t)} x_0 = 0 \quad \text{für alle } x_0 \in \mathbb{R}.$$

Zur Berechnung des Grenzwerts des Integralterms aus (C.3) benutzen wir die Abschätzung

$$\left| e^{A(t)} \int_0^t e^{-A(\tau)} f(\tau)\, d\tau \right| \leqslant e^{A(t)} \int_0^t e^{-A(\tau)} |f(\tau)|\, d\tau$$

und zeigen

$$\lim_{t\to\infty} e^{A(t)} \int_0^t e^{-A(\tau)} |f(\tau)|\, d\tau = \lim_{t\to\infty} \frac{\int_0^t e^{-A(\tau)} |f(\tau)|\, d\tau}{e^{-A(t)}} = 0. \tag{C.4}$$

1. Fall: Es gibt eine Schranke $S \in \mathbb{R}$ mit

$$\int_0^t e^{-A(\tau)} |f(\tau)|\, d\tau \leqslant S \quad \text{für alle } t \geqslant 0.$$

Dann bleibt der Zähler in obigem Bruch (C.4) beschränkt, während der Nenner gegen ∞ geht, also konvergiert der Bruch für $t \to \infty$ gegen 0, was zu zeigen war.

2. Fall: Das Integral im Zähler des Bruchs auf der rechten Seite von (C.4) ist unbeschränkt. In diesem Bruch sind Zähler und Nenner differenzierbar, und weil der Integrand $\geqslant 0$ ist, gilt

$$\lim_{t\to\infty} \int_0^t e^{-A(\tau)} |f(\tau)|\, d\tau = +\infty.$$

Also kann man die l'Hôpitalsche Regel[1] anwenden, also in Zähler und Nenner differenzieren:

$$\lim_{t\to\infty} \frac{\int_0^t e^{-A(\tau)} |f(\tau)|\, d\tau}{e^{-A(t)}} = \lim_{t\to\infty} \frac{e^{-A(t)} |f(t)|}{-a(t)\, e^{-A(t)}} = \lim_{t\to\infty} \frac{|f(t)|}{-a(t)}.$$

---

[1] nach Guillaume François Antoine Marquis de l'Hôpital, * 1661 Paris, † 2.2.1704 Paris. Adeliger, der zunächst als Kavallerieoffizier diente, wegen Kurzsichtigkeit den Dienst quittierte und sich dann der Mathematik zuwandte. Er erarbeitete sich unter der Anleitung von Johann Bernoulli solide Kenntnisse in Mathematik, die er 1696 in seinem Buch »*Analyse des infiniment petits pour l'intélligence des lignes courbes*«, dem historisch ersten Lehrbuch zur Differentialrechnung, publizierte. In diesem Buch findet sich auch die l'Hôpitalsche Regel.

Der Zähler des letzteren Bruchs konvergiert nach Voraussetzung für $t \to \infty$ gegen 0, während der Nenner wegen (C.2) stets $\geq a_0 > 0$ ist. Daher konvergiert der Bruch gegen 0, was zu zeigen war.[2]

Lösung 1.17   Transformation in Polarkoordinaten

a) (μ_1, μ_2) löst das AWP $(\circ)$, d.h.:

$$\dot{\mu}_1(t) = p(\mu_1(t), \mu_2(t)), \quad \mu_1(0) = r_0,$$
$$\dot{\mu}_2(t) = q(\mu_1(t), \mu_2(t)), \quad \mu_2(0) = \varphi_0.$$

Man setzt nun gemäß Aufgabenstellung $\lambda_1(t) = \mu_1(t) \cos \mu_2(t)$ und $\lambda_2(t) = \mu_1(t) \sin \mu_2(t)$, und differenziert anschließend die Funktionen λ_1 und λ_2 nach t:

$$\dot{\lambda}_1(t) = \frac{d}{dt} \left(\mu_1(t) \cos \mu_2(t) \right)$$
$$= \dot{\mu}_1(t) \cos \mu_2(t) + \mu_1(t)(- \sin \mu_2(t)) \dot{\mu}_2(t)$$
$$= p(\mu_1(t), \mu_2(t)) \cos \mu_2(t) - q(\mu_1(t), \mu_2(t)) \, \mu_1(t) \, \sin \mu_2(t),$$

wobei bei der letzten Gleichung die Voraussetzung benutzt wurde, dass (μ_1, μ_2) eine Lösung von $(\circ)$ ist. Analog erhält man:

$$\dot{\lambda}_2(t) = \frac{d}{dt} \left(\mu_1(t) \sin \mu_2(t) \right)$$
$$= p(\mu_1(t), \mu_2(t)) \sin \mu_2(t) + q(\mu_1(t), \mu_2(t)) \, \mu_1(t) \, \cos \mu_2(t).$$

Läßt man der besseren Übersichtlichkeit halber bei den Funktionen die Variablen weg, so erhält man die Äquivalenz

$$\begin{pmatrix} \dot{\lambda}_1 \\ \dot{\lambda}_2 \end{pmatrix} = \begin{pmatrix} f \\ g \end{pmatrix} \quad \Longleftrightarrow \quad \begin{pmatrix} \cos \mu_2 & -\mu_1 \sin \mu_2 \\ \sin \mu_2 & \mu_1 \cos \mu_2 \end{pmatrix} \begin{pmatrix} p \\ q \end{pmatrix} = \begin{pmatrix} f \\ g \end{pmatrix}.$$

Für $\mu_1 \neq 0$ ist die 2×2-Matrix in der letzten Gleichung invertierbar. Bildet man die Inverse dieser Matrix, so folgt, dass das Gleichungssystem $\{ \dot{\lambda}_1 = f, \dot{\lambda}_2 = g \}$ äquivalent zu folgender Matrizengleichung ist:

$$\begin{pmatrix} p \\ q \end{pmatrix} = \frac{1}{\mu_1} \begin{pmatrix} \mu_1 \cos \mu_2 & \mu_1 \sin \mu_2 \\ - \sin \mu_2 & \cos \mu_2 \end{pmatrix} \begin{pmatrix} f \\ g \end{pmatrix}. \tag{C.5}$$

Die gesuchten Funktionen $p(r, \varphi)$ und $q(r, \varphi)$ in Abhängigkeit von x, y, f, g bestimmt man nun wie folgt:

i) Man schreibt in der Matrizengleichung (C.5) auf der linken Seite $p(\mu_1, \mu_2)$ anstelle von p und $q(\mu_1, \mu_2)$ anstelle von q.

---

[2]Diese elegante Argumentation verdanke ich Herrn Uwe Schwerdtfeger von der Universität Bielefeld.

ii) Auf der rechten Seite der Matrizengleichung (C.5) schreibt man $f(\mu_1 \cos \mu_2, \mu_1 \sin \mu_2)$ anstelle von f und $g(\mu_1 \cos \mu_2, \mu_1 \sin \mu_2)$ anstelle von g.

iii) Nun ersetzt man μ_1 durch r und μ_2 durch φ.

iv) Am Schluß kann man der besseren Übersichtlichkeit halber auch die Gleichungen $x = r \cos \varphi$ und $y = r \sin \varphi$ benutzen.

Diese Schritte führen zu folgender Matrizengleichung:

$$\begin{pmatrix} p(r,\varphi) \\ q(r,\varphi) \end{pmatrix} = \frac{1}{r} \begin{pmatrix} r \cos \varphi & r \sin \varphi \\ -\sin \varphi & \cos \varphi \end{pmatrix} \begin{pmatrix} f(r \cos \varphi, r \sin \varphi) \\ g(r \cos \varphi, r \sin \varphi) \end{pmatrix} = \frac{1}{r} \begin{pmatrix} x & y \\ -y/r & x/r \end{pmatrix} \begin{pmatrix} f(x,y) \\ g(x,y) \end{pmatrix}.$$
$$\text{(C.6)}$$

Daraus folgt sofort die Bestimmung der Funktionen $p(r,\varphi)$ und $q(r,\varphi)$:

$$p(r,\varphi) = f(r \cos \varphi, r \sin \varphi) \, \cos \varphi + g(r \cos \varphi, r \sin \varphi) \, \sin \varphi$$

$$q(r,\varphi) = \frac{1}{r} \left(-f(r \cos \varphi, r \sin \varphi) \, \sin \varphi + g(r \cos \varphi, r \sin \varphi) \, \cos \varphi \right).$$

Die Anfangswerte r_0 und φ_0 erhält man aus den Anfangswerten x_0 und y_0, indem man das Gleichungssystem

$$x_0 = \lambda_1(0) = \mu_1(0) \cos \mu_2(0) = r_0 \cos \varphi_0$$

$$y_0 = \lambda_2(0) = \mu_1(0) \sin \mu_2(0) = r_0 \sin \varphi_0$$

nach r_0 und φ_0 auflöst, also $r_0 = \sqrt{x_0^2 + y_0^2}$ und

$$\varphi_0 = \begin{cases} \arctan(y_0/x_0) & \text{für } x_0 > 0, \\ \pi/2 & \text{falls } x_0 = 0 \text{ und } y_0 > 0, \\ -\pi/2 & \text{falls } x_0 = 0 \text{ und } y_0 < 0, \\ \arctan(y_0/x_0) + \pi & \text{für } x_0 < 0. \end{cases}$$

b) Man muss nur die Funktionen auf der rechten Seite sinngemäß in die Matrizengleichung (C.6) einsetzen; hier erweist sich die Verwendung der Gleichungen $x = r \cos \varphi$ und $y = r \sin \varphi$, und damit auch $r^2 = x^2 + y^2$, als sehr hilfreich:

$$\begin{pmatrix} p(r,\varphi) \\ q(r,\varphi) \end{pmatrix} = \frac{1}{r} \begin{pmatrix} x & y \\ -\dfrac{y}{r} & \dfrac{x}{r} \end{pmatrix} \begin{pmatrix} -y + xh(r) \\ x + yh(r) \end{pmatrix} = \frac{1}{r} \begin{pmatrix} -xy + x^2 h(r) + yx + y^2 h(r) \\ \dfrac{y^2}{r} - \dfrac{yxh(r)}{r} + \dfrac{x^2}{r} + \dfrac{xyh(r)}{r} \end{pmatrix} = \begin{pmatrix} r\,h(r) \\ 1 \end{pmatrix}$$

Lösung 1.18   Potenzreihenansatz

a) Gliedweises Differenzieren der Potenzreihe $\phi(t) = \sum_{n=0}^{\infty} a_n t^n$ ergibt:

$$\dot\phi(t) = \sum_{n=0}^{\infty}(n+1)a_{n+1}t^n\,, \qquad \ddot\phi(t) = \sum_{n=0}^{\infty}(n+2)(n+1)a_{n+2}t^n\,.$$

Setzt man das in die Differentialgleichung $(\star)$ $m\ddot x + Dx = 0$ ein, so erhält man

$$m\sum_{n=0}^{\infty}(n+2)(n+1)a_{n+2}t^n + D\sum_{n=0}^{\infty}a_n t^n = 0\,,$$

also durch Koeffizientenvergleich die Rekursionsformel

$$m(n+2)(n+1)a_{n+2} + Da_n = 0 \qquad \Leftrightarrow \qquad a_{n+2} = \frac{-Da_n}{m(n+2)(n+1)}\,.$$

b) Man erhält also durch vollständige Induktion

$$a_2 = \frac{-1}{2\cdot 1}\left(\frac{D}{m}\right)a_0\,,$$

$$a_3 = \frac{-1}{3\cdot 2}\left(\frac{D}{m}\right)a_1\,,$$

$$a_4 = \frac{-1}{4\cdot 3}\left(\frac{D}{m}\right)a_2 = \frac{1}{4\cdot 3\cdot 2\cdot 1}\left(\frac{D}{m}\right)^2 a_0\,,$$

$$a_5 = \frac{-1}{5\cdot 4}\left(\frac{D}{m}\right)a_3 = \frac{1}{5\cdot 4\cdot 3\cdot 2}\left(\frac{D}{m}\right)^2 a_1\,,$$

$$\vdots$$

$$a_{2k} = \frac{(-1)^k}{(2k)!}\left(\frac{D}{m}\right)^k a_0\,,$$

$$a_{2k+1} = \frac{(-1)^k}{(2k+1)!}\left(\frac{D}{m}\right)^k a_1\,.$$

c) Die Reihenentwicklungen für Sinus und Cosinus sind

$$\sin x = \sum_{k=0}^{\infty}\frac{(-1)^k}{(2k+1)!}x^{2k+1}\,, \qquad \cos x = \sum_{k=0}^{\infty}\frac{(-1)^k}{(2k)!}x^{2k}\,;$$

man erhält sie z. B. als Taylerreihe durch fortgesetztes Differenzieren, oder über die Exponentialreihe und die Eulersche Formel $e^{ix} = \cos x + i\sin x$. Aus der Ermittlung der

Koeffizienten a_n in der vorigen Teilaufgabe folgt jetzt mit der Abkürzung $\omega = \sqrt{D/m}$:

$$
\begin{aligned}
\phi(t) &= \sum_{n=0}^{\infty} a_n t^n \\
&= \sum_{k=0}^{\infty} \frac{(-1)^k}{(2k)!} \left(\frac{D}{m}\right)^k a_0 t^{2k} + \sum_{k=0}^{\infty} \frac{(-1)^k}{(2k+1)!} \left(\frac{D}{m}\right)^k a_1 t^{2k+1} \\
&= a_0 \sum_{k=0}^{\infty} \frac{(-1)^k}{(2k)!} (\omega t)^{2k} + \frac{a_1}{\omega} \sum_{k=0}^{\infty} \frac{(-1)^k}{(2k+1)!} (\omega t)^{2k+1} \\
&= a_0 \cos \omega t + \frac{a_1}{\omega} \sin \omega t \, .
\end{aligned}
$$

d) Die Gleichung $(\star)$ ist eine eindimensionale Differentialgleichung zweiter Ordnung, also äquivalent zu einem zweidimensionalen System erster Ordnung, nämlich

$$
\dot{x} = v \, , \qquad \dot{v} = -\frac{D}{m} x \, .
$$

Fixiert man $t_0 = 0$ als Anfangszeitpunkt, so erhält man die Anfangsbedingungen

$$
x(0) = \phi(0) = a_0 \, , \qquad v(0) = \dot{x}(0) = \dot{\phi}(0) = a_1 \, .
$$

Also löst ϕ das AWP $m\ddot{x} + Dx = 0$, $x(0) = a_0$, $\dot{x}(0) = a_1$.

e) Setzt man den Potenzreihenansatz $\phi(t) = \sum_n a_n t^n$ nach obigem Muster in die Differentialgleichung des mathematischen Pendels, $\ddot{x} = -\sin x$, ein, so kommt man zu der etwas unhandlichen Gleichung

$$
\sum_{n=0}^{\infty} (n+2)(n+1) a_{n+2} t^n = \sum_{k=0}^{\infty} \frac{(-1)^{k+1}}{(2k+1)!} \left(\sum_{\ell=0}^{\infty} a_\ell t^\ell\right)^{2k+1} \, .
$$

Um einen Koeffizientenvergleich machen zu können, müßte man auf der rechten Seite die Terme nach den Exponenten von t sortieren, was nicht so einfach ist. Aber die ersten paar Koeffizienten lassen sich ermitteln:

$$t^0 : \quad 2a_2 = \sum_{k=0}^{\infty} \frac{(-1)^{k+1}}{(2k+1)!}\, a_0^{2k+1} = -\sin a_0 \,,$$

$$t^1 : \quad 6a_3 = \sum_{k=0}^{\infty} \frac{(-1)^{k+1}}{(2k+1)!}\, (2k+1)a_0^{2k} a_1 = -a_1 \cos a_0 \,,$$

$$t^2 : \quad 12a_4 = \sum_{k=0}^{\infty} \frac{(-1)^{k+1}}{(2k+1)!} \left((2k+1)a_0^{2k} a_2 + \binom{2k+1}{2} a_0^{2k-1} a_1^2 \right) = -a_2 \cos a_0 + \frac{a_1^2}{2} \sin a_0 \,,$$

$$t^3 : \quad 20a_5 = \sum_{k=0}^{\infty} \frac{(-1)^{k+1}}{(2k+1)!} \left((2k+1)a_0^{2k} a_3 + (2k+1)(2k)\, a_0^{2k-1} a_1 a_2 + \binom{2k+1}{3} a^{2k-2} a_1^3 \right)$$

$$= -a_3 \cos a_0 + a_1 a_2 \sin a_0 + \frac{a_1^3}{6} \cos a_0$$

$$= \frac{a_1}{6} \cos^2 a_0 - a_0 \sin^2 a_0 + \frac{a_1^3}{6} \cos a_0$$

$$= -a_0 \sin^2 a_0 + \frac{a_1}{6} \left(\cos a_0 + a_1^2 \right) \cos a_0 \,.$$

Zusammenfassend erhalten wir:

$$\left. \begin{array}{c} a_0 \\ a_1 \end{array} \right\} \quad \text{sind als Anfangswerte frei wählbar,}$$

$$a_2 = -\frac{1}{2} \sin a_0 \,,$$

$$a_3 = -\frac{a_1}{6} \cos a_0 \,,$$

$$a_4 = \frac{1}{12} \left(\cos a_0 + \frac{a_1^2}{2} \right) \sin a_0 \,,$$

$$a_5 = \frac{1}{20} \left(-a_0 \sin^2 a_0 + \frac{a_1}{6} \left(\cos a_0 + a_1^2 \right) \cos a_0 \right) \,.$$

Die Bewegung des mathematisches Pendels sollte also gemäß einer Funktion

$$\phi(t) = a_0 + a_1 t + a_2 t^2 + a_3 t^3 + a_4 t^4 + a_5 t^5 + \ldots$$

vollziehen; nach dem Vorbild Newtons beschäftigen wir uns hier nicht mit Konvergenzbetrachtungen.

Prinzipiell kann man beweisen, dass der Potenzreihenansatz unter geeigneten Bedingungen an die rechte Seite zu einer konvergenten Potenzreihe führt — das ist zwar interessant, soll aber hier nicht weiterverfolgt werden.

C.2 Der Existenzsatz von Peano

Lösung 2.1:   Satz von Picard-Lindelöf

a) Es ist $\phi_0(t) \equiv x_0$. Also ist

$$\phi_1(t) = x_0 + \int_0^t x_0 \, d\tau = x_0 + x_0 t, \quad \phi_2(t) = x_0 \int_0^t (x_0 + x_0 \tau) \, d\tau = x_0 \left(1 + t + \frac{t^2}{2} \right).$$

Man beweist die Aussage

$$\phi_n(t) = x_0 \sum_{k=0}^{n} \frac{t^k}{k!}$$

durch vollständige Induktion nach n:

$$\phi_{n+1}(t) = x_0 + \int_0^t \phi_n(\tau) \, d\tau = x_0 + \int_0^t x_0 \sum_{k=0}^{n} \frac{t^k}{k!} \, d\tau = x_0 \sum_{k=0}^{n+1} \frac{t^k}{k!}.$$

Damit sind die Picard-Iterierten in diesem Fall die Partialsummen der Exponentialreihe, und daraus folgt

$$\lim_{n \to \infty} \phi_n(t) = x_0 \sum_{k=0}^{\infty} \frac{t^k}{k!} = x_0 e^t \quad \text{für alle } t \in \mathbb{R}.$$

b) Die laut Anleitung zunächst zu zeigende Aussage

$$|P^n \phi(t) - P^n \psi(t)| \leqslant \frac{L^n (t - t_0)^n}{n!} \sup_{a \leqslant \tau \leqslant b} |\phi(\tau) - \psi(\tau)| \quad \text{für alle } t \in [a, b], \qquad \text{(C.7)}$$

ist für $n = 0$ offensichtlich. Für den Induktionsschritt $n \to n+1$ muss man ein bißchen rechnen:

$$\left| P^{n+1} \Phi(s, t_1, x_1) - P^{n+1} \Psi(s, t_1, x_1) \right| =$$

$$= \left| x_1 + \int_{t_1}^s f\left(\tau, P^n \Phi(\tau, t_1, x_1)\right) \, d\tau - x_1 - \int_{t_1}^s f\left(\tau, P^n \Psi(\tau, t_1, x_1)\right) \, d\tau \right|$$

$$\leqslant \left| \int_{t_1}^s |f\left(\tau, P^n \Phi(\tau, t_1, x_1)\right) - f\left(\tau, P^n \Psi(\tau, t_1, x_1)\right)| \, d\tau \right|$$

$$\leqslant \left| \int_{t_1}^s L \cdot \frac{L^n |\tau - t_1|^n}{n!} \| \Phi - \Psi \|_\infty \, d\tau \right|$$

$$\leqslant L \cdot \frac{L^n}{n!} \| \Phi - \Psi \|_\infty \cdot \frac{|s - t_1|^{n+1}}{n + 1}$$

$$= \frac{L^{n+1} |s - t_1|^{n+1}}{(n + 1)!} \| \Phi - \Psi \|_\infty.$$

Ersetzt man in der Ungleichung (C.7) auf die rechte Seite die Differenz $t - t_0$ durch $b - a$, so gilt die neue Ungleichung für alle $t \in [a, b]$, also auch für deren Supremum:

$$\sup_{a \leqslant \tau \leqslant b} |P^n \phi(t) - P^n \psi(t)| \leqslant \frac{L^n (b - a)^n}{n!} \sup_{a \leqslant \tau \leqslant b} |\phi(\tau) - \psi(\tau)| \,. \tag{C.8}$$

Nach einem Satz von Weierstrass (A.9) ist die Menge $\mathcal{C}(I, \mathbb{R}^N)$, versehen mit der durch

$$d(\phi, \psi) = \|\phi - \psi\|_\infty := \sup_{a \leqslant t \leqslant b} |\phi(t) - \psi(t)|$$

definierten Metrik, ein vollständiger metrischer Raum. Nach (C.8) gilt für jede ganze Zahl $n \geqslant 0$:

$$d(P^n \phi, P^n \psi) \leqslant \frac{L^n (b - a)^n}{n!} d(\phi, \psi) \,,$$

wobei die Koeffizienten eine summierbare Folge bilden:

$$\sum_{n=0}^\infty \frac{L^n (t - t_0)^n}{n!} = e^{L(b-a)} < \infty \,.$$

Daher kann man den Weissingerschen Fixpunktsatz A.12 in dieser Situation anwenden, und erhält die Aussagen:

a) Die Abbildung $P : \mathcal{C}(I, \mathbb{R}^N) \to \mathcal{C}(I, \mathbb{R}^N)$ besitzt genau einen Fixpunkt $\phi_\infty \in \mathcal{C}(I, \mathbb{R}^N)$.

b) Für jedes $\phi_0 \in \mathcal{C}(I, \mathbb{R}^N)$ konvergiert die Folge der Picard-Iterierten $(P^n \phi_0)_{n \in \mathbb{N}}$ gegen ϕ_∞.

Da eine Lösung des AWP's $\dot{x} = f(t, x)$, $x(t_0) = x_0$, offenbar das Gleiche wie ein Fixpunkt von P ist, folgt daraus die zu beweisende Behauptung.

Lösung 2.5:   Eindeutigkeit impliziert Konvergenz

»b) $\Rightarrow$ c)«:
Gegeben ist eine Folge $(S_n)_{n \in \mathbb{N}}$ von Unterteilungen des Intervalls $I = [t_0, t_0 + a]$, deren Maschenweiten gegen 0 gehen:

$$\lim_{n \to \infty} \mu(S_n) - 0 \,.$$

Wie im Beweis von Lemma 2.2 folgern wir aus der gleichmäßigen Stetigkeit des Richtungsfelds f auf dem kompakten Zylinder Z, dass es zu jedem $\varepsilon > 0$ ein $\delta = \delta(\varepsilon) > 0$ derart gibt, dass für jede Unterteilung S von I mit Maschenweite $< \delta$ der zugehörige Eulersche Polygonzug eine ε-Näherungslösung von $(\star)$ ist. Bezeichnen wir diesen zur Abkürzung mit $p_n := \phi_{S_n}$, so gibt es also zu jedem $\varepsilon > 0$ ein $N(\varepsilon) \in \mathbb{N}$ derart, dass

$$\sup_{t \in I} |\dot{p}_n(t) - f(t, p_n)| < \varepsilon \quad \text{für alle } n \geqslant N(\varepsilon). \tag{C.9}$$

Der Rest dieses Beweises folgt den Linien des Beweises von Lemma 2.2:

i) Aus einem Satz von Weierstrass A.9 folgt die Stetigkeit der Grenzfunktion $p_\infty :=$ $\lim_{n \to \infty} p_n$.

ii) Damit sind Integration und Grenzwertbildung vertauschbar, zu zeigen ist also nur noch die Gleichung

$$\lim_{n \to \infty} p_n(t) = \lim_{n \to \infty} \left(x_0 + \int_{t_0}^{t} f(\tau, p_n(\tau))\, d\tau \right) \quad \text{für alle } t \in I. \tag{2}$$

iii) Im Wesentlichen durch Integration von (C.9) folgt, genau wie im Beweis von Lemma 2.2, für alle $n \geqslant N(\varepsilon)$:

$$\left| p_n(t) - x_0 - \int_{t_0}^{t} f(\tau, p_n(\tau))\, d\tau \right| \leqslant \varepsilon |t - t_0| \leqslant \varepsilon \cdot a.$$

iv) Daraus folgt (2), also ist $p_\infty = \lim p_n$ eine Lösung von $(\star)$, und das ist Behauptung c).

»nicht b) $\Rightarrow$ nicht a)«: Die Folge $\mathcal{F} = \{p_n : n \in \mathbb{N}\}$ der Eulerschen Polygonzüge $p_n = \phi_{S_n} : I \to \mathbb{R}^N$ ist gleichgradig stetig und punktweise beschränkt, besitzt also nach dem Satz von Ascoli eine auf I gleichmäßig konvergente Teilfolge $(p_{n_k})_{k \in \mathbb{N}}$; ihren Grenzwert bezeichnen wir mit

$$p_\infty := \lim_{k \to \infty} p_{n_k}. \tag{C.10}$$

Angenommen, für jedes $\varepsilon > 0$ gäbe es nur endlich viele Indizes $n \in \mathbb{N}$ mit

$$\sup_{t \in I} |p_n(t) - p_\infty(t)| \geqslant \varepsilon,$$

dann würde die gesamte Folge (p_n) gleichmäßig gegen p_∞ konvergieren, was der Voraussetzung »nicht b)« widerspräche. Daher gibt es ein $\alpha > 0$ mit

$$\sup_{t \in I} |p_n(t) - p_\infty(t)| \geqslant \alpha \quad \text{für unendlich viele Indizes } n \in \mathbb{N}. \tag{C.11}$$

Wir bezeichnen diese unendliche Indexmenge mit

$$T(\alpha) := \left\{ n \in \mathbb{N} : \sup_{t \in I} |p_n(t) - p_\infty(t)| \geqslant \alpha \right\} \subset \mathbb{N}$$

und wenden den Satz von Ascoli auf die Funktionenfamilie $\{p_n\}_{n \in T(\alpha)}$ an. Daraus folgt die Existenz einer zweiten auf I gleichmäßig konvergenten Teilfolge $(p_{m_\ell})_{\ell \in \mathbb{N}}$, deren Grenzwert wir mit

$$q_\infty := \lim_{\ell \to \infty} p_{m_\ell}$$

bezeichnen. Wegen der gleichmäßigen Konvergenz von $(p_{m_\ell})_{\ell \in \mathbb{N}}$ und der Definition von $T(\alpha)$ muss $p_\infty \neq q_\infty$ gelten. Gemäß der bereits bewiesenen Implikation »b) $\Rightarrow$ c)« ist aber q_∞ eine Lösung des Anfangswertproblems $(\star)$. Damit besitzt $(\star)$ mindestens zwei verschiedene Lösungen, womit »nicht a)« gezeigt ist.

»b) $\not\Rightarrow$ a)«: Zum Beweis dieser Implikation konstruieren wir ein Beispiel, bei dem Aussage a) falsch ist und Aussage b) richtig ist, also benötigen wir ein AWP $\dot{x} = f(t,x)$, $x(t_0) = x_0$, eine reelle Zahl $a > 0$ und eine Folge $(S_n)_{n\in\mathbb{N}}$ von Unterteilungen des Intervalls $I = [t_0, t_0 + a]$ mit folgenden Eigenschaften:

i) Das AWP besitzt auf I mindestens zwei verschiedene Lösungen.

ii) Die Maschenweiten der S_n konvergieren, für $n \to \infty$, gegen 0.

iii) Die Folge der zugehörigen Eulerschen Polygonzüge $(\phi_{S_n})_{n\in\mathbb{N}}$ konvergiert gleichmäßig auf I.

Wir betrachten das AWP $\dot{x} = x^{2/3}$, $x(0) = 0$, aus Aufgabe 1.6. Von der Lösung dieser Aufgabe her wissen wir, dass für jedes $t_0 \geqslant 0$ die Funktion

$$\phi_{t_0} : \mathbb{R} \to \mathbb{R}, \quad \phi_{t_0}(t) = \begin{cases} 0 & \text{für } t \leqslant t_0, \\ \left(\dfrac{t - t_0}{3}\right)^3 & \text{für } t \geqslant t_0, \end{cases}$$

eine Lösung obigen AWP's ist. Damit besitzt dieses AWP auf jedem Intervall $[0, a]$ unendlich viele Lösungen, womit i) gezeigt ist.

Wir fixieren nun $a = 1$ und betrachten, für jedes $n \in \mathbb{N}$, die Unterteilungen

$$S_n := \left\{\frac{k}{n} : k \in \mathbb{Z}, 0 \leqslant k \leqslant n\right\}.$$

Offensichtlich gilt für die Folge der Maschenweiten $\lim_{n\to\infty} \mu(S_n) = 0$, woraus ii) folgt, und für jedes $n \in \mathbb{N}$ ist der zu S_n gehörende Eulersche Polygonzug $\phi_{S_n}(t) \equiv 0$, womit auch iii) gezeigt ist.

Lösung 2.6:   Zum Auswahlaxiom

a)   i) »Potenzmengenformulierung $\Longrightarrow$ Mengenfamilienformulierung«:

Sei $(A_i)_{i\in I}$ eine beliebige Familie nichtleerer Mengen. Durch Anwendung der Potenzmengenformulierung des Auswahlaxioms auf ihre Vereinigung

$$A := \bigcup_{i\in I} A_i$$

erhält man eine Belegung $\gamma : \mathcal{P}(A) \setminus \{\varnothing\} \to A$ mit $\gamma(T) \in T$ für jede nichtleere Teilmenge $T \subset A$. Wegen $\varnothing \neq A_i \subset A$ gilt insbesondere $\gamma(A_i) \in A_i$ für jeden Index $i \in I$. Indem wir $f(i) := \gamma(A_i)$ setzen, erhalten wir daraus die in der Mengenfamilienformulierung des Auswahlaxioms geforderte Abbildung $f : I \to A$.

ii) »Mengenfamilienformulierung $\Longrightarrow$ Potenzmengenformulierung«:

Sei A eine beliebige Menge und $I := \mathcal{P}(A) \setminus \{\varnothing\}$ die Menge ihrer nicht-leeren Teilmengen. Aus der Mengenfamilienformulierung gewinnen wir eine Abbildung $f : I \to A$, die jedem Index $i \in I$, d.i., jeder nicht-leeren Teilmenge $i \subset A$, ein Element von i zuordnet, wie in der Potenzmengenformulierung gefordert.

b) Seien $S \neq \varnothing$ eine nicht-leere Menge und $R \subset S \times S$ eine Relation auf S mit der Eigenschaft, dass zu jedem $x \in S$ ein $y \in S$ mit xRy (d.h. $(x,y) \in R$) existiert. Nach der Potenzmengenformulierung des Auswahlaxioms gibt es eine Belegung

$$\gamma : \mathcal{P}(S) \setminus \{\varnothing\} \to S \quad \text{mit } \gamma(T) \in T \text{ für jede nicht-leere Teilmenge } T \subset S. \qquad \text{(C.12)}$$

Sei nun $a_1 := \gamma(S)$. Sind für ein $n \in \mathbb{N}$ die Elemente $a_1, \dots, a_n$ bereits definiert, dann setze

$$a_{n+1} := \gamma\left(\{y \in S : a_n Ry\}\right) .$$

Durch vollständige Induktion ist damit eine Folge $(a_n)_{n \in \mathbb{N}} \subset S$ definiert. Wegen (C.12) hat diese die gewünschte Eigenschaft $a_n R a_{n+1}$ für alle $n \in \mathbb{N}$.

C.3 Globale Existenz und Eindeutigkeit

Lösung 3.1

a) Zu zeigen ist, dass die stetige Fortsetzung

$$\tilde{\mu} : [t_0, t_1] \to \mathbb{R}, \quad \tilde{\mu}(t) = \begin{cases} \mu(t) & \text{für } t_0 \leqslant t < t_1, \\ x_1 & \text{für } t = t_1, \end{cases}$$

auch an der Stelle t_1 differenzierbar und eine Lösung der Differentialgleichung $\dot{x} = f(t,x)$ ist, d. h., dass für jedes $t \in [t_0, t_1]$ die Gleichung $\dot{\mu}(t) = f((t, \mu(t))$ gilt. Für $t < t_1$ ist das die Voraussetzung, und für $t = t_1$ ist

$$\lim_{t \uparrow t_1} \dot{\mu}(t) = \lim_{t \uparrow t_1} f(t, \mu(t)) = f(t_1, x_1) .$$

Also ist die Funktion

$$\alpha : [t_0, t_1] \to \mathbb{R}^N, \quad \alpha(t) := \begin{cases} \dot{\mu}(t) = f(t, \mu(t)) & \text{für } t_0 \leqslant t < t_1, \\ f(t_1, x_1) & \text{für } t = t_1, \end{cases}$$

auch an der Stelle t_1 stetig, und damit ist ihre Integralfunktion

$$A : [t_0, t_1] \to \mathbb{R}^N, \quad t \mapsto \int_{t_0}^{t} \alpha(\tau) \, d\tau ,$$

auf dem gesamten Intervall $[t_0, t_1]$ differenzierbar mit $\dot{A} = \alpha$. Wegen

$$\tilde{\mu}(t) = \mu(t_0) + A(t) \quad \text{für alle } t \in [t_0, t_1]$$

ist damit auch $\tilde{\mu}$ auf dem gesamten Intervall $[t_0, t_1]$ differenzierbar mit $\dot{\tilde{\mu}} = \alpha$, und es folgt

$$\dot{\tilde{\mu}}(t_1) = \alpha(t_1) = f(t_1, x_1)\,,$$

was zu beweisen war.

b) Weil der Graph von μ, also die Menge

$$\Gamma := \{(t, \mu(t)) : t \in I\} \subset \overline{\Gamma} \subset W$$

beschränkt ist, ist deren topologischer Abschluß $\overline{\Gamma}$ kompakt. Wegen der Stetigkeit von f und Satz A.7 ist auch das Bild

$$f\left(\overline{\Gamma}\right) \subset \mathbb{R}^N$$

kompakt, nach dem Überdeckungslemma A.4 also insbesondere beschränkt: es gibt eine reelle Zahl $M > 0$ mit

$$|f(t, \mu(t))| \leqslant M \quad \text{für alle } t \in I\,.$$

Bezeichne jetzt $s_0 := \inf I$, $s_1 \in I$ und $s_2 = \sup I$. Wegen der Beschränktheit von f auf $\overline{\Gamma}$ existieren jedenfalls die beiden Grenzwerte

$$\lim_{t \downarrow s_0} \int_t^{s_1} f(\tau, \mu(\tau))\, d\tau \quad \text{und} \quad \lim_{t \uparrow s_2} \int_{s_1}^t f(\tau, \mu(\tau))\, d\tau\,.$$

Damit ist das Integral

$$\int_I f(\tau)\, d\tau = \lim_{t \downarrow s_0} \int_t^{s_1} f(\tau, \mu(\tau))\, d\tau + \lim_{t \uparrow s_2} \int_{s_1}^t f(\tau, \mu(\tau))\, d\tau$$

auch dann wohldefiniert, wenn I ein halboffenes oder ein offenes Intervall ist. Wegen

$$\mu(t) := \mu(s_1) + \int_{s_1}^t f(\tau, \mu(\tau))\, d\tau \quad \text{für alle } t \in I$$

folgt daraus insbesondere, dass μ an beiden Intervallgrenzen s_0 und s_2 jeweils einen Grenzwert besitzt. Ist $s_2 \notin I$, so können wir aus Teilaufgabe a) jetzt auf die Fortsetzbarkeit der Lösung μ nach rechts schließen. Analog schließt man im Fall $s_0 \notin I$ auf die Fortsetzbarkeit der Lösung μ nach links.

c) Der Beweis wird indirekt in zwei Teilen geführt. Sei also $\mu : I \to \mathbb{R}^N$ gegeben. Wir zeigen, dass μ jedenfalls dann fortsetzbar ist, wenn eine der beiden Bedingungen i) oder ii) verletzt ist.

i) Angenommen, der Definitionsbereich I sei nicht offen. Dann gilt entweder $\sup I \in I$ oder $\inf I \in I$ oder beides. Nehmen wir zunächst an, es gälte $t_1 := \sup I \in I$. Nach dem Existenzsatz auf Zylindermengen, Lemma 2.2, gibt es dann eine reelle Zahl $\beta > 0$ derart, dass das Anfangswertproblem $\dot{x} = f(t,x)$, $x(t_1) = \mu(t_1)$, mindestens eine Lösung $\lambda : [t_1, t_1 + \beta] \to \mathbb{R}^N$ besitzt. Die zusammengestückelte Funktion

$$\tilde{\mu} : I \cup [t_1, t_1 + \beta] \to \mathbb{R}^N, \quad \tilde{\mu}(t) := \begin{cases} \mu(t) & \text{für } t \leqslant t_1, \\ \lambda(t) & \text{für } t \geqslant t_1, \end{cases}$$

ist offensichtlich eine Lösung der Differentialgleichung $\dot{x} = f(t,x)$, also ist μ nach rechts fortsetzbar.

Im Fall $t_0 := \inf I \in I$ betrachten wir wie in unserem Beweis des Peanoschen Existensatzes, Satz 2.3, das Anfangswertproblem

$$\dot{x} = -f(2t_0 - t, x), \quad x(t_0) = \mu(t_0).$$

Wie zuvor folgt auch hier aus Lemma 2.2 die Existenz einer reellen Zahl $\alpha > 0$ derart, dass dieses Anfangswertproblem mindestens eine Lösung $\varphi : [t_0, t_0 + \alpha] \to \mathbb{R}^N$ besitzt. Die Fortsetzung der Lösung μ der Differentialgleichung $\dot{x} = f(t,x)$ nach links erhält man jetzt wieder durch Zusammenstückeln:

$$\tilde{\mu} : [t_0 - \alpha, t_0] \cup I \to \mathbb{R}^N, \quad \tilde{\mu} := \begin{cases} \varphi(2t_0 - t) & \text{für } t \leqslant t_0, \\ \mu(t) & \text{für } t \geqslant t_0. \end{cases}$$

Wegen $\varphi(2t_0 - t_0) = \varphi(t_0) = \mu(t_0)$ passen die beiden Lösungen an der Nahtstelle t_0 zusammen, also ist $\tilde{\mu}$ wohldefiniert. Um zu zeigen, dass $\tilde{\mu}$ eine Lösung von $\dot{x} = f(t,x)$ ist, muss man nur noch nachrechnen, dass die Abbildung

$$[t_0 - \alpha, t_0] \to \mathbb{R}^N, \quad t \mapsto \varphi(2t_0 - t),$$

eine Lösung von $\dot{x} = f(t,x)$ ist:

$$\frac{d}{dt}\varphi(2t_0-t) = (-1)\cdot\dot{\varphi}(2t_0-t) = (-1)\cdot(-1)\cdot f\big(2t_0-(2t_0-t), \varphi(2t_0-t)\big) = f\big(t, \varphi(2t_0-t)\big).$$

ii) Angenommen, es gäbe ein Kompaktum $K \subset W$, das vom Graphen von μ in einer Richtung nicht verlassen wird.

Ist der Definitionsbereich von μ nicht offen, dann ist μ nach Teil i) fortsetzbar, also jedenfalls nicht maximal.

Sei also der Definitionsbereich I von μ offen, und bezeichne

$$t_0 := \inf\{t \in I : (t, \mu(t)) \in K\}, \quad t_1 := \sup\{t \in I : (t, \mu(t)) \in K\}. \tag{C.13}$$

Betrachte nun die Einschränkung von μ auf das Intervall $J := I \cap [t_0, t_1]$, und bezeichne diese mit $\hat{\mu} := \mu|_J$.

Der restliche Teil des Beweises wäre wesentlich einfacher, wenn $J = [t_0, t_1]$ wäre. Aber gerade das ist hier ausgeschlossen: Wären sowohl $t_0 \in I$ als auch $t_1 \in I$, so gäbe es wegen der Offenheit des Intervalls I ein reelles $\varepsilon > 0$ derart, dass $(t_0 - \varepsilon, t_1 + \varepsilon) \subset I$. Nach den Definitionen von t_0 und t_1 würde dann aber der Graph von μ das Kompaktum K in beide Richtungen verlassen, im Widerspruch zur Voraussetzung. Also gibt es für J folgende drei Möglichkeiten:

$$J = [t_0, t_1), \quad J = (t_0, t_1), \quad J = (t_0, t_1]. \tag{C.14}$$

Es ist jetzt nötig, etwas in die metrische Struktur des erweiterten Phasenraums $W \subset \mathbb{R}^{1+N}$ einzusteigen, wobei wir auf dem $\mathbb{R}^{1+N}$ die *Euklidische Metrik* (siehe Beispiel A.1) unterstellen: Für zwei Punkte $(t, x), (s, y) \in \mathbb{R}^{1+N}$ ist durch

$$d\big((t,x),(s,y)\big) = \sqrt{(s-t)^2 + |x-y|^2}$$

$$\left(\text{man beachte } x, y \in \mathbb{R}^N, \text{ also } |x-y|^2 = \sum_{j=1}^{N}(x_j - y_j)^2 \right)$$

deren Euklidischer Abstand gegeben. Wie im Beweis von Lemma A.13 zeigt man die Existenz einer reellen Zahl $\alpha > 0$ mit der Eigenschaft

$$K_\alpha := \{ (t,x) \in \mathbb{R}^{1+N} : d_K((t,x)) \leqslant \alpha \} \subset W.$$

Bezeichne $M := \max\{|f(t,x)| : (t,x) \in K_\varepsilon\}$ (nach Satz A.8 nimmt die stetige Funktion f auf der kompakten Menge K_ε ihr Maximum an). Wir benötigen die Implikation

$$(t, \mu(t)) \in K \quad \Rightarrow \quad \text{für } |s-t| < \tfrac{\varepsilon}{\sqrt{M^2+1}} \text{ ist } (s, \mu(s)) \in K_\varepsilon. \tag{C.15}$$

Zum Beweis: Die Ungleichung

$$|\mu(s) - \mu(t)| \leqslant \left(\sup_{0 \leqslant \beta \leqslant 1} |\dot{\mu}(\beta s + (1-\beta)t)| \right) \cdot |s-t| \qquad \text{(Mittelwertsatz)}$$

$$\leqslant \left(\sup_{(t,x) \in K_\varepsilon} |f(t,x)| \right) \cdot |s-t| \qquad \text{wegen } \dot{\mu}(t) = f(t, \mu(t))$$

$$= M|s-t|$$

impliziert

$$d\big((t,\mu(t)),(s,\mu(s))\big) = \sqrt{(s-t)^2 + |\mu(s) - \mu(t)|^2} \leqslant \sqrt{1+M^2} \cdot |s-t|.$$

Daraus folgt die Implikation (C.15).

Mit dieser Vorbereitung kann man jetzt die Fortsetzbarkeit von $\hat{\mu}$ auf $\overline{J}$ angehen: Nach Definition der Punkte t_0 und t_1 gibt es jedenfalls Punkte

$$t_0' \in \left[t_0, t_0 + \frac{\varepsilon}{\sqrt{M^2+1}} \right], \quad t_1' \in \left[t_1 - \frac{\varepsilon}{\sqrt{M^2+1}}, t_1 \right],$$

mit den Eigenschaften $\mu(t_0') \in K$ und $\mu(t_1') \in K$. Aus (C.15) folgt daraus

$$\mu(t) \in K_\varepsilon \quad \text{für alle } t \in [t_0, t_0'] \cup [t_1', t_1].$$

Da μ stetig ist, ist auch die Menge

$$B := \{(t, \mu(t)) : t \in [t_0', t_1']\} \subset W$$

als stetiges Bild eines kompakten Intervalls kompakt, also gilt für den Graphen von $\hat{\mu} : J \to \mathbb{R}^N$ die Relation

$$\{(t, \hat{\mu}(t)) : t \in J\} \subset K_\epsilon \cup B \subset W.$$

Weil die auf der rechten Seite stehende Obermenge kompakt ist, also nach dem Überdeckungslemma A.4 beschränkt und abgeschlossen, ist damit der topologische Abschluß des Graphen von $\hat{\mu}$ eine beschränkte Teilmenge von W, womit Teil b) anwendbar ist. Also ist $\hat{\mu}$ auf $\overline{J}$ als Lösung der Differentialgleichung $\dot{x} = f(t, x)$ fortsetzbar. Durch Zusammensetzen mit μ erhält man so eine Lösung $\tilde{\mu} : I \cup \overline{J} \to \mathbb{R}^N$. Wegen (C.14) enthält die Differenzmenge

$$I \cup \overline{J} \setminus I \subset \{t_0, t_1\}$$

mindestens einen Punkt, also ist $\tilde{\mu}$ eine echte Fortsetzung von μ, womit μ auch in diesem Fall nicht maximal sein kann.

Lösung 3.4

Zu betrachten ist eine autonome Differentialgleichung $\dot{x} = f(x)$ auf dem $\mathbb{R}^N$. Wir folgern aus den Voraussetzungen an f, dass das aus f gewonnene Richtungsfeld

$$\tilde{f} : \mathbb{R} \times \mathbb{R}^N \to \mathbb{R}^N, \quad \tilde{f}(t, x) := f(x),$$

im Sinne von Definition 3.3 *stetig linear beschränkt* ist: Hierzu setzen wir

$$\varrho, \varsigma : \mathbb{R} \to \mathbb{R}, \quad \varrho(t) := 1, \quad \varsigma(t) := \sup_{|x| \leqslant 1} |f(x)| < \infty.$$

Offensichtlich gilt

$$\left| \tilde{f}(t, x) \right| \leqslant |x| + \sup_{|x| \leqslant 1} |f(x)| \quad \text{für alle } t \in \mathbb{R} \text{ und } x \in \mathbb{R}^N.$$

Nach Satz 3.6 besitzt jedes Anfangswertproblem der Differentialgleichung $\dot{x} = \tilde{f}(t, x) = f(x)$ eine Lösung, die auf ganz $\mathbb{R}$ definiert ist.

Lösung 3.5

a) Weil h Lipschitz-stetig ist, erfüllt das Richtungsfeld

$$f : \mathbb{R}^2 \to \mathbb{R}, \quad f(t,x) := g(t)h(x),$$

eine lokale Lipschitz-Bedingung. Nach dem globalen Existenz- und Eindeutigkeitssatz, Satz 3.7, besitzt also das Anfangswertproblem $\dot{x} = g(t)h(x)$, $x(t_0) = x_0$, genau eine maximale Lösung μ, deren Graph $\Gamma := \{(t, \mu(t)) : t \in I_{\max}(t_0, x_0)\}$ sich im erweiterten Phasenraum $\mathbb{R}^2$ in beiden Richtungen bis zum Rand erstreckt.

Ist $x_0 = x_1$ oder $x_0 = x_2$, so ist wegen $h(x_1) = h(x_2) = 0$ und der Eindeutigkeit die Lösung μ konstant und damit auf ganz $\mathbb{R}$ definiert.

Ist $x_1 < x_0 < x_2$, so kann die Lösung μ wegen der Eindeutigkeit nur Werte aus dem offenen Intervall (x_1, x_2) annehmen — gäbe es nämlich ein $t_1 \in I_{\max}(t_0, x_0)$ mit $\mu(t_1) = x_1$ oder $\mu(t_1) = x_2$, dann wäre μ wegen der Eindeutigkeit die konstante Lösung eines der Anfangswertprobleme

$$\{\dot{x} = g(t)h(x), x(t_1) = x_1\} \quad \text{oder} \quad \{\dot{x} = g(t)h(x), x(t_1) = x_2\},$$

und damit wäre μ konstant und könnte den Punkt x_0 nie erreichen. Also gilt für den Graphen Γ von μ die Relation $\Gamma \subset \mathbb{R} \times (x_1, x_2)$. Wäre μ nur auf einem Intervall $(t_1, t_2) \subset \mathbb{R}$ mit $t_1 \neq \infty$ oder $t_2 \neq +\infty$ definiert, so würde Γ entweder das Kompaktum $[t_1, t_1 + 1]$ nicht nach links oder das Kompaktum $[t_2 - 1, t_2]$ nicht nach rechts verlassen, im Widerspruch zur Aussage von Satz 3.7, nach der Γ jedes Kompaktum nach beiden Richtungen verlässt.

b) Ist h nicht Lipschitz-stetig, so hat man im Allgemeinen keine Eindeutigkeit der Lösungen von Anfangswertproblemen. Ein Beispiel für eine Nicht-Eindeutigkeit findet sich in Aufgabe 1.6. Wir nutzen die Erkenntnisse aus jener Aufgabe zur Konstruktion eines Gegenbeispiels zur Aussage von Teil b). Weil die Lösungen dieser Differentialgleichung wieder auf ganz $\mathbb{R}$ definiert sind, muss unser Gegenbeispiel ein bißchen aufwändiger sein.

Sei also $g(t) \equiv 0$ und

$$h : \mathbb{R} \to \mathbb{R}, \quad h(x) = \begin{cases} x & \text{für } -\infty < x \leqslant 1, \\ \sqrt{|x - 2|} & \text{für } 1 \leqslant x \leqslant 3, \\ (x - 2)^2 & \text{für } 3 \leqslant x < \infty. \end{cases}$$

An den Nahtstellen $x = 1$ und $x = 3$ passen die verschiedenen Zweige zusammen, also ist hierdurch eine stetige Funktion $h : \mathbb{R} \to \mathbb{R}$ gegeben. Außerdem sind $x_1 = 0$ und $x_2 = 2$ die einzigen Nullstellen von h.

Wir konstruieren jetzt eine maximale Lösung $\mu : I \to \mathbb{R}$ des Anfangswertproblems $\dot{x} = g(t)h(x)$, $x(0) = 1$, die nicht auf ganz $\mathbb{R}$ definierbar ist:

$$\mu(t) := \begin{cases} \mu_1(t) := e^t & \text{für } t \leqslant 0, \\ \mu_2(t) := 2 - \frac{(t-2)^2}{4} & \text{für } 0 \leqslant t \leqslant 2, \\ \mu_3(t) := 2 + \frac{(t-2)^2}{4} & \text{für } 2 \leqslant t \leqslant 4, \\ \mu_4(t) := 2 + \frac{1}{5-t} & \text{für } 4 \leqslant t < 5. \end{cases}$$

An den Nahtstellen $t_1 = 0$, $t_2 = 2$ und $t_3 = 4$ passen die einzelnen Zweige differenzierbar zusammen:

$$t_1 = 0 : \quad \dot{\mu}_1(0) = e^t\big|_{t=0} = 1 \qquad \dot{\mu}_2(0) = \frac{2-t}{2}\Big|_{t=0} = 1,$$

$$t_2 = 2 : \quad \dot{\mu}_2(2) = \frac{2-t}{2}\Big|_{t=2} = 0, \quad \dot{\mu}_3(2) = \frac{t-2}{2}\Big|_{t=2} = 0,$$

$$t_3 = 4 : \quad \dot{\mu}_3(4) = \frac{t-2}{2}\Big|_{t=4} = 1, \quad \dot{\mu}_4(4) = \frac{1}{(5-t)^2}\Big|_{t=4} = 1.$$

Damit ist $\mu : (-\infty, 5) \to \mathbb{R}$ eine Lösung obigen Anfangswertproblems. Wegen $\lim_{t \to 5} \mu(t) = \infty$ lässt sich μ nicht in den Punkt $t = 5$ hinein stetig fortsetzen, ist also bereits eine maximale Lösung.

C.4 Phasenportraits und Stabilität

Lösung 4.2

Das System

$$\dot{x} = -y + x^3 + xy^2, \quad \dot{y} = x + y^3 + x^2 y, \tag{C.16}$$

hat den Nullpunkt $(0,0)$ als kritischen Punkt. Außerhalb des Nullpunkts kann man es, wie in Aufgabe 1.17, insbesondere Teil b), beschrieben, in Polarkoordinaten (r, ϕ) transformieren:

$$\dot{r} = r^3, \quad \dot{\phi} = 1.$$

Dieses System zerfällt in zwei unabhängige eindimensionale Differentialgleichungen, von denen jede explizit lösbar ist; die erste Gleichung $\dot{r} = r^3$ hat zum Anfangswert $r(0) = r_0 > 0$ die Lösung

$$\rho_{r_0} : \left(-\infty, \frac{1}{2r_0^2}\right) \to (0, \infty), \quad \rho_{r_0}(t) = \sqrt{\frac{1}{r_0^{-2} - 2t}},$$

während die zweite Gleichung $\dot{\phi} = 1$ zum Anfangswert $\phi(0) = \phi_0 \in [0, 2\pi)$ die auf ganz $\mathbb{R}$ definierte Lösung $\psi(t) = \phi_0 + t$ besitzt. Aus

$$\lim_{t \uparrow (2r_0)^{-1}} \rho_{r_0}(t) = \infty$$

schließen wir, dass jede Lösung des Systems (C.16), die zum Zeitpunkt $t = 0$ definiert ist, und deren Bild einen anderen Punkt als den Nullpunkt enthält, die endliche Entweichzeit

$$I_+(\phi) = \frac{1}{2|\phi(0)|^2} > 0$$

besitzt.

C.5 Lineare Differentialgleichungen

Lösung 5.2

a) Wir prüfen für die Operatornorm

$$\| \cdot \| : \mathbb{K}^{N \times N} \to \mathbb{R}, \qquad A \mapsto \|A\| = \sup_{x \in \mathbb{K}^N, |x|=1} |Ax| = \sup_{x \in \mathbb{K}^N, |x|=1} \sqrt{\sum_{k=1}^{N} |(Ax)_k|^2} \tag{C.17}$$

die drei Bedingungen Definitheit, Homogenität und Dreiecksungleichung nach:

i) Zur Definitheit: Ist $A = 0$, so ist offenbar auch $\|A\| = 0$. Um die andere Implikation zu beweisen, nehmen wir an, es gäbe ein $v \in \mathbb{K}^N$ mit $Av \neq 0$. Dann wäre jedenfalls $v \neq 0$, wir könnten also den Vektor

$$x_0 := \frac{v}{|v|} \in \mathbb{K}^N$$

betrachten, für den $|x_0| = 1$ gilt, und der daher an der Supremumsbildung in (C.17) beteiligt ist. Für diesen Vektor gilt aber

$$Ax_0 = \frac{1}{|v|} Av \neq 0 \,,$$

also ist $\|A\| > 0$.

ii) Die Homogenität der Operatornorm folgt sofort aus der definierenden Gleichung in (C.17).

iii) Die Dreiecksungleichung der Operatornorm folgt im Wesentlichen aus der Dreiecksungleichung für die Euklidische Norm auf dem $\mathbb{K}^N$:

$$\|A+B\| = \sup_{x\in\mathbb{K}^N,|x|=1} |Ax+Bx| \leqslant \sup_{x\in\mathbb{K}^N,|x|=1} (|Ax|+|Bx|)$$

$$\leqslant \left(\sup_{x\in\mathbb{K}^N,|x|=1} |Ax|\right) + \left(\sup_{y\in\mathbb{K}^N,|y|=1} |Ay|\right) = \|A\| + \|B\|.$$

b) Sei $A : I \to \mathbb{K}^{N\times N}$ komponentenweise stetig. Um zu zeigen, dass die Hintereinanderausführung $\|\cdot\| \circ A : I \to \mathbb{R}$ stetig ist, müssen wir nur die Stetigkeit der Operatornorm als Abbildung

$$\|\cdot\| : \mathbb{K}^{N\times N} \to \mathbb{R}$$

nachweisen, wobei es sinnvoll ist, auf dem Matrizenraum $\mathbb{K}^{N^2}$ die von der Maximumsnorm

$$\|B\|_{\max} := \max\{|b_{k\ell}| : k,\ell = 1,\ldots,N\}$$

induzierte Topologie zugrundezulegen. Um das ε-δ-Kriterium anzuwenden, fixieren wir eine beliebige Matrix $B = (b_{k\ell}) \in \mathbb{K}^{N^2}$ und ein beliebiges reelles $\varepsilon > 0$. Zu zeigen ist jetzt die Existenz einer reellen Zahl $\delta > 0$ derart, dass für alle Matrizen $C = (c_{k\ell}) \in \mathbb{K}^{N^2}$ die Implikation

$$\|B-C\|_{\max} < \delta \quad \Rightarrow \quad \big|\|C\| - \|B\|\big| < \varepsilon \tag{C.18}$$

erfüllt ist. Wir wählen

$$\delta := \frac{\varepsilon}{\sqrt{N}}.$$

Dann gilt für Matrizen C, die Vorbedingung von (C.18) erfüllen, und für jedes $x \in \mathbb{K}^N$:

$$|(B-C)x|^2 = \sum_{k=1}^{N}\left(\sum_{\ell=1}^{N}(b_{k\ell}-c_{k\ell})^2 x_\ell^2\right) < \sum_{k=1}^{N}\left(\sum_{\ell=1}^{N}\delta^2 x_\ell^2\right) \leqslant \sum_{k=1}^{N}\left(\frac{\varepsilon^2}{N}|x_\ell|^2\right) = \varepsilon^2|x|^2.$$

Daraus folgt die Implikation

$$\|B-C\|_{\max} < \delta \quad \Rightarrow \quad \|B-C\| = \sup_{x\in\mathbb{K}^N,|x|=1} |(B-C)x| < \varepsilon|x|.$$

Die zum Beweis von (C.18) noch fehlende Abschätzung

$$\big|\|B\| - \|C\|\big| \leqslant \|B-C\|$$

ist eine Konsequenz der Dreiecksungleichung.

C.6 Autonome lineare Systeme

Lösung 6.3

a) Nach Satz 6.7 haben die einzigen Lösungen einer autonomen linearen Differentialgleichung $\dot{x} = Ax$, die weder für $t \to \infty$ noch für $t \to -\infty$ gegen Null gehen, eine der Gestalten

$$\phi(t) = p_0 \quad \text{oder} \quad \phi(t) = \cos(\sigma t)p_0 + \sin(\sigma t)q_0$$

für Vektoren (»Polynome vom Grad 0«) $p_0, q_0 \in \mathbb{K}^N$. Die erste Form kann genau dann auftreten, wenn die Matrix A den Eigenwert 0 hat, die zweite gibt es genau dann, wenn A den rein imaginären Eigenwert $i\sigma$ besitzt. Man nennt eine lineare Abbildung $A : \mathbb{C}^N \to \mathbb{C}^N$ *hyperbolisch*, wenn sie keine Eigenwerte auf der imaginären Achse $i\mathbb{R} \subset \mathbb{C}$ besitzt. Mit dieser Bezeichnung sind folgende Aussagen äquivalent:

   i) $A \subset \mathbb{K}^{N \times N}$ ist hyperbolisch.

   ii) Für jede Lösung ϕ der autonomen linearen Differentialgleichung $\dot{x} = Ax$ gilt

$$\text{entweder} \quad \lim_{t \to -\infty} \phi(t) = 0 \quad \text{oder} \quad \lim_{t \to \infty} \phi(t) = 0 \,.$$

b) Man überzeugt durch Inspektion davon, dass von den in Satz 6.7 aufgeführten Möglichkeiten für die Gestalt einer maximalen Lösung ϕ von $(\star)$ nur eine einzige die Bedingungen

$$\lim_{t \to -\infty} \phi(t) = \lim_{t \to \infty} \phi(t) = 0 \tag{C.19}$$

erfüllt: die konstante Lösung $\phi \equiv 0$. Es gibt also keine Matrix A derart, dass eine nicht-konstante Lösung ϕ der Differentialgleichung $\dot{x} = Ax$ die Gleichungen (C.19) erfüllt.

c) Wieder führt eine Inspektion der in Satz 6.7 aufgeführten Möglichkeiten zum Ziel. Die beiden Gleichungen

$$\lim_{t \to -\infty} |\phi(t)| = \lim_{t \to \infty} |\phi(t)| = \infty$$

können nur dann erfüllt sein, wenn die Lösung ϕ von $\dot{x} - Ax$ einen dominierenden polynomialen Anteil besitzt. Das ist genau dann der Fall, wenn sie die Gestalt

$$\phi(t) = \cos(\sigma t)p(t) + \sin(\sigma t)q(t)$$

hat, wobei sowohl bei $p(t) \in \mathbb{K}^N$ als auch bei $q(t) \in \mathbb{K}^N$ wenigstens eine Komponente ein nicht-konstantes Polynom in t sein muss.

Diese Bedingung ist genau dann erfüllbar, wenn die Matrix einen nicht-halbeinfachen, rein imaginären Eigenwert $i\sigma$ besitzt.

C.7 Stetigkeit der allgemeinen Lösung

Lösung 7.1

Bezeichne $t_\infty := \lim_{n\to\infty} t_n$ und $x_\infty := \lim_{n\to\infty} x_n$, und sei $I := I(t_\infty, x_\infty)$ das Existenzintervall der maximalen Lösung $\phi_\infty : I \to \mathbb{R}^N$ des Anfangswertproblems $\dot{x} = f(t,x)$, $x(t_\infty) = x_\infty$.

Wegen der Offenheit von I, wegen $t_\infty \in I$ und wegen $[a,b] \subset I$ gibt es Zahlen $c, d \in I$ mit

$$c < \min\{a, t_\infty\} < \max\{b, t_\infty\} < d.$$

Analog zur Vorgehensweise in (7.4) kann man jetzt zunächst eine Umgebung

$$V(f, \phi_\infty) \subset W$$

des Punktes $(t_\infty, x_\infty) \in W$ definieren, und daraus wie in (7.5) die Umgebung

$$U := [c,d] \times V(f, \phi_\infty) \subset \mathbb{R} \times W$$

der Menge $[a,b] \times \{(t_\infty, x_\infty)\}$ definieren, die ganz im Definitionsbereich der allgemeinen Lösung Λ der Differentialgleichung $\dot{x} = f(t,x)$ liegt. Zur Umgebung $V(f, \phi_\infty)$ gibt es einen Index N_0 mit

$$(t_n, x_n) \in V(f, \phi_\infty) \quad \text{für } n \geqslant N_0.$$

Weil damit für die Indizes $n \geqslant N_0$ auch die Inklusion

$$[a,b] \times \{(t_n, x_n)\} \subset [c,d] \times V(f, \phi_\infty) = U$$

gilt, und weil dort Λ definiert ist, existiert für $n \geqslant N_0$ die Lösung des Anfangswertproblems $\dot{x} = f(t,x)$, $x(t_n) = x_n$, auf dem Intervall $[c,d] \supset [a,b]$.

C.8 Dynamische Systeme und lokale Flüsse

Lsung 8.4

Zu zeigen ist, dass die Relation

$$x \sim y \quad :\Leftrightarrow \quad y \in \mathcal{T}(x)$$

reflexiv, symmetrisch und transitiv ist.

i) Für jeden Punkt $x \in M$ gilt nach Definition 8.5 die Beziehung $x \in \mathcal{T}(x)$; daraus folgt die Reflexivität.

ii) Zum Beweis der Symmetrie müssen wir benutzen, dass $\Phi : E \to M$ ein lokaler Fluss auf M ist. Nach Lemma 8.6 gilt für alle $(t,x) \in E$ die Beziehung

$$I(\Phi(t,x)) = I(x) - t\,. \tag{C.20}$$

Ist nun $x \sim y$, so gibt es wegen $y \in T(x)$ ein $t_y \in I(x)$ mit $y = \Phi(t_y, x)$. Wegen $0 \in I(x)$ und der Beziehung (C.20) folgt daraus $-t_y \in I(\Phi(t_y, x)) = I(y)$. Jetzt folgt aus den Flussaxiomen iv) und i) die Gleichungskette

$$\Phi(-t_y, y) = \Phi(-t_y, \Phi(t_y, x)) = \Phi(0, x) = x\,.$$

Gemäß Definition 8.5 ist damit $x \in T(y)$, also $y \sim x$.

iii) Seien $x, y, z \in M$ drei Punkte mit $x \sim y$ und $y \sim z$, also $y = \Phi(t_y, x)$ für ein $t_y \in I(x)$ und $z = \Phi(t_z, y)$ für ein $t_z \in I(y)$. Aus der Mengengleichung (C.20) entnehmen wir

$$t_z \in I(y) = I(\Phi(t_y, x)) = I(x) - t_y\,,$$

also $t_y + t_z \in I(x)$. Nach Flussaxiom iv) folgt daraus

$$z = \Phi(t_z, y) = \Phi(t_z, \Phi(t_y, x)) = \Phi(t_z + t_y, x)\,,$$

also $z \in T(x)$ und daher $x \sim z$.

C.9 Langzeitverhalten von Lösungen

Lösung 9.4

a) Wegen der Gleichung $\overline{A} = A \cup A'$ (siehe (A.2) genügt es zu zeigen, dass die positive Halbtrajektorie eines Häufungspunkts einer positiv invarianten Menge A nur aus Häufungspunkten von A besteht. Seien also $a_\infty \in A'$ und $(a_n)_{n \in \mathbb{N}} \subset A$ eine Punktfolge mit

$$\lim_{n \to \infty} a_n = a_\infty\,,$$

und sei $t \in [0, I_+(a_\infty))$ beliebig. Wegen der Unterhalbstetigkeit der Funktion $a \mapsto I_+(a)$ gibt es eine Umgebung $U \subset M$ von a_∞ mit

$$t < I_+(b) \quad \text{für alle} \quad b \in U\,.$$

Wegen $a_n \to a_\infty$ gibt es einen Index N_U mit $a_n \in U$ für $n \geqslant N_U$. Also liegt (t, a_n) für $n \geqslant N_U$ im Definitionsbereich des Flusses Φ, und damit ist $\Phi(t, a_n) \in A$ für jedes $n \geqslant N_U$. Die Stetigkeit von Φ liefert jetzt

$$\Phi(t, a_\infty) = \Phi\left(t, \lim_{n \to \infty} a_n\right) = \lim_{n \to \infty} \Phi(t, a_n) \in A'\,.$$

b) Sei $x \in M$. Für $\omega(x) = \varnothing$ ist nichts zu zeigen; sei also $\omega(x) \neq \varnothing$. Nach Lemma 9.5, Teil a), ist dann $I_+(x) = \infty$.

Zu zeigen ist, dass für $y \in \omega(x)$ und beliebiges $t \in \mathbb{R}$ die Beziehung $\Phi(t, y) \in \omega(x)$ gilt. Nach Lemma 9.5, Teil b), gibt es eine Folge $t_n \uparrow \infty$ mit $\lim\limits_{n \to \infty} \Phi(t_n, x) = y$. Wegen $I_+(x) = \infty$ gibt es einen Index N_t derart, dass $t_n - t \in I(x)$ für $n \geqslant N_t$. Damit ist der Grenzwert in der folgenden Gleichung wohldefiniert, und es gilt wieder nach Teil b) von Lemma 9.5:

$$\Phi(t, y) = \lim_{n \to \infty} \Phi(t_n + t, x) \in \omega(x).$$

c) Da im Fall $\omega(x) = \varnothing$ nichts zu zeigen ist, können wir wieder $\omega(x) \neq \varnothing$ und $I_+(x) = \infty$ voraussetzen. Sei $y \in \omega(x)$, und sei $t_n \uparrow \infty$ eine Folge von Zeitpunkten mit $\lim\limits_{t \to \infty} \Phi(t_n, x) = y$. Andererseits ist $\lim\limits_{t \to \infty} d(\Phi(t, x), G) = 0$, also insbesondere auch

$$0 = \lim_{t \to \infty} d(\Phi(t_n, x), G) = d\left(\lim_{n \to \infty} \Phi(t_n, x), G \right) = d(y, G).$$

Nach Aufgabe A.3, Teil d), folgt daraus $y \in \overline{G}$.

d) Nach Folgerung 8.9 folgt $I_+(x) = \infty$ aus der relativen Kompaktheit von $\mathcal{T}_+(x)$. Damit ist

$$\omega(x) = \bigcap_{n=0}^{\infty} \overline{\mathcal{T}_+(\Phi(n, x))}$$

ein Durchschnitt einer absteigenden Folge nicht-leerer kompakter Mengen, also selbst wieder nicht-leer und kompakt.

C.10 Die Liouvillesche Volumenformel

Lösung 10.4   Wiederkehrsatz

Nach Satz A.14 gibt es eine aufsteigende Folge kompakter Teilmengen $K_j \subset U \subset D$ mit $\bigcup K_j = U$. Nach der Liouvilleschen Volumenformel gilt für jedes $j \in \mathbb{N}$ und jedes $t \in \mathbb{R}$ die Gleichung

$$\mathrm{vol}(K_j) = \mathrm{vol}(\Phi(t, K_j));$$

durch Bilden des Supremums erhält man

$$\mathrm{vol}(U) = \mathrm{vol}(\Phi(t, U)) \quad \text{für jedes } t \in \mathbb{R}.$$

Sei jetzt $k \in \mathbb{N}$ beliebig. Der Poincarésche Wiederkehrsatz, angewandt auf die volumenerhaltende Abbildung

$$g : D \to D, \quad g_k(x) := \Phi(k, x),$$

impliziert jetzt die Existenz eines Punktes $x_0 \in U$ und einer ganzen Zahl $n_k \geqslant 1$ mit $g_k^{n_k}(x_0) \in U$. Weil $k \in \mathbb{N}$ beliebig war, gilt

$$\Phi(n_k \cdot k, x_0) \in U \quad \text{für jedes } k \in \mathbb{N}.$$

Die Folge $(n_k \cdot k)_{k \in \mathbb{N}}$ ist zwar nicht unbedingt monoton aufsteigend, geht aber gegen ∞ für $k \to \infty$. Also kann man induktiv eine monoton aufsteigende Folge von Wiederkehrzeitpunkten definieren,

$$t_1 := n_1, \quad t_{n+1} := \min\{k_n \cdot k : k \in \mathbb{N}, n_k k \geqslant t_n\} \quad \text{für } n \geqslant 1.$$

Nach Konstruktion gilt für die Zeitpunkte t_n sowohl $\Phi(t_n, x_0) \in U$ als auch $\lim\limits_{n \to \infty} t_n = \infty$. $\Diamond$

C.11 Topologische Grundlagen

Lösung A.3:   Zur abgeschlossenen Hülle

a) Ist $p \in X$ ein Häufungspunkt von A, so ist wegen $A \subset B$ der Punkt p auch ein Häufungspunkt von B. Also ist $A' \subset B'$. Daraus folgt

$$\overline{A} = A' \cup A \subset B' \cup B = \overline{B}\,.$$

b) Zu zeigen ist, dass jeder Punkt $p \in X \setminus A'$ eine Umgebung U mit $A' \cap U = \varnothing$ besitzt.

Sei also $p \in X \setminus A'$ beliebig. Wir zeigen, dass jede offene Umgebung von p, die die Menge A' trifft, auch einen nicht-leeren Durchschnitt mit A hat: Ist $V \in \mathcal{O}$ eine offene Umgebung von p mit $V \cap A' \neq \varnothing$, also $p' \in V \cap A'$, dann ist $V \setminus \{p'\}$ eine punktierte Umgebung von p'. Weil p' ein Häufungspunkt von A ist, gibt es damit auch einen Punkt $p_A \in (V \setminus \{p'\}) \cap A$.

Hätte nun jede offene Umgebung von p einen nicht-leeren Schnitt mit A', so hätte also daher jede Umgebung von p auch einen nicht-leeren Schnitt mit A, und damit wäre p ein Häufungspunkt von A, also $p \in A'$, im Widerspruch zur Voraussetzung $p \in X \setminus A'$. Also ist $X \setminus A'$ offen, und damit A' abgeschlossen.

Die Menge A_s der isolierten Punkte von A muss nicht unbedingt abgeschlossen sein, wie das Beispiel $A = A_s = \left\{\frac{1}{n} : n \in \mathbb{N}\right\}$ zeigt.

c) Weil B abgeschlossen ist, enthält B alle ihre Häufungspunkte (weil das Komplement $X \setminus B$ offen ist, kann dieses keinen Häufungspunkt von B enthalten). Daher gilt

$$\overline{A} = A \cup A' \subset B \cup B' = B\,.$$

d) Ist $d(x, A) = \inf_{a \in A} d(x, a) = 0$, so gibt es zu jedem $\varepsilon > 0$ ein $a \in A \cap B(x, \varepsilon)$. Damit ist entweder $x \in A$ oder $x \in A'$, also jedenfalls $x \in A \cup A' = \overline{A}$.

Ist umgekehrt $x \in \overline{A} = A \cup A'$, so hat jede Umgebung von x einen nicht-leeren Durchschnitt mit A. Insbesondere gilt für jedes $\varepsilon > 0$ die Relation $A \cap B(x, \varepsilon) \neq \varnothing$. Daraus folgt $d(x, A) < \varepsilon$ für jedes $\varepsilon > 0$, also $d(x, A) = 0$.

D Symbolverzeichnis

$$
\begin{aligned}
\mathbb{N} &= \{1,2,3,\ldots\} && \text{Menge der natürlichen Zahlen} \\
\mathbb{N}_0 &= \{0,1,2,\ldots\} && \text{Menge der nicht-negativen ganzen Zahlen} \\
\mathbb{Z} &= \{\ldots,-1,0,1,\ldots\} && \text{Menge der ganzen Zahlen} \\
\mathbb{Q} & && \text{Menge der rationalen Zahlen} \\
\mathbb{R} & && \text{Menge der reellen Zahlen} \\
\mathbb{R}^N & && \text{Menge der } N\text{-Tupel reeller Zahlen}
\end{aligned}
$$

$$
0_N = \begin{pmatrix} 0 & \cdots & 0 \\ \vdots & \ddots & \vdots \\ 0 & \cdots & 0 \end{pmatrix}
\qquad \text{Nullmatrix der Größe } N \times N
$$

$$
E_N = \begin{pmatrix} 1 & \cdots & 0 \\ \vdots & \ddots & \vdots \\ 0 & \cdots & 1 \end{pmatrix}
\qquad \text{Einheitsmatrix der Größe } N \times N
$$

$$
\begin{aligned}
\dot{\phi} &= \tfrac{d}{dt}\phi && \text{Ableitung nach } t \\
Df(x) & && \text{Jacobi-Matrix von } f \text{ an der Stelle } x \\[4pt]
\mathcal{T}(x) & && \text{Trajektorie von } x \text{ in einem dynamischen System} \\[4pt]
(X, \mathcal{O}_X) & && \text{Menge } X \text{ mit Topologie } \mathcal{O}_X \\
A' & && \text{Menge der Häufungspunkte von } A \\
\overline{A} & && \text{topologischer Abschluß von } A \\
A^{\circ} & && \text{offenes Inneres von } A \\
\partial A &= \overline{A} \setminus A^{\circ} && \text{Rand von } A \\[4pt]
\diamond & && \text{Einde eines Beweises}
\end{aligned}
$$

Literaturverzeichnis

[1] AMANN, HERBERT: *Gewöhnliche Differentialgleichungen.* de Gruyter, Berlin, 1983.

[2] AULBACH, BERND: *Gewöhnliche Differentialgleichungen.* Spektrum Akademischer Verlag, Heidelberg, 1997.

[3] FORSTER, OTTO: *Analysis 3.* Vieweg, Braunschweig, 1981.

[4] MAXWELL, JAMES CLERK: *Theory of Heat.* Dover Publications, unabridged reprint of 9th edition (1888), 2004.

[5] MOORE, GREGORY H.: *Zermelo's Axiom of Choice.* Springer-Verlag, New York, 1982.

[6] PEANO, GIUSEPPE : *Démonstration de l'intégrabilité des équations différentielles ordinaire.* Correspondance mathématique et physique, 37 :182–228, 1890.

[7] SOMMERFELD, ARNOLD: *Vorlesungen über Theoretische Physik*, Band I: Mechanik. Verlag Harri Deutsch, Thun, 1994.

[8] VERHULST, PIERRE-FRANÇOIS : *Notice sur la loi que la population pursuit dans son accroissement.* Mathematische Annalen, 10 :113–121, 1838.

[9] VOLTERRA, VITO : *Leçons sur la théorie mathématique de la lutte pour la vie.* Édition Jacques Gabay, réimpression autorisée de l'édition originale publiée par Gauthier-Villars en 1931, Paris, 1990.

Stichwortverzeichnis